高等职业教育食品类专业教材

 中国轻工业"十四五"规划立项教材

食品仪器分析

主 编
袁 磊　全永亮　李桂霞

中国轻工业出版社

图书在版编目（CIP）数据

食品仪器分析 / 袁磊, 全永亮, 李桂霞主编. — 北京：中国轻工业出版社, 2025.10
ISBN 978-7-5184-4553-0

Ⅰ. ①食… Ⅱ. ①袁… ②全… ③李… Ⅲ. ①食品分析—仪器分析—职业教育—教材 Ⅳ. ①TS207.3

中国国家版本馆CIP数据核字(2023)第176024号

责任编辑：刘逸飞　　责任终审：白　洁
文字编辑：赵晓鑫　　责任校对：刘小透　晋　洁　　封面设计：锋尚设计
策划编辑：张　靓　　版式设计：砚祥志远　　　　　　责任监印：张　可

出版发行：中国轻工业出版社（北京鲁谷东街5号，邮编：100040）
印　　刷：三河市万龙印装有限公司
经　　销：各地新华书店
版　　次：2025年10月第1版第2次印刷
开　　本：787×1092　1/16　印张：14.5
字　　数：362千字
书　　号：ISBN 978-7-5184-4553-0　定价：46.00元
邮购电话：010-85119873
发行电话：010-85119832　010-85119912
网　　址：http://www.chlip.com.cn
Email：club@chlip.com.cn
版权所有　侵权必究
如发现图书残缺请与我社邮购联系调换
251763J2C102ZBW

本书编写人员

主　　编	袁　磊	山东商务职业学院
	全永亮	山东商务职业学院
	李桂霞	山东商务职业学院
副 主 编	周　怡	山东商务职业学院
	伊小丽	山东商务职业学院
	张艾青	山东畜牧兽医职业学院
参　　编	李　林	烟台市食品药品检验检测中心
	崔　莹	山东商务职业学院
	王　真	山东商务职业学院
	徐玉兰	烟台职业学院
	赵　强	山东商务职业学院
	刘鹏莉	烟台职业学院
	唐若琪	山东商务职业学院
主　　审	任凌云	山东省粮油检测中心

本书配套数字资源的获取与使用

本教材配套数字资源已上线超星学习通APP，师生可通过学习通获取本书配套的PPT课件、微课视频、在线测验等。

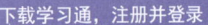下载学习通，注册并登录

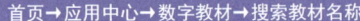首页➡应用中心➡数字教材➡搜索教材名称

教师端

教师建课➡学生扫码进班➡开展混合式教学

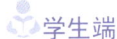学生端

学生学习➡选择自学或加入班级

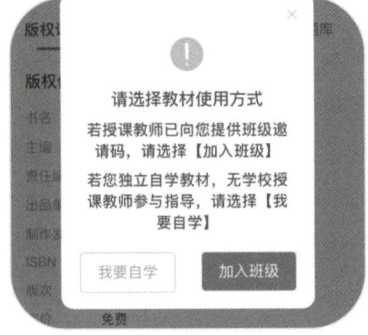

前言

在科技不断发展的当今社会,仪器分析技术在各个科学领域,包括在食品行业中的重要性日益凸显。本教材编写团队由学科专业领域一线教师和行业专家和企业技术人员共同组成,以确保教材内容贴近行业需求,紧跟技术发展步伐。

本教材的内容涵盖了食品行业常用的仪器分析方法,如光谱分析、色谱分析、电化学分析、质谱分析和面团流变学特性分析等。在编写过程中,我们特别注重理论与实践的结合,力求使学生能够通过理论学习理解各种分析方法的原理,通过实验学习掌握各种分析技术的实际操作。

教材内容的选择以满足食品检验职业岗位所需职业能力的培养为核心,对接"1+X"职业技能等级标准所必需的仪器分析知识、技能要求,引用世界职业院校技能大赛食品安全与质量检测赛项的检测项目,以工作任务为载体,设计、组织教材内容。本教材共设计八个项目十六个工作任务,在教学过程中不断培养学生的职业技能、职业规范、职业道德和工匠精神。

本教材的特色主要体现在以下几个方面。

1. 思政融合。教材内容编写充分融入了党的二十大精神,食品安全案例、大国工匠精神等元素,有助于培养德智体美劳全面发展的人才,教学案例紧密贴合国家战略需求,培养学生的社会主义核心价值观,发挥教材育人作用。

2. 资源融合。采用融媒体、数字化教材技术等现代化的内容呈现方式,插入教学视频和操作视频的二维码,将传统纸质教材与数字化教学资源有机结合,为学生提供更加多元化、立体化的学习体验,方便进行教学内容的更新和扩展,以适应行业发展的需要。

3. 课证融合。融入"1+X"食品合规管理、粮农食品安全评价职业技能等级证书的考核要求,推进书证融通、课证融通。

4. 虚实融合。融入虚拟仿真实训二维码,实现虚拟仿真训练,锻炼学生操作熟练程度,解决实训条件不足、学时不够等问题。

5. 标准融合。将岗位能力要求、检测国家标准等相关内容有机融入教材,使得教材内容更加贴近实际工作需求。

教材中知识点、技能点微课视频,仿真动画可以通过扫描二维码观看;虚拟仿真可先下载 App(可从应用商店搜索 MLabsPro 进行下载,或扫描安装包二维码下载),安装完成后使用软件扫描二维码,实现在高度仿真环境下进行交互式训练;课堂互动可通过扫二维码进行在线答题，系统自动判断结果并展示答案，便于学生自主练习。

MLabsPro
安装包

本书为智慧职教粮食储运与质量安全专业的教学资源库《现代食品仪器分析技术》课程配套教材，开发了电子教案、课件、试题库等课程资源，相应资源已上传至智慧职教 SPOC 学院，方便读者自学及教师搭建 SPOC，开展线上线下混合式教学。

本书可作为高职院校食品类相关专业学生教材，也可作为食品企业在职人员培训教材，从事食品企业生产、质量检验与管理技术人员的参考用书。

本书由山东商务职业学院袁磊、全永亮、李桂霞主编，山东省粮油检测中心任凌云担任主审。袁磊编写了绪论、项目二和全书的操作练习，周怡和崔莹编写了项目一，李桂霞和王真编写了项目三，全永亮编写了项目四，伊小丽和刘鹏莉编写了项目五，全永亮和赵强编写了项目六，周怡和徐玉兰编写了项目七，李桂霞和唐若琪编写了项目八，各项目二维码内容由项目负责人整理编排，烟台市食品药品检验检测中心李林、袁磊负责整本教材的策划，全永亮和张艾青负责编排和统稿。慕乐网络科技（大连）有限公司、北京东方仿真软件技术有限公司、山东省粮油检测中心、烟台市食品药品检验检测中心给予本书编写以大力支持以及许多宝贵的建议，在此一并表示感谢。

由于水平有限，书中难免有疏漏和不足之处，恳请读者批评指正。

编　者

目录

绪论 ··· 1

项目一 电化学分析技术 ·· 5
   学习目标 ·· 5
   项目导入 ·· 5
      知识点一　电化学分析基础知识 ·· 6
      知识点二　酸度计 ·· 19
   项目实施 ·· 22
      任务一　水果 pH 的测定 ··· 22
      任务二　食醋中总酸的测定 ··· 25

项目二　紫外-可见分光光度分析技术 ·· 29
   学习目标 ·· 29
   项目导入 ·· 30
      知识点一　光分析基本原理 ··· 30
      知识点二　紫外-可见分光光度计 ·· 38
      知识点三　紫外-可见吸收光谱分析技术的应用 ··· 47
   项目实施 ·· 53
      任务三　紫外-可见分光光度法测定水中硝酸盐氮 ·· 53
      任务四　茶饮料中茶多酚含量测定 ·· 56

项目三　红外分光光度分析技术 ·· 58
   学习目标 ·· 58
   项目导入 ·· 58
      知识点一　红外分光光度分析技术的基本原理 ·· 59
      知识点二　红外分光光度计 ··· 66

知识点三　红外分光光度分析技术的应用 ………………………………………… 73
　项目实施 …………………………………………………………………………………… 76
　　任务五　苯甲酸红外光谱测定及谱图解析 ……………………………………… 76
　　任务六　食品塑料包装（PE）材质快速鉴定 …………………………………… 78

项目四　原子吸收光谱分析技术　82

　学习目标 …………………………………………………………………………………… 82
　项目导入 …………………………………………………………………………………… 82
　　知识点一　原子吸收光谱技术的原理 …………………………………………… 83
　　知识点二　原子吸收分光光度计 ………………………………………………… 87
　　知识点三　原子吸收光谱分析技术的定量分析 ………………………………… 96
　项目实施 ………………………………………………………………………………… 107
　　任务七　葡萄酒中铜元素含量的测定 ………………………………………… 107
　　任务八　茶叶中铅的测定 ……………………………………………………… 113

项目五　气相色谱分析技术　117

　学习目标 ………………………………………………………………………………… 117
　项目导入 ………………………………………………………………………………… 117
　　知识点一　色谱分析技术的基本概念与特点 ………………………………… 118
　　知识点二　气相色谱分析技术的基本原理 …………………………………… 122
　　知识点三　气相色谱仪 ………………………………………………………… 127
　　知识点四　气相色谱定性和定量分析 ………………………………………… 135
　项目实施 ………………………………………………………………………………… 141
　　任务九　食品中甲醇含量的测定 ……………………………………………… 141
　　任务十　食品中环己基氨基磺酸钠（甜蜜素）的测定 ………………………… 144

项目六　高效液相色谱分析技术　148

　学习目标 ………………………………………………………………………………… 148
　项目导入 ………………………………………………………………………………… 148
　　知识点一　高效液相色谱分析法的基本概念与特点 ………………………… 149
　　知识点二　高效液相色谱的类型 ……………………………………………… 152

知识点三　高效液相色谱仪 …………………………………………………………… 154
　　　知识点四　高效液相色谱分析技术的应用 ……………………………………………… 161
　项目实施 …………………………………………………………………………………………… 170
　　　任务十一　饮料中山梨酸的测定 ………………………………………………………… 170
　　　任务十二　牛乳中四环素类药物的测定 ………………………………………………… 175

项目七　质谱分析技术 …………………………………………………………………………… 180
　学习目标 …………………………………………………………………………………………… 180
　项目导入 …………………………………………………………………………………………… 180
　　　知识点一　质谱分析技术基本概念与特点 ……………………………………………… 181
　　　知识点二　质谱仪 ………………………………………………………………………… 183
　项目实施 …………………………………………………………………………………………… 193
　　　任务十三　气相色谱 - 质谱联用法测定乳粉中三聚氰胺的含量 ……………………… 193
　　　任务十四　高效液相色谱串联三重四极杆质谱测定蜂蜜中氯霉素残留 ……………… 197

项目八　流变学分析技术 ………………………………………………………………………… 200
　学习目标 …………………………………………………………………………………………… 200
　项目导入 …………………………………………………………………………………………… 200
　　　知识点一　粉质仪分析技术 ……………………………………………………………… 201
　　　知识点二　拉伸仪分析技术 ……………………………………………………………… 206
　项目实施 …………………………………………………………………………………………… 211
　　　任务十五　小麦粉面团粉质曲线的测定 ………………………………………………… 211
　　　任务十六　小麦粉面团拉伸曲线的测定 ………………………………………………… 214

附表　本书数字资源列表 ………………………………………………………………………… 219

参考文献 ………………………………………………………………………………………… 221

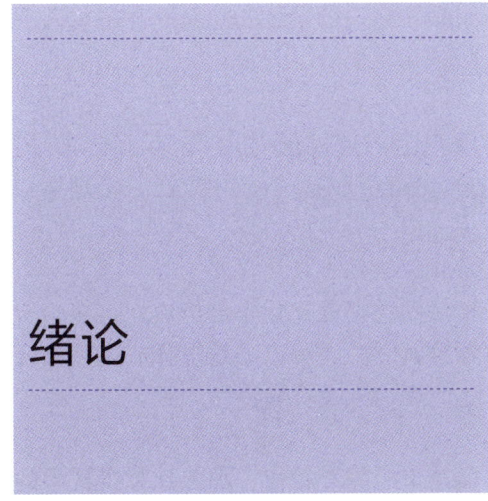

绪论

一、仪器分析方法的分类

分析化学包括化学分析和仪器分析。化学分析利用化学反应及其计量关系进行（如酸碱滴定法），发展较早，是经典的分析方法。仪器分析是利用精密仪器测量物质的某些物理或物理化学性质（如相对密度、光学性质、电化学性质等）以辅助确定其化学组成、含量及化学结构，又称为物理和物理化学分析法。仪器分析在近几十年发展迅速，其方法门类众多，且能够适应各个领域提出的新任务，已成为现代分析化学的主干。

仪器分析通常根据所测量的物质性质来分类，主要包括光学（谱）分析、色谱分析、电化学分析、质谱分析等。下面简单介绍一下前三种方法。

1. 光学（谱）分析

光学（谱）分析是利用物质的分子或原子与光的相互作用特性（如吸收、发射、散射、干涉、衍射等）与物质结构和组成关系进行定性分析及定量检测，可分为一般光学分析（折光与旋光分析等）和光谱分析（紫外-可见分光光度法、红外分光光度法、原子吸收分光光度法、荧光分光光度法等）两大类。

2. 色谱分析

色谱分析是以混合物各组分在互不相溶的两相（固定相与流动相）中吸附、分配或其他亲和作用等性能的差异作为分离依据的分析方法，又可分为薄层色谱法（TLC）、气相色谱法（GC）和高效液相色谱法（HPLC）等。

3. 电化学分析

电化学分析是以电化学理论和被测物质溶液的各种电化学性质（电极电位、电流、电量暨电导或电阻等）为基础建立起来的分析方法。它通常是将分析试样溶液构成一化学电池（电解池或原电池），然后根据所组成电池的某些物理量（如两电极间的电位差、电位、电量、电阻等）与其化学量之间的内在联系进行定性或定量分析。电化学分析又分为电位分析法、电导分析法、电解分析法、库仑分析法、极谱分析法和伏安法等。

二、仪器分析的特点

1. 灵敏度高

仪器分析法的灵敏度远高于化学分析，故可以测定含量极低（10^{-6}，百万分之一；10^{-9}，十亿分之一；甚至 10^{-12}，万亿分之一）的组分。因此仪器分析应用广泛，特别适用于物质中杂质的测定和环境监测中痕量物质的测定。

2. 选择性好

仪器分析法适于复杂组分试样的分析。仪器分析法的选择性比化学分析法好得多，所以仪器分析方法可进行多组分的同时测定。很多仪器分析方法还可以通过选择或调整测定条件，在测定共存组分时，相互间不产生干扰。

3. 分析迅速

仪器分析法适于批量试样分析。用精密分析仪器测量时速度很快，加上计算机技术的应用，分析操作的自动化，结果的自动记录及数据的自动处理，使分析更为迅速。试样经预处理后直接上机测定，仅需数十秒至数分钟即可得出分析结果。有些仪器分析方法如色谱分析，可一次测定多种组分。采用自动化系统，还可在很短时间内分析批量同种试样。

4. 适于痕量组分的测定

仪器分析相对误差较大，但测定痕量组分时，绝对误差则较小，因此仪器分析虽不适于测定常量组分（被测组分的含量大于 1%），但适于测定痕量组分（被测组分的含量小于 0.01%）。

5. 适应性强，应用广泛

仪器分析方法有数十种之多，方法功能各不相同，所以仪器分析的适应性强，不但可以定性和定量，还可用于结构状态、空间分布、微观分布等有关特征分析，以及进行微区分析、遥测分析等。仪器分析灵敏度极高，所需试样量很少，有时只需数微克，甚至可以在不损坏试样的情况下进行无损分析，这对活组织分析等具有重要意义。此外，仪器分析还可用于化学基础理论研究和物理化学常数的测定，如络合物的组成和不稳定常数的测定等。

6. 易于自动化

仪器分析使用复杂的精密仪器测量，被测组分的理化性质经检测器可转化为电信号而记录下来，特别是将微机与仪器相连接，很多操作过程可实现自动化。不但可以处理数据、计算分析结果，而且可以由仪器准确无误地自动进行全部操作，包括分析条件控制、工作曲线仪器分析使用复杂的精密仪器测量，被测组分的理化性质经检测器可转化为电信号实现全部自动化，将大大提高例行分析的速度。

从上述特点来看，仪器分析与化学分析相比有很多优点。虽然如此，化学分析仍然保留有一定的地位。首先，各种精密分析仪器都有一定的局限性，功能上不可能适用于所有试样。一般情况下，特别是生产部门，不可能具备多种分析仪器；加之精密仪器昂贵，需要较好的工作环境，在安装调试和维护保养等方面花费也很大，因此仪器分析的普遍推广受到了一定的限制。而且仪器分析在测量前一般要进行预处理（仪器分析的一般过程是：样品预处理、组分分离、信号的产生、信号的检测、信号的加工处理、测定结果的显示、结果的分析计算），其中以化学分析步骤为主，如试样的溶解，共存组分的掩蔽、分离等；

另外仪器分析中需要纯化学品作为标准品进行对照分析，这些化学品的准确含量都要用化学分析来确定。所以，仪器分析虽有其优越性，但在实际分析试样时仍离不开化学分析手段。何况仪器分析的相对误差大，一般适用于痕量组分的测定，常量组分通常还需用化学分析测定。

由此看来，仪器分析和化学分析是相辅相成的。化学分析是分析化学的基础，仪器分析是分析化学的主干，只有在化学分析的基础上仪器分析才能发挥其独特性能。因此在解决实际问题时，应根据具体情况，参照各种方法的特点选择适宜的分析方法。

三、仪器分析的发展趋势

现代科学的进步和工业生产的发展，不仅要求分析化学应提高准确度、灵敏度和分析速度，还不断地提出了更多的新课题、新任务，要求通过分析提供更多、更复杂的信息，包括从常量分析到超微量分析；从整体成分分析到微区分析、表面分析、区域分析；从成分分析到结构分析、状态分析；从静态分析到快速化学反应的跟踪等。对近代分析化学的这些新任务和新要求，仪器分析有很大的适应性和发展潜力。因此，仪器分析已成为近代分析化学的发展方向，其发展趋势概括起来有以下几个特点。

1. 方法创新

现代科学技术相互交叉、渗透，各种新技术的引入、应用等，使仪器分析不断开拓新领域、创立新方法。如电感耦合等离子体发射光谱、傅里叶变换红外光谱、傅里叶变换核磁共振波谱、激光拉曼光谱、激光光声光谱等。

2. 分析仪器的智能化

将计算机技术与分析仪器结合，实现分析操作的自动化和智能化，是仪器分析的一个非常重要的发展趋势。在分析工作者的指令控制下，计算机不仅能处理分析结果，而且还可以优化操作条件、控制完成整个分析过程，包括进行数据采集、处理、计算等，直至动态 CRT（C Runtime）显示和生成最终曲线报表。目前计算机技术对仪器分析的发展影响极大，已成为现代分析仪器上不可分割的部件。

3. 仪器联用技术

试样的复杂性、测定难度、要求信息量及响应速度均在不断提高，这就需要将多种分析方法结合起来，取长补短，起到方法间的协同作用，从而提高方法的灵敏度、准确度及对复杂混合物的分辨能力，同时还可获得两种手段各自单独使用时所不具备的某些功能，因而仪器联用技术已成为当前仪器分析方法发展的主要方向之一。例如，分离方法（GC、HPLC）与鉴定方法（MSIR）的联用技术。

4. 新型动态检测和非破坏性分析

运用先进的技术和分析原理，研究并建立有效而实用的实时、在线、高灵敏度、高选择性的新型动态分析检测和非破坏性分析，是仪器分析发展的一个主流。目前，多种生物传感器如酶传感器、免疫传感器、DNA 传感器、细胞传感器等不断涌现，为活体分析带来了机遇。

5. 扩展时空多维信息

现代仪器分析的发展已不局限于将待测组分分离出来进行分析和测量。随着人们对客观物质认识的深入，对某些过去不熟悉的领域扩展，如多维、不稳态、边界条件等，也逐渐提上了日程,现代核磁共振波谱、质谱、红外光谱等分析法可提供有机物分子的精细结构、空间构型及瞬态变化等信息,为人们对化学反应历程及生命过程的认识提供了重要的基础。

总之,仪器分析目前正向着快速、准确、自动、灵敏及适应特殊分析的方向快速发展。

项目一 电化学分析技术

学习目标

知识目标

1. 掌握电化学分析方法的基本概念和分类标准。
2. 理解电位分析法的基本原理,能列举其在食品检测中的典型应用。
3. 了解电化学分析仪器各主要组件的功能及技术参数。

技能目标

1. 能独立完成直接电位法和电位滴定法的标准操作流程。
2. 能准确使用电位滴定法测定样品浓度,并计算相对标准偏差。
3. 能进行酸度计的日常维护和电极校准操作。

素质目标

1. 养成遵守仪器操作规程的严谨工作态度。
2. 在标定和滴定试验中建立团队协作能力,能主动承担角色并配合完成实验任务。

项目导入

"酸甜苦辣咸",中国人的五味。《周礼·天官·食医》记载:"凡和,春多酸,夏多苦,秋多辛,冬多咸,调以滑甘",将酸作为四季循环的起点,奠定了其在时序中的首味地位。亦有学者认为,人类的第一味调味品,就是来自大自然的天然酸。例如,水果的酸味来自水果里的重要成分——有机酸,包括柠檬酸、苹果酸、酒石酸,以及少量的苯甲酸、水杨酸、琥珀酸和草酸等,它们是水果能量代谢的中间产物,决定了水果的品质和风味。那么口感各异的水果到底有多酸呢?如何测定其酸度?

知识点一

电化学分析基础知识

电化学分析作为现代仪器分析的三大支柱之一，是基于物质的电学及电化学性质建立的分析方法体系。其核心原理是通过测量溶液体系中的电位、电流、电导等电信号变化，实现对物质的定性与定量分析。这类方法不仅具有灵敏度高、选择性好等显著优势，更因电信号易采集传输的特性，天然适配自动化在线分析需求，在工业流程控制、环境实时监测等领域展现出独特价值。区别于传统分析手段，它不仅能测定成分含量，还可解析化合物价态、存在形态及电极反应动力学过程（动力学、催化、吸附、氧化还原），为复杂体系研究提供多维信息。

电化学分析
基础知识
（微课视频）

电化学分析技术已形成覆盖基础研究与产业实践的多层次应用网络。在传统领域，电化学分析可以开展无机离子检测、化工生产监控等基础任务，例如电解质溶液浓度在线监测等。随着技术进步，其应用边界不断拓展：在生物医药领域实现神经递质活体追踪与药物代谢动态分析；在食品安全检测中精准识别重金属含量；更通过与光谱、色谱等技术的深度联用，催生出电发光分析、光谱电化学分析、色谱-电化学联用检测等交叉方法。

当前技术革新正推动电化学分析向更高维度演进。纳米材料修饰电极使单细胞级微观检测成为可能，表面技术突破助力开发出可植入式柔性传感器，实现了活体组织的原位无损监测。智能化发展方面，机器学习算法与电化学系统的融合，正在构建自优化检测参数的新型智能分析平台。未来趋势将聚焦于实时动态监测技术突破，例如开发耐极端环境的传感器件用于深海或航天探测，发展多模态联用系统实现物质成分-结构-功能的同步解析，这些突破将持续拓展人类认知物质世界的深度与广度。

一、电化学分析方法介绍

（一）电位分析法

电位分析法是利用电极电位与浓度的关系来测定物质浓度的电化学分析法。它是将一支电极电位与被测物质的活（浓）度有关的电极（称指示电极）和另一支电位已知且保持恒定的电极（称参比电极）插入待测溶液中组成一个化学电池，在零电流的条件下，通过测定电池的电动势，求得溶液中待测组分含量的方法。它包括直接电位法和电位滴定法。

1. 直接电位法

直接电位法是通过测量上述化学电池的电动势，从而得知指示电极的电极电位，再通过指示电极的电极电位与溶液中被测离子活（浓）度的关系，根据能斯特方程式计算被测物质的含量的方法。直接电位法具有简便、快速、灵敏、应用广泛的特点，常用于溶液pH和一些离子浓度的测定，在工业连续自动分析和环境监测方面有独到之处。近年来，随着各种新型电化学传感器的出现，直接电位法的应用更加广泛。直接电位法实验装置如

图1-1所示。

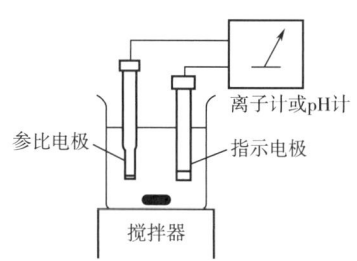

图1-1 直接电位法实验装置示意图

2. 电位滴定法

电位滴定法是通过测量滴定过程中电池电动势的变化来确定滴定终点的分析方法。与化学分析法中滴定分析不同的是，电位滴定的滴定终点是由测量电位突跃来确定的，而不是由观察指示剂颜色变化确定的。因此，电位滴定法分析结果准确度高，容易实现自动化控制，能进行连续和自动滴定，广泛用于酸碱、氧化还原、沉淀、配位等各类滴定反应终点的确定，特别是那些滴定突跃小、溶液有色或浑浊的滴定，使用电位滴定可以获得理想的结果。此外，电位滴定还可以用来测定酸碱的离解常数、配合物的稳定常数等。电位滴定法实验装置如图1-2所示。

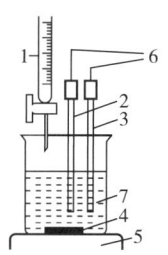

图1-2 电位滴定法实验装置示意图
1—滴定管 2—指示电极 3—参比电极 4—铁芯搅拌棒
5—电磁搅拌器 6—高阻抗毫伏计 7—试液

GB/T 4928—2008
《啤酒分析方法》
电位滴定法测定总酸
（仿真动画）

电位分析法在食品检验中应用最为广泛，应用最多的是食品的酸度测定和电位分析法测定溶液的离子活度。

（二）电解与库仑分析法

电解是指直流电流通过某种电解质溶液时，在电流的作用下电极溶液界面发生电极反应，从而引起溶液中某种物质分解的过程。电解与库仑分析法中，不但在电极上发生了电极反应，测量结果与测量过程中体系通过的电流有关，而且测量前后，溶液中被测物质的浓度发生改变。电解与库仑分析法包括了以下分析方法。

1. 电解分析

电解分析是建立在电解基础上通过称量沉积于电极表面的沉积物重量以测定溶液中被测离子含量的电化学分析法，又称电重量分析法。有时也用它作为一种分离手段，可方便地除去待测试液中的某些杂质。

2. 库仑分析

库仑分析是依据法拉第电解定律，由电解过程中电极上通过的电量确定电极上析出物质质量的分析方法。该方法是为数不多的无须基准物或标准溶液的绝对定量法。

3. 电流滴定或库仑滴定

电流滴定或库仑滴定是利用恒电流下电解产生的特定电极产物作为滴定剂与被测物作用，根据所消耗的电量计算出被测组分的含量。

（三）电导分析法

电导是溶液中各种电解质的总体特性。根据电导与电解质浓度之间的定量关系进行分析的方法称为直接电导法。利用不同离子对总电导的贡献不同，通过测量滴定过程中溶液电导的变化所建立的分析方法称为电导滴定法。电导容易测量且灵敏度高，故电导分析常用于超纯水质的测定、稀溶液中混合弱酸的分析及酸雨监测。电极与溶液的接触不可避免地产生相互作用，而高频电导分析中电极与溶液的不直接接触，使其在各种电化学分析中独具特色。

（四）伏安分析法与极谱分析法

伏安分析法是在特殊条件下，通过测定体系电流、电压变化曲线（伏安曲线）来分析溶液中电活性组分的组成和含量的一类分析方法的总称。极谱分析法是使用滴汞电极的一种特殊伏安分析法，在此基础上发展起来了一系列现代伏安分析法，如交流示波极谱、方波极谱、脉冲极谱、导数与微分极谱、阳极溶出伏安、循环伏安分析等。伏安分析法具有很高的灵敏度，不仅用于微量组分分析，也多用于化学反应机理、电极过程动力学等基础理论的研究。

二、化学电池与电极电位

不同的电化学分析方法尽管在测量原理、测量对象及测量方式上都有很大差别，但它们都是在一种电化学反应装置上进行的，这种反应装置就是化学电池。

（一）化学电池

化学电池是电化学分析法必须具备的组成部分，它是能将化学能和电能进行相互转换的反应装置（图1-3）。

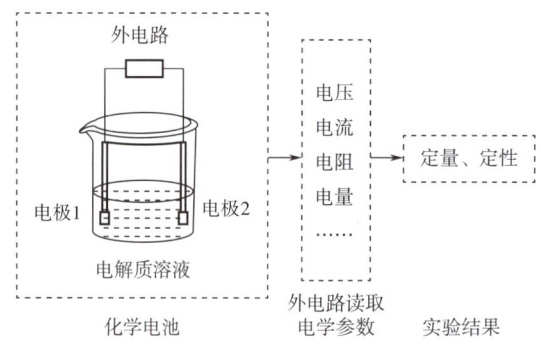

图1-3　电化学实验过程示意图

化学电池由电解质溶液、两个电极和外电路组成。电极是提供电子转移或发生电极反应的场所,将电极插入对应的电解质溶液中才能发生作用。

电化学分析法中涉及两类化学电池,即原电池和电解电池。原电池能自发地将化学能转变成电能,是能够向外部提供能量的装置,如图1-4(1)和图1-4(2)所示。而电解电池则由外电源提供电能,化学电池工作时,电流在电池内部和外部流过,构成回路,如图1-4(3)所示。溶液中的电流是依靠溶液中正、负离子的移动而形成的。

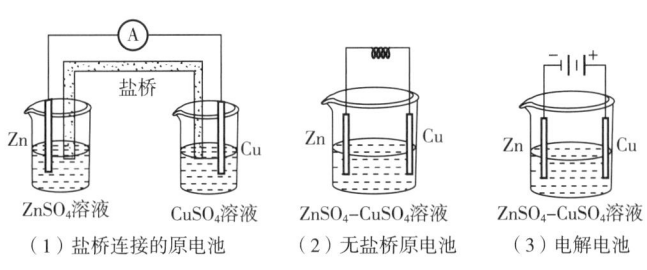

图1-4 化学电池类型

图1-4所示是铜锌原电池,铜片和锌片分别浸于$CuSO_4$和$ZnSO_4$的溶液中,两电极之间用金属导线连接,在锌电极上发生氧化反应,电子由锌片通过导线流向铜片,溶液中的氢离子从铜片获得电子,被还原成氢原子,从而完成电子的转移。两极之间溶液中离子的定向移动和外部导线中电子的定向移动构成了闭合回路,使两个电极反应不断进行,发生有序的电子转移过程,产生电流,实现化学能向电能的转化。电极反应如下:

$$锌电极:Zn \rightleftharpoons Zn^{2+} + 2e^- \quad 氧化反应(阳极)、负极$$

在铜电极上发生还原反应,电极反应如下:

$$铜电极:Cu^{2+} + 2e^- \rightleftharpoons Cu \quad 还原反应(阴极)、正极$$

单个电极上发生的化学反应称为半电池反应。无论是原电池还是电解电池,发生氧化反应的电极称为阳极,发生还原反应的电极称为阴极。电极电位高的为正极,电极电位低的为负极。

为了简化对电池的描述,通常可以用电池表达式表示。如上述原电池可以表示为:

$$(-)\ Zn\ |\ ZnSO_4\ (x mol/L)\ ||\ CuSO_4\ (x mol/L)\ |\ Cu\ (+)$$

习惯上把正极写在右边,负极写在左边,单竖线"|"表示相界面;双竖线"||"表示盐桥。

(二)电极电位

当金属插入相应的金属盐溶液中时,在电极上形成电位,即电极电位。电极电位的大小可以由能斯特方程来进行计算。能斯特(Nernst)方程表示了电极电位与电极表面溶液中对应离子活度之间的定量关系,也可以表示为电池的电动势与溶液中响应离子活度间的关系。可以将金属看成是由离子和自由电子构成的。以锌电极为例,当锌片与硫酸锌溶液接触时,金属锌中Zn^{2+}的化学势大于溶液中Zn^{2+}的化学势,则锌不断溶解到溶液中,而电子留在锌片上,结果金属带负电,溶液带正电,构成了双电层。双电层的形成导致了两相间电位差的存在。电位差排斥Zn^{2+}继续进入溶液,而金属表面的负电荷又吸引Zn^{2+},达到动态平衡,形成相间动态平衡电位。对于任意给定的电极,电极反应为:

$$Ox + ne^- \rightleftharpoons Red$$

可以用能斯特方程计算电极电位:

$$\varphi_{Ox/Red} = \varphi^{\ominus}_{Ox/Red} + \frac{RT}{nF}\ln\frac{a_{Ox}}{a_{Red}}$$

式中 $\varphi^{\ominus}_{Ox/Red}$ ——标准电极电位,V;

R——摩尔气体常数,8.3145J/(mol·K);

T——热力学温度,K;

F——法拉第常数,96485C/mol;

n——电极反应中转移的电子数;

a_{Ox},a_{Red}——氧化态和还原态的活度。

在25℃时,将常数项代入并换算成以10为底的对数,则上式为:

$$\varphi_{Ox/Red} = \varphi^{\ominus}_{Ox/Red} + \frac{0.0592}{n}\lg\frac{a_{Ox}}{a_{Red}}$$

电极电位的大小反映了溶液中氧化态与还原态离子活度(或浓度)的变化情况,这是电位法的理论依据。在能斯特方程中,给出的是电极电位与活度之间的关系,而在一般分析中,测定的是物质的浓度,活度与物质的浓度之间的关系为:

$$a_i = \gamma_i c_i$$

式中 a_i——活度;

γ_i——活度系数;

c_i——物质的浓度,mol/L。

三、常用电极

在电位分析中,需要一支电极的电极电位不随测量对象的不同和浓度的变化而发生改变,即保持恒定,这种电极称为参比电极。而另一支电极的电极电位则随被测溶液中待测离子的浓度变化而改变,即能够指示溶液中待测离子的活度变化,这类电极称为指示电极。由参比电极和指示电极组成的测量系统所获得的电动势可计算出待测离子的活度或浓度,主要用于测定过程中溶液本体浓度不发生变化的体系。

电化学分析常用电极
(微课视频)

(一)参比电极

参比电极应具有可逆性、重现性和稳定性好等条件,通常有以下三种。

1. 标准氢电极

标准氢电极(SHE)是用来确定其他电极的电极电位的基准电极,国际纯粹与应用化学联合会(IUPAC)规定在任何温度下标准氢电极的电极电位为0。在实际工作中,由于氢电极存在使用不便的缺点,故较少使用。

2. 甘汞电极

甘汞电极是常用的一种参比电极,由金属汞、甘汞[氯化亚汞(Hg_2Cl_2)]及氯化物(常用KCl)溶液制成的。甘汞电极的结构如图1-5所示。

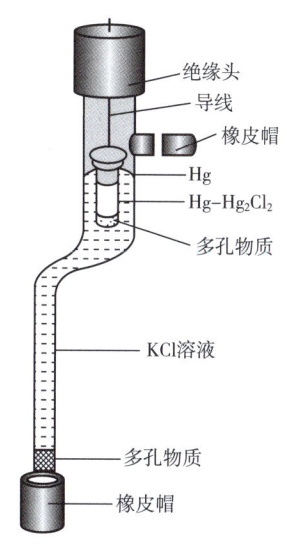

图 1-5 甘汞电极结构示意图

甘汞电极的电极反应为：

$$Hg_2Cl_2(s) + 2e^- \rightleftharpoons 2Hg(l) + 2Cl^-$$

因为 $Hg_2Cl_2(s)$ 和纯 $Hg(l)$ 的活度等于 1，则电极电位（25℃）时为：

$$\varphi_{Hg_2Cl_2/Hg} = \varphi^{\ominus}_{Hg_2Cl_2/Hg} - 0.0592\lg a_{Cl^-}$$

即在一定温度下，甘汞电极的电极电位取决于氯离子的活度（或浓度），因而当其活度保持固定时，则电极电位恒定，故甘汞电极可以作为参比电极使用。常用的甘汞电极有三种（表 1-1）：氯化钾溶液为饱和溶液的是饱和甘汞电极，用符号 SCE（Saturated Calomel Electrode）表示，目前最为常用；氯化钾溶液浓度为 1mol/L 的是标准甘汞电极，用符号 NCE（Normal Calomel Electrode）表示；氯化钾溶液浓度为 0.1mol/L 的是 0.1mol/L 甘汞电极。甘汞电极的制备和保存都很方便，电极电位很稳定，所以用途很广。

表 1-1　　　　　　　　　　甘汞电极的电极电位（298K）

电极名称	0.1mol/L 甘汞电极	标准甘汞电极	饱和甘汞电极
KCl 溶液浓度/(mol/L)	0.1	1	饱和溶液
电极电位/V	0.3337	0.2801	0.2412

3. 银-氯化银电极

在银丝表面镀上一层氯化银，浸在用氯化银饱和的一定浓度的氯化钾溶液中，即构成了银-氯化银电极，其结构如图 1-6 所示。同样的，银-氯化银电极的电极电位与溶液中的氯离子活度（或浓度）有关，不同氯化钾浓度的银-氯化银电极的电极电位见表 1-2。银-氯化银电极结构简单，体积很小，因此常作为其他离子选择性电极的内参比电极。

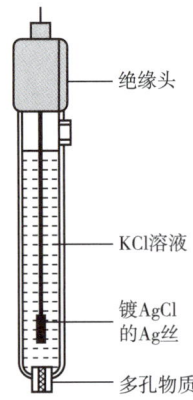

图1-6 银-氯化银电极结构示意图

表1-2 银-氯化银电极的电极电位（298K）

电极名称	0.1mol/L 银-氯化银电极	标准银-氯化银电极	饱和银-氯化银电极
KCl 溶液浓度/(mol/L)	0.1	1	饱和溶液
电极电位/V	0.2880	0.2223	0.1990

（二）指示电极

电极电位随溶液中待测离子活（浓）度的变化而变化，符合能斯特方程，并指示出待测离子活（浓）度的电极称为指示电极。指示电极应符合下列要求：①依据能斯特方程，当溶液中相应离子活度发生变化时，指示电极的电位与离子活度的对数呈线性关系；②能够对溶液中参与电极半反应的离子活度做出快速而灵敏的响应；③为避免共存离子的干扰，指示电极对测定的离子应具有较大的选择性，即每种电极仅对特定离子有很高的响应；④结构简单，使用方便。

依据指示电极的结构和原理不同，可将其分为以下几类。

1. 金属电极

（1）金属-金属离子电极　金属-金属离子电极是将金属浸入含有该金属离子的溶液中构成，这类电极亦称为第一类电极。这类电极结构简单，可表示为 M, M^{n+}，其结构特点是只具有一个相界面。

电极反应：

$$M^{n+} + ne^- \rightleftharpoons M$$

第一类电极的电位值与溶液中金属离子的活度有关。例如 $Ag-AgNO_3$ 电极（银电极），电极电位仅与银离子活度有关，因此该电极不但可用来测定银离子活度，而且可用于电位滴定。组成第一类电极的金属有银、铜、锌、汞等。活泼金属极易与水反应，不能使用。铁、钴、镍、铬等金属表面的易生成氧化膜而改变金属表面的结构和性质，故也不能用作第一类电极。

(2) 金属-金属难溶盐电极　由金属、该金属难溶盐和难溶盐的阴离子溶液组成，亦称为第二类电极。甘汞电极和银-氯化银电极都属于这类电极，其电极电位随所在溶液中的难溶盐阴离子活度变化而变化。

电极反应：

$$MX_n + ne^- \rightleftharpoons M + nX^-$$

常温下，电极电位：

$$\varphi = \varphi^\ominus + \frac{0.0592}{n} \lg \frac{1}{(a_x)^n}$$

例如，银-氯化银电极可用来测定氯离子活度。由于这类电极具有制作容易、电位稳定、重现性好等优点，因此主要用作参比电极。

(3) 第三类电极　指金属与两种具有共同阴离子的难溶盐（或难解离络离子）组成的电极体系，可表示为 $M \mid M_xX_n, N_xX_m, N_m^+$，其中 M_xX_n，N_xX_m 是难溶盐或难解离络合物，N_m^+ 是第二种难溶盐（或难解离络离子）的阳离子。例如，电极 $Ag \mid Ag_2C_2O_4$，CaC_2O_4，Ca^{2+}，电极反应：$Ag^+ + e^- \rightleftharpoons Ag$，该类电极可指示 Ca^{2+} 活度的变化，可以作为 EDTA 滴定时的指示电极。

(4) 惰性金属电极　惰性电极也称零类电极，一般是由化学性质稳定的惰性材料，如铂、金、石墨等浸入氧化还原体系的溶液中组成。这类电极本身不参与反应，但其晶格间的自由电子可与溶液进行交换，故惰性金属电极可作为溶液中氧化态和还原态获得电子或释放电子的场所。

例如，将铂电极插入到含有 Fe^{3+}/Fe^{2+} 电对的溶液中组成的电极，其电极反应为：$Fe^{3+} + e^- \rightleftharpoons Fe^{2+}$，常温下电极电位为：

$$\varphi = \varphi^\ominus + 0.0592 \lg \frac{a_{Fe^{3+}}}{a_{Fe^{2+}}}$$

可见 Pt 未参加电极反应，只提供 Fe^{3+} 及 Fe^{2+} 之间电子交换场所。

> **课堂互动**
> 　　在分析工作中哪个电极作为参比电极，哪个电极作为指示电极，是固定不变的吗？为什么？

2. 离子选择性电极

离子选择性电极是一类利用膜电势测定溶液中离子的活度或浓度的电化学传感器，当它和含待测离子的溶液接触时，在它的电极敏感膜和溶液的相界面上产生与该离子活度直接有关的膜电势。离子选择性电极也称膜电极，这类电极有一层特殊的电极敏感膜，电极膜对特定的离子具有选择性响应，电极膜的电位与待测离子含量之间的关系符合能斯特方程。膜电位的产生不同于上述各类电极，不存在电子的传递与转移过程，而是由于离子在膜与溶液两相界面上交换或扩散的结果。这类电极由于具有选择性好、平衡时间短的特点，是电位分析法用

离子选择性电极
（微课视频）

得最多的指示电极。

离子选择性电极的基本结构如图 1-7 所示。管内装有内参比溶液，其中插入内参比电极（通常为 Ag｜AgCl 电极），内参比溶液的作用在于保持膜内表面和内参比电极电势的稳定。

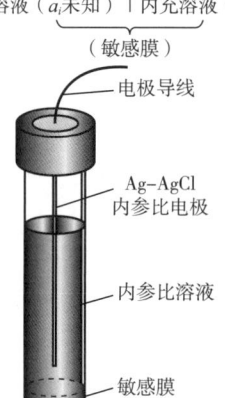

图 1-7　离子选择性电极基本结构示意图

（1）离子选择性电极的基本理论　离子选择性电极的基本理论主要是基于 TMS 理论 [T. 特奥雷尔（Teorell）、K. H. 迈尔（Meyer）、J. F. 西弗斯（Sievers）] 理论及美国艾森曼学派和苏联尼科尔斯基学派理论发展起来的。在电极膜只允许带同样电荷的离子通过而不允许带相反电荷的离子和溶剂分子通过，穿过膜的离子均有理想行为和膜电流为零的前提下，可用统一的公式来表示膜电势，当内充溶液中的组成不变时，离子活度为恒定值，则得：

$$\varphi_m = \varphi^\ominus + \frac{RT}{Z_i F} \ln \left(a_i + \sum_{j=1}^{N} K_{ij} a_j^{Z_i/Z_j} \right)$$

上式就是尼科尔斯基-艾森曼方程式，是离子选择性电极分析中的基本方程式。

式中　a_i、a_j——离子在溶液中的活度；
　　　Z_i、Z_j——离子 i 与 j 的电荷数；
　　　T——热力学温度，K；
　　　R——摩尔气体常数，8.3145J/(mol·K)；
　　　F——法拉第常数，96485C/mol；
　　　K_{ij}——电极对主要离子 i 相对于其他离子 j 的选择性系数。

如果电极对 i 离子有高度的选择性，即所有的 K_{ij} 均接近于零，则上式变成：

$$\varphi_m = \varphi^\ominus + \frac{RT}{Z_i F} \ln a_i$$

其形式与能斯特方程完全一致。这就是人们习惯于用能斯特关系来描述离子选择性电极的响应特性的原因。

（2）离子选择性电极的基本特性　离子选择性电极的基本特性是衡量电极优劣的指标。

①选择性。电极在对一种主要离子产生响应时，会受到其他离子，包括带有相同和相反电荷的离子的干扰。尼科尔斯基-艾森曼方程式反映了相同电荷离子对膜电势的影响，

它用选择性系数 K_{ij} 来表示，此值越小，电极对 i 离子的选择性越高，一般要求 K_{ij} 值在 10^{-3} 以下。K_{ij} 不是一个严格的常数，它随测定的方法和条件而异，因此只能用来估量电极对不同离子响应的相对大小，而不能用来定量校正干扰离子所引起的电势变化。电极的选择性主要决定于电极活性材料的物理、化学性质和膜的组成。

②测量范围。电极有很宽的测量范围，一般有几个数量级。根据膜电势的公式，以电势对离子活度的对数作图，可得一直线，其斜率为 RT/Z_iF，这就是校正曲线。实际上，当活度 α_i 很低时，由于膜物质本身的溶解以及干扰离子的影响等，校正曲线明显弯曲。电极的线性响应范围是指校正曲线的直线部分，它是定量分析的基础，大多数电极的响应范围为 $10^{-5} \sim 10^{-1}$ mol/L，个别电极达 10^{-7} mol/L，所以测定的灵敏度往往满足不了痕量分析的要求。在采用离子缓冲液时，电极的线性响应范围可大大扩展（如银电极可达 10^{-20} mol/L），使电极可用于理论研究。

③响应速度。离子选择性电极的响应时间有不同的表示方法，浸入法测定的响应时间是指从电极接触溶液开始至达到稳定电势值（±1mV）的时间；注射法则通过迅速改变溶液浓度，测量达到电势最终变化值 ΔE 的固定百分数的时间，如 t_{90}、t_{95} 等。电极的响应时间随电极种类、溶液的浓度、温度、电极处理方法而异。一般，固态电极响应较快，有的只有几毫秒（如硫化银电极）；液膜电极响应较慢，通常从几秒到几分钟。电极的响应速度是判断电极能否用于连续自动分析的重要参数。

④准确度。通过测量电势直接计算离子的活度或浓度，其准确度不高，且受到离子价态的限制。理论计算表明，对于一价离子，1mV 的测量误差会导致产生±4%的浓度相对误差。离子价态增加，误差也成倍增加。此外，电极在不同浓度范围有相同的准确度，因此它较适用于低浓度组分的测定。

⑤其他性能。电极的内阻较高，一般在几百千欧到几兆欧之间，玻璃电极和微电极则更高，所以要求使用高输入阻抗的测量仪器。一般情况下，电极寿命在数月至数年间。

（3）离子选择性电极的种类　离子选择性电极的种类繁多，且与日俱增。IUPAC 基于膜的特性推荐将离子选择性电极分为以下几类。

①晶体膜电极。晶体膜电极的敏感膜一般都是由难溶盐经过加压或拉制成单晶、多晶或混晶制成的，分为均相膜电极和非均相膜电极两种。均相膜电极的敏感膜是由单晶或由一种或几种化合物均匀混合成的多晶压片制成。如典型的单晶膜氟电极：以 Ag_2S 晶体为主，与 $AgCl$、$AgBr$、AgI、$AgSCN$ 等晶体混合，可制成分别对 Cl^-、Br^-、I^-、SCN^- 等阴离子响应的多晶膜电极；以 Ag_2S 晶体为主，与 CdS、CuS、PbS 等晶体混合可制得分别对 Cd^{2+}、Cu^{2+}、Pb^{2+} 等阳离子响应的多晶膜电极。

非均相膜电极是由均匀细小的难溶盐沉淀微晶掺入惰性物质中经热压制成的，惰性物质可以是硅橡胶、热塑性聚合物及石蜡等，如将 AgX 沉淀均匀分布在硅橡胶中制得对 X 离子响应的电极。例如，氟离子选择性电极，其敏感膜是由掺有 EuF_2 的 LaF_3 单晶切片制成的，其结构如图 1-8 所示。LaF_3 的晶格中有空穴，在晶格上的 F^- 可以移入晶格邻近的空穴而导电。离子的大小、形状和电荷决定其是否能够进入晶体膜内，故膜电极一般都具有较高的离子选择性。

氟电极具有较高的选择性，需要在 pH 5~7 使用。pH 高时，溶液中的 OH^- 与 LaF_3 晶体膜中的 F^- 交换，使测量结果偏高。pH 较低时，溶液中的 F^- 生成 HF 或 HF_2^-，使测定结果偏低。

②刚性基质电极。这类电极的敏感膜是特种玻璃的薄膜，玻璃的化学组成决定其选择性，通常称为玻璃电极。玻璃电极结构简单，使用方便，结构如图1-9所示。

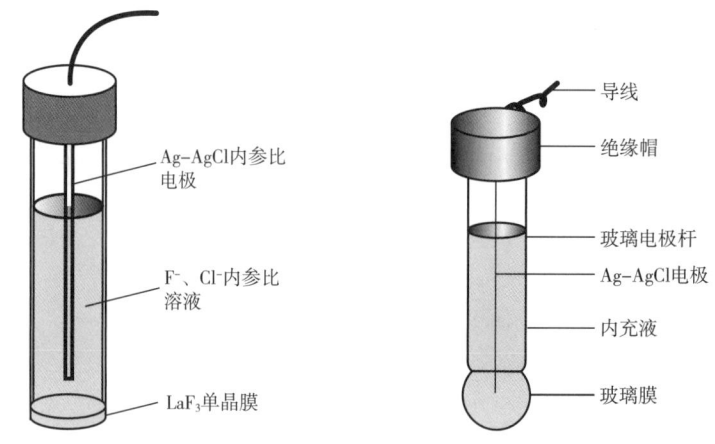

图1-8　氟离子选择性电极结构示意图　　图1-9　玻璃电极结构示意图

玻璃膜电极的优点是不受溶液中氧化剂、还原剂、颜色及沉淀的影响，不易中毒。不足之处是电极内阻很高，且电阻随温度变化，一般只能在5~60℃的范围内使用。目前在pH测量中通常将参比电极和玻璃电极组合在一起形成复合pH电极（图1-10）。

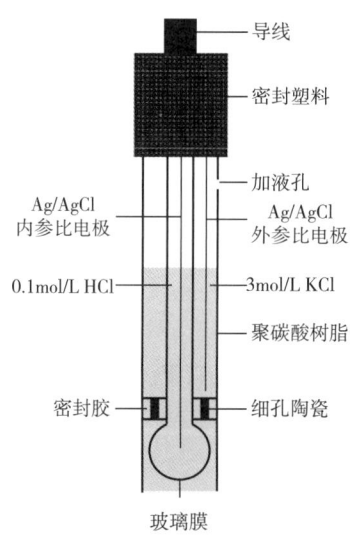

图1-10　复合pH电极结构示意图

③流动载体膜电极。流动载体膜电极，也称液膜电极，结构有两种，一种在多孔支持体中可流动的液体（液膜）作为敏感膜；另一种是将电活性物质与聚氯乙烯（PVC）粉末一起溶于四氢呋喃溶剂中，然后倒在平板玻璃上，待溶剂挥发后形成PVC支持的敏感膜，后一种更为常见。

例如钙电极，内参比溶液为含 Ca^{2+} 水溶液，内外管之间装0.1mol/L二癸基磷酸钙（液体离子交换剂）的苯基磷酸二辛酯溶液，其极易扩散进入微孔膜，但不溶于水，故不能进入试液。二癸基磷酸根可以在液膜-试液两相界面间传递钙离子，直至达到平衡。由于 Ca^{2+} 在水相（试液和内参比溶液）中的活度与有机相中的活度差异，在两相之间产生相界电位。液膜两面发生离子交换反应：$[(RO)_2PO_2]_2Ca$（有机相） = $2[(RO)_2PO_2]^-$（有机相） + Ca^{2+}（水相）。钙电极适宜的 pH 范围是 5~11，可测出 10^{-5} mol/L 的 Ca^{2+}。流动载体膜电极如图 1-11 所示。

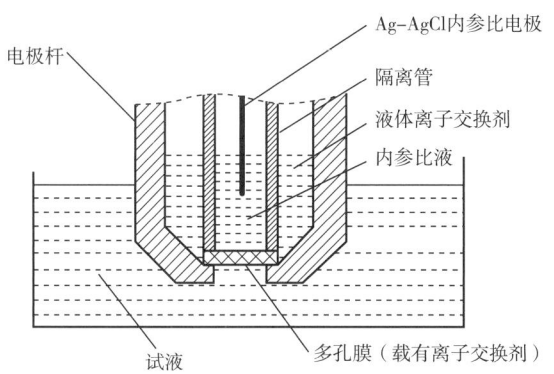

图 1-11 流动载体膜电极示意图

④敏化电极。敏化电极是在主体电极上覆盖一层膜或一层物质，使电极能提高或改变其选择性的电极，包括气敏电极、酶电极及组织电极等。

a. 气敏电极亦被称为气体扩散电极，是应用离子选择电极最近发展起来的一种新型电极。这种间接传感气体的电极，使用的气透膜不能渗透离子，而把测试溶液与内溶液分开，内溶液位于扩散膜与内玻璃 pH 电极或离子选择电极之间，当气体扩散进入内溶液反应达到平衡后，由内电极作出响应，所以选择性特别好。气敏电极也被称为探头、探测器、传感器。

如图 1-12 所示为气敏电极结构示意图，参比电极为 Ag-AgCl 电极，参比液为 0.1mol/L NH_4Cl 溶液，指示电极是平头型 pH 玻璃电极。透气膜具有疏水性，中间电解液在玻璃膜与透气膜之间形成一层薄膜。样品中的待测气体可以扩散通过透气膜，在中间电解液薄膜层中建立平衡，从而改变电极敏感膜表面的离子活度，建立起与被测气体分压成正比的电极点位。

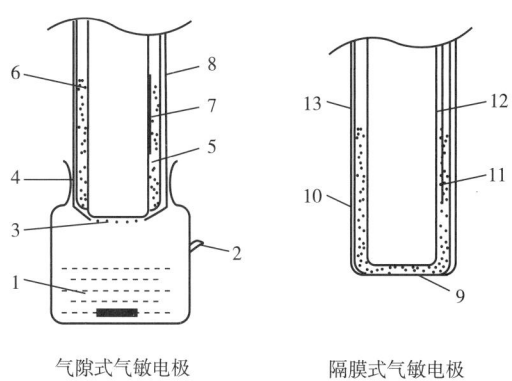

图 1-12 气敏电极结构示意图

1—试液　2—试剂入口处　3—在指示电极敏感膜上附着一薄层中介液　4—O 形密封圈　5—中介液
6—指示电极　7—参比电极　8—电极管　9—透气膜　10—中介液　11—参比电极　12—指示电极　13—电极管

b. 酶电极是基于界面酶催化化学反应的敏化电极（图 1-13）。酶是具有特殊生物活性的催化剂，对反应的选择性强，催化效率高，可使反应在常温、常压下进行。离子选择性电极检测的常见的酶催化产物：CO_2、NH_3、NH_4^+、CN^-、F^-、S^{2-}、I^-。

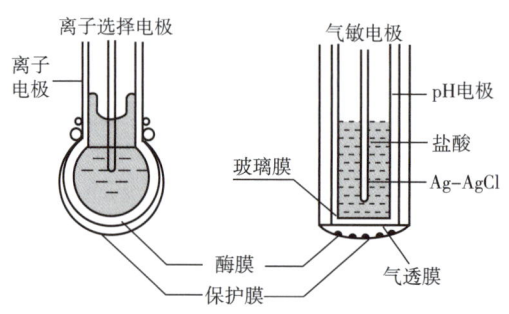

图 1-13　酶电极结构示意图

c. 组织电极是一种利用生物组织制成的电极。生物组织膜电极将生物组织切成薄片制成薄膜后覆盖在骨架电极上。这种电极可分为动物组织膜电极、植物组织膜电极和复合组织膜电极，以动植物组织内天然存在的某种生物酶来催化反应，并制备成敏感膜。因为组织中的酶除了处于最适宜的环境，同时又相当于被固定化了。组织电极用的生物材料，如动物的肝、肾、肠、肌肉，植物的叶、茎、花、果等易于获得，可代替昂贵的酶试剂。不清楚是什么酶的催化反应，或对生物催化途径不清楚的反应系统，无法用酶电极，只能用组织电极。组织电极结构如图 1-14 所示。

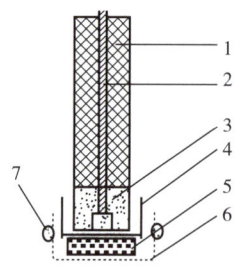

图 1-14　组织电极结构示意图
1—主体　2—电极　3—电解质　4—透气膜　5—组织膜　6—透析膜　7—压环

例如用香蕉与碳糊制成的香蕉电极可测定多巴胺。又如将猪肾夹在尼龙网中紧贴在氨气敏电极上，利用猪肾组织中的谷氨酰胺酶能催化谷氨酰胺而释放出氨气，可测定试样中的谷氨酰胺含量。表 1-3 所示为多种组织电极的酶源与测定对象。

表 1-3　　　　　　　　　　　组织电极的酶源与测定对象一览

组织酶源	测定对象	组织酶源	测定对象
香蕉	草酸、儿茶酚	烟草	儿茶酚
菠菜	儿茶酚类	番茄种子	醇类

续表

组织酶源	测定对象	组织酶源	测定对象
甜菜	酪氨酸	燕麦种子	精胺
马铃薯	儿茶酚、磷酸盐	猪肝	丝氨酸
花椰菜	L-抗坏血酸	猪肾	L-谷氨酰胺
莴苣种子	H_2O_2	鼠脑	嘌呤、儿茶酚胺
玉米脐	丙酮酸	大豆	尿素
生姜	L-抗坏血酸	鱼鳞	儿茶酚胺
葡萄	H_2O_2	红细胞	H_2O_2
黄瓜汁	L-抗坏血酸	鱼肝	尿酸
卵形植物	儿茶酚	鸡肾	L-赖氨酸

■ 思考与练习

1. 参比电极的电位为什么是恒定的？
2. 参比电极在电位分析法中的作用是什么？
3. 离子选择性电极有哪些类型？

项目一 知识点一
课堂互动

知识点二

酸度计

酸度计，又称 pH 计，是一种常见的分析仪器，用于测定溶液酸碱度，广泛应用在农业、环保和工业等领域。

一、工作原理

pH 计是通过电位测定法测量溶液 pH 的分析仪器，其工作原理基于能斯特方程与原电池系统的结合。当玻璃电极和参比电极同时浸入待测溶液时，两者构成闭合回路形成原电池系统。其中玻璃电极的敏感膜对氢离子（H^+）具有特异性响应，其膜电位随溶液中 H^+ 浓度变化而发生规律性改变；参比电极则保持恒定电位，为系统提供稳定的电势基准。

酸度计
（微课视频）

在恒温条件下，整个原电池的电动势变化仅取决于玻璃电极的膜电位。根据能斯特方程，电极电位与氢离子活度呈对数关系：

$$E = E^{\ominus} - (RT/nF) \ln [H^+]$$

式中　E——电极电势，V；

　　　$E^{\ominus}$——标准电极电势，V；

R——摩尔气体常数，8.3145J/（mol·K）；
T——热力学温度，K；
n——电极反应中转移的电子数；
F——法拉第常数，96485C/mol；
$[H^+]$——溶液中的氢离子浓度，mol/L。

通过高阻抗电路精确测量两电极间的电位差，经仪器内部换算即可直接显示溶液的pH（图1-15）。这种设计既保证了测量的高灵敏度（可分辨0.01pH单位），又通过参比电极的稳定性有效消除了液接电位等干扰因素，使检测结果具有良好的重现性。

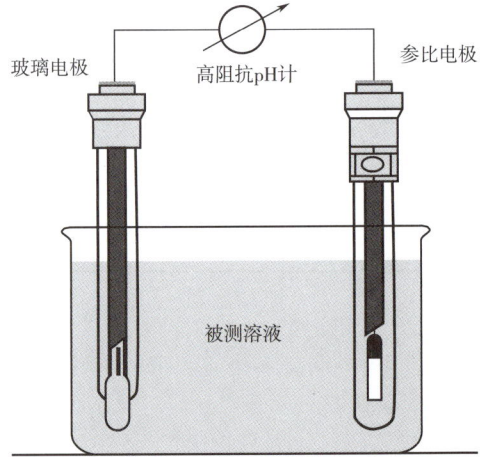

图1-15 酸度计原理示意图

二、仪器结构

pH计的结构包括复合电极和电流计，复合电极也就是指示电极和参比电极，一般pH计的指示电极都是玻璃电极。电流计是用于测量整体电位的，它能在电阻极大的电路中捕捉到微小的电位变化，并将这个变化通过电表表现出来。为方便读数，pH计都有显示功能，即将电流计的输出信号转换成pH读数。

三、常见分类

根据应用场合分类，可分为笔式pH计、便携式pH计、实验室台式pH计和工业pH计等（图1-16）。笔式pH计主要用于代替pH试纸的功能，具有精度低、使用方便的特点。便携式pH计主要用于现场和野外测试方式，要求较高的精度和完善的功能。实验室台式pH计是一种台式高精度分析仪表，要求精度高、功能全，有些包括打印输出、数据处理等。工业pH计是用于工业流程的连续测量，不仅要有测量显示功能，还要有报警和控制功能，以及解决安装、清洗、抗干扰等问题的考虑。

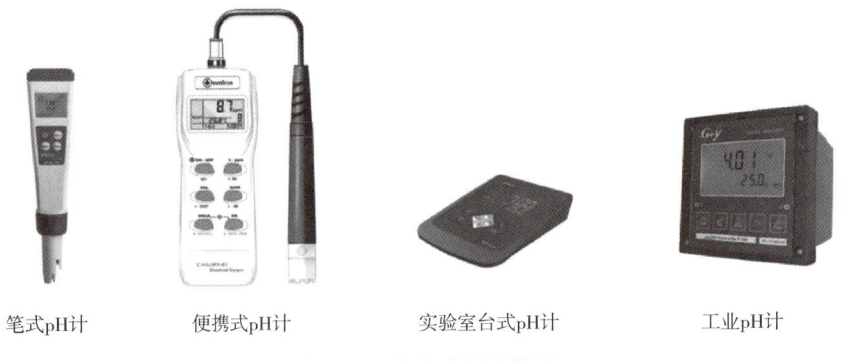

图1-16 常见酸度计类型

四、使用与保养

老式pH计的pH是以电表指针显示，现在实验室常用的都是新式数字式pH计，其设定温度和 pH 都在屏幕上以数字的形式显示。无论哪种 pH 计（酸度计）在使用前均需用标准缓冲液进行校准。pH 测定的准确性取决于标准缓冲液的准确性。酸度计用的标准缓冲液，要求有较大的稳定性，较小的温度依赖性。

所测溶液的温度应与标准缓冲液的温度相同。因此，使用前必须调节温度调节器或斜率调节旋钮。先进的 pH 计在线路中安插有温度补偿系统，仪器经初次校正后，能自动调整温度变化。测量时，先用蒸馏水冲洗两电极，用滤纸轻轻吸干电极上残余的溶液，或用待测液洗电极。然后，将电极浸入待测溶液中，轻轻摇动烧杯，使溶液均匀，读取 pH。测量完毕，关闭电源，冲洗电极，玻璃电极要浸泡在保护液中。

pH 计的保养要注意以下细节：玻璃电极在初次使用前，必须在蒸馏水中浸泡一昼夜以上，平时也应浸泡在保护液中以备随时使用。玻璃电极不要与强吸水溶剂接触太久，在强碱溶液中使用应尽快操作，用毕立即用水洗净，玻璃电极球泡膜很薄，不能与玻璃杯及硬物相碰；玻璃膜沾上油污后，应先用酒精，再用四氯化碳或乙醚，最后用酒精浸泡，再用蒸馏水洗净。如测定含蛋白质的溶液的 pH 时，电极表面易被蛋白质污染，导致读数不可靠，也不稳定，出现误差，这时可将电极浸泡在稀 HCl（0.1mol/L）中 4~6min 来矫正。电极清洗后只能用滤纸轻轻吸干，切勿用织物擦抹，这会使电极产生静电荷而导致读数错误。甘汞电极在使用时，注意电极内要充满氯化钾溶液，应无气泡，防止短路。应允许少许氯化钾结晶存在，以使溶液保持饱和状态，使用时拔去电极上顶端的橡皮塞，从毛细管中流出少量的氯化钾溶液，使测定结果可靠。

五、应用领域

凡需用水的生产部门都需要采用 pH 计，其应用领域广泛包括食品加工、制药工业、纸浆和造纸、金属加工、化工、石油、合成橡胶生产、发电等。在现代工业中采用 pH 计的数量比其他类型的连续分析仪表的总和还多。采用 pH 计能更好地控制化学反应，达到提高生产率和产品质量以及安全生产的目的，某些间歇生产过程（例如某些食品加工过程）采用 pH 计后可变为连续生产方式。带有自动记录的 pH 测量系统还可为污染公害提供诉讼证据。

■ 思考与练习

1. 酸度计每次测量前都需要校准吗？
2. pH 标准缓冲溶液应具备什么特性？

■ 课程思政

GB/T 15038—2006《葡萄酒、果酒通用分析方法（含第 1 号修改单）》电位滴定法测定总酸（仿真动画）

项目一 知识点二 课堂互动

干血点兴奋剂检查亮相冬奥 高科技应用共筑纯洁体育

几滴指血，一张滤纸，三个血点。北京 2022 年冬奥会和冬残奥会兴奋剂检查站内实施的干血点检查成为观察中国科技创新的一扇新窗口。

在北京冬奥组委和中国反兴奋剂中心密切合作和共同努力下，由中国自主开发和制造的干血点器材"贝壳"成功亮相。北京冬奥会成为首个开展干血点常规检查检测的奥运会，中国成为首个在奥运会上正式实施干血点检查和检测的国家。

通过抽取运动员 60μL 指血，血液自动流入滤纸，形成血点，干燥密封保存。短短几分钟，干血点样本就采集完成，样本无须恒温保存，即可传送至兴奋剂检测实验室。相比静脉抽血，干血点方法大大节省了样本采集时间，提高了样本采集的友好度，简化了血液样本传送条件，扩大了血液检查覆盖范围，并有利于样本内物质长期保持稳定，使得兴奋剂检查的效率和力度均得到提升。赛事结束后，干血点样本将和其他样本一起被运送至瑞士洛桑进行长期保存，在 10 年之内，这些样本可根据要求进行复检。

作为反兴奋剂的新手段新科技，国际奥委会和世界反兴奋剂机构对在北京冬奥会实施的干血点项目寄予高度期待。国际奥委会主席巴赫表示，干血点是集体智慧的结晶，是反兴奋剂革命性的技术。就项目组织而言，它是世界反兴奋剂机构、国际奥委会、国际检查机构和美国、中国、瑞士、澳大利亚等国家反兴奋剂机构通力合作的产物。

世界反兴奋剂机构主席班卡表示，我们期待看到干血点样本采集在奥运会上的良好效果，并打算更全面地推广它。虽然它并不能在短期内取代静脉血检，但反兴奋剂组织可以使用干血点样本采集方法检查更多运动员，存储更多样本。运动员应当意识到，干血点检查次数日益增加，他们将被要求提供干血点样本。到目前为止，运动员们反馈都非常积极。对我而言，干血点可以带来切实益处。

据悉，在中国反兴奋剂中心的大力支持和协助下，干血点项目在北京冬奥会和冬残奥会期间成功实施，并得到了来自相关国际组织官员、运动员和反兴奋剂工作人员的积极反馈。他们尤其对我国全国产、方便、易操作的干血点检查器材进行点赞好评，认为该器材科技含量高、便于操作、节省时间。

来自世界多国的国际兴奋剂检查官纷纷要求带走器材，交给本国的反兴奋剂机构进行学习研究；部分运动员还保留了器材说明书，希望进一步了解"贝壳"的秘密；还有部分国际组织反兴奋剂官员则申请亲自上阵，体验干血点样本采集过程。

干血点项目是我国首次在反兴奋剂领域全方位参与的创新项目，从 2021 年正式批准干血点检查方法技术文件，到 2022 年北京冬奥会使用国内自主研发的干血点检查器材全面开展干血点检查检测工作，充分展现了我国举国体制的优势和制造强国的能力。干血点方法在反兴奋剂领域的应用将引起从"抽检"到"普查"，从"等候检查"到"立行立检"的革命性变革。作为体育大国，我国体育人口众多，干血点检查更便捷和廉价，有利于加大检查覆盖面，将极大提高检查的有效性和威慑力，维护体育的纯洁。

项目实施

任务一 水果 pH 的测定

实验室安全基本知识
（虚拟仿真）

化学品取用
（虚拟仿真）

■ 任务目标

1. 掌握 pH 电极校准方法，正确使用标准缓冲溶液完成标定。
2. 熟练操作 pH 计测定样品 pH，准确计算并记录数据。
3. 规范清洁保存电极，确保仪器长期稳定性。
4. 保持实验严谨性，避免污染，规范记录数据，具备团队协作能力。

■ 任务分析

用酸度计测定水果的 pH，是将玻璃电极和饱和甘汞电极置于果汁中组成原电池，电池的电动势与果汁的 pH 有关，采用三次测定法测定溶液的 pH。

■ 任务准备

1. 仪器

酸度计（pHS-3G），烧杯（100mL），饱和甘汞电极，玻璃电极，温度计，滤纸，捣碎机（或研钵）。

2. 试剂及样品

邻苯二甲酸氢钾（分析纯），磷酸氢二钠（分析纯），磷酸二氢钾（分析纯），四硼酸钠（分析纯），去离子水，新鲜水果。

3. 试液制备

去离子水煮沸 5~10min，冷却后立即使用，且存放时间不应超过 30min。

4. 标准缓冲溶液制备

（1）pH=4.00 的缓冲溶液（25℃）（0.05mol/L 邻苯二甲酸氢钾溶液） 称取于 110~120 ℃烘 2h 在干燥器内冷却至室温的邻苯二甲酸氢钾 10.21g，用去离子水溶解后，转入 1000mL 容量瓶中，用去离子水稀释定容。

（2）pH=6.86 的缓冲溶液（25℃）（0.025mol/L 磷酸氢二钠和 0.025mol/L 磷酸二氢钾混合溶液） 于 110~130 ℃将无水磷酸二氢钾和无水磷酸氢二钠干燥至恒重，在干燥器内冷却至室温。称取上述磷酸二氢钾 3.387g 和磷酸氢二钠 3.533g，用去离子水溶解后转入 1000mL 容量瓶中，用去离子水稀释定容。

（3）pH=9.18 的缓冲溶液（25℃）（0.01mol/L 硼砂标准缓冲溶液） 称取四硼酸钠 3.80g（需要注意的是，四硼酸钠不能烘干），加水使其溶解并转入 1000mL 容量瓶中，用去离子水稀释定容。

■ 任务实施

1. 试样溶液制备

将新鲜水果用捣碎机（或研钵）捣碎后，纱布过滤后取果汁直接进行 pH 测定。

2. 酸度计开机与校准

（1）酸度计开机 取下仪器电极插口上的短路插头，将复合电极插头插入电极插口内，将电极浸于去离子水或蒸馏水中。接通酸度计电源，按下电源开关，预热 20min。

（2）工作模式选择 在测量状态下，按"mV/pH"键可以切换显示电位及 pH，选择"pH"工作模式。

（3）温度补偿调节 测定果汁和标准缓冲溶液温度，按"温度"键，再按"▲""▼"调节温度，将显示温度调节至测定溶液温度，按"确认"键，返回测量状态。

（4）仪器校准 一般情况下，仪器在连续使用时，每天标定一次。校正可以采用两点校准也可使用一点校准。

两点校准：使用两种标准缓冲溶液，先进行定位再进行斜率设置。

一点校准：使用一种标准缓冲溶液定位，斜率设为默认的100.0%。本仪器具有自动识别标准缓冲溶液的能力，按"定位"或者"斜率"键后不必再调节数据，直接按确认键即可完成校正。

本项目采用两点校准，取下电极套，用蒸馏水清洗电极并用滤纸吸干。将电极插入pH=6.86标准缓冲溶液，按"定位"键调节仪器使显示值与标准缓冲溶液在该温度下的pH一致。

（5）斜率调节　将电极插入另一标准缓冲溶液pH=4.00（或pH=9.18，果汁pH尽可能在这两种标准缓冲溶液pH之间），按"斜率"键调节仪器使显示值与标准缓冲溶液在该温度下的pH一致。

3. 测定

用蒸馏水清洗电极并用滤纸吸干，将电极插入新鲜制备的果汁中，轻微摇动溶液，待显示屏示值稳定后读数即为该溶液pH。重复以上步骤，测定其余两份果汁的pH。测量完毕后，关闭仪器，拔出电源插头。将电极取出，用蒸馏水清洗并用滤纸吸干，及时套上电极套（套内应有3mol/L的KCl溶液）。

4. 数据记录与处理

水果名称：

平行测定次数	1	2	3
pH			

计算公式：$pH = \dfrac{pH_1 + pH_2 + pH_3}{3}$

计算过程：

5. 注意事项

（1）玻璃电极球泡极薄，避免碰触硬物损坏电极。
（2）校准时，选用的标准缓冲溶液pH应与待测溶液pH接近。
（3）测定不同溶液时，均须用蒸馏水清洗电极并用滤纸吸干。
（4）试验完毕及时将电极清洗干净并戴上电极套。

■ 任务评价

水果pH的测定评价表

序号	工作任务	评价标准	分值	得分
1	电极校准	1. 能正确配制校准溶液	25	
		2. 会根据试验目的选择校准方法，正确校准pH电极		
2	pH测量	1. 会使用pH计测定样品pH	15	
		2. 能正确计算样品pH	15	
3	仪器维护	1. 能正确配制电极保护液	15	
		2. 试验后正确清洁电极并保存		

续表

序号	工作任务	评价标准	分值	得分
4	综合素养	1. 操作中避免电极污染，操作规范有序	30	
		2. 数据记录清晰完整，具备团队协作意识		
		总分	100	

任务二　食醋中总酸的测定

■ 任务目标

1. 掌握标准溶液（如 NaOH 溶液）的标定方法，确保试验精度。
2. 熟练操作滴定流程，准确判断滴定终点，规范完成样品稀释和平行测定。
3. 正确计算总酸含量（以乙酸计），分析试验误差来源，确保结果可靠性。
4. 规范清洁滴定电极及装置，妥善保存仪器，延长使用寿命。
5. 保持试验操作规范性，数据记录完整可溯，强化安全意识及团队协作能力。

■ 任务分析

食醋中的酸性物质主要是乙酸，此外还含有少量其他弱酸如乳酸等有机酸。食醋中总酸量以乙酸来表示。乙酸的解离常数 $K_a = 1.8 \times 10^{-5}$，可以用 NaOH 标准溶液直接滴定。食醋多为棕色，采用指示剂法判别滴定终点误差较大。NaOH 标准溶液滴定食醋过程中，在化学计量点附近产生 pH（或 mV）的突跃，因此根据滴定过程中 pH（或 mV）的变化情况来确定滴定终点，更客观准确。0.1mol/L NaOH 滴定同浓度 HAc 化学计量点时的 pH 为 8.73，本实验预设终点 pH 为 8.73，终点时根据消耗 NaOH 的体积计算以乙酸表示的总酸含量。

■ 任务准备

1. 仪器

自动电位滴定仪（酸度计），玻璃电极，饱和甘汞电极，天平，分析天平，电磁搅拌器，滴定管，容量瓶，锥形瓶（250mL），吸管（5mL、25mL），量筒（5mL、50mL），烧杯（100mL），试剂瓶（500mL），洗耳球，铁架台（含滴定管夹）。

2. 试剂

邻苯二甲酸氢钾（基准物），NaOH（分析纯），食醋，酚酞指示剂，pH 6.86 和 pH 9.18 标准缓冲溶液，蒸馏水，去离子水。

3. 试液制备

（1）氢氧化钠饱和水溶液的制备　称取氢氧化钠约 20g，倒入装有 50mL 蒸馏水的烧杯中，搅拌使之溶解成饱和溶液。冷却后，置于塑料瓶中，静置，澄清后备用。

（2）氢氧化钠溶液（0.05mol/L）的制备　取澄清的氢氧化钠饱和水溶液上清液

1.25mL，加新煮沸的冷蒸馏水至 250mL，于试剂瓶中，摇匀。

> **任务实施**

1. **氢氧化钠标准溶液的标定（容量法）**

用减量法精密称取 3 份于 105~110℃ 干燥至恒重的基准物邻苯二甲酸氢钾，每份约 0.5g，分别置于 250mL 锥形瓶中，各加新煮沸放冷的蒸馏水 50mL，小心振摇使之完全溶解。加酚酞指示剂 2 滴，用待标定的氢氧化钠滴定液滴定至溶液呈浅红色，记录所消耗氢氧化钠溶液的体积。根据所消耗的氢氧化钠体积及邻苯二甲酸氢钾的质量计算氢氧化钠标准溶液的浓度。

氢氧化钠标准溶液浓度的计算公式为：

$$c_{NaOH} = \frac{m_{KHC_8H_4O_4}}{V_{NaOH} \times \dfrac{M_{KHC_8H_4O_4}}{1000}}$$

式中　c_{NaOH}——氢氧化钠的浓度，mol/L；

　　　V_{NaOH}——所消耗的氢氧化钠体积，mL；

　　　$m_{KHC_8H_4O_4}$——邻苯二甲酸氢钾的质量，g；

　　　$M_{KHC_8H_4O_4}$——邻苯二甲酸氢钾的分子质量，g/mol。

2. **电位滴定装置组装与准备**

（1）组装　将玻璃电极、饱和甘汞电极和自动滴定电磁阀导线连接于酸度计，预热 20min，将滴定管连接至电磁阀的胶管端。

（2）温度调整　将稀释后食醋和标准缓冲溶液调整至同一温度，并在酸度计上设置"温度"。

（3）校正　按酸度计操作规程，用 pH 6.86 和 pH 9.18 标准溶液校正仪器（校正方法参考任务一）。

（4）设置滴定终点　设置滴定终点 pH 为 8.73。

3. **食醋/白醋试样溶液的制备**

准确移取食醋/白醋 5.00mL，置于 50mL 容量瓶中，用新煮沸的冷蒸馏水稀释至刻度，摇匀，备用。

4. **食醋/白醋试样溶液的测定**

准确移取 10.00mL（$V_{食醋}$）稀释后的食醋溶液，于 100mL 的烧杯中，再加入 30mL 的去离子水，将此烧杯置于磁力搅拌器上，放入干净的搅拌子。最后把已清洗过并用滤纸吸干的玻璃电极和饱和甘汞电极插入溶液（注意：电极不能被搅拌子碰到）。调节至适当的搅拌速度。开始滴定，滴定至 pH 8.73 时停止滴定，记录消耗的氢氧化钠滴定液体积 V_{NaOH}，平行三次，记录试验数据。

5. **空白试验**

取 40mL 去离子水，按步骤 4 相同的操作方法测定，记录空白试验消耗的氢氧化钠滴定液体积 $V_{空白}$。

食醋中总酸含量的计算公式为：

$$\rho_{\text{HAc}} = \frac{0.060 \times \bar{c}_{\text{NaOH}} \times (V_{\text{NaOH}} - V_{\text{空白}})}{V_{\text{食醋}}} \times \frac{100}{5} \times 100$$

式中　ρ_{HAc}——食醋中总酸含量，g/100mL；

　　　$\bar{c}_{\text{NaOH}}$——氢氧化钠的物质的量浓度，mol/L；

　　　V_{NaOH}——消耗的氢氧化钠滴定液体积，mL；

　　　$V_{\text{空白}}$——空白试验消耗的氢氧化钠滴定液体积，mL；

　　　$V_{\text{食醋}}$——移取的稀释后的食醋溶液体积，mL；

　　　0.060——以乙酸表示的酸的换算系数。

6. 数据记录与处理

（1）氢氧化钠标准溶液标定数据记录与处理

平行测定次数	1	2	3
$m_{\text{KHC}_8\text{H}_4\text{O}_4}/\text{g}$			
$V_{\text{NaOH}}/\text{mL}$			
$c_{\text{NaOH}}/(\text{mol/L})$			
$\bar{c}_{\text{NaOH}}/(\text{mol/L})$			
相对平均偏差 Rd/%			
相对标准偏差 RSD/%			

（2）乙酸含量测定数据记录与处理

平行测定次数	1	2	3
$V_{\text{食醋}}/\text{mL}$			
$V_{\text{NaOH}}/\text{mL}$			
$V_{\text{空白}}/\text{mL}$			
$\bar{c}_{\text{NaOH}}/(\text{mol/L})$			
$\rho_{\text{HAc}}/(\text{g/100mL})$			
相对平均偏差 Rd/%			
相对标准偏差 RSD/%			

7. 注意事项

（1）玻璃电极球泡极薄，避免碰触硬物损坏电极。

（2）校准时，选用的标准缓冲溶液 pH 应与待测溶液 pH 接近。

（3）重复测定，每次滴定结束后的电极、烧杯和搅拌子都要清洗干净。

（4）试验完毕及时将电极清洗干净并戴上电极套。

8. 任务思考

本试验采用电位滴定法确定滴定终点与采用酚酞指示剂确定滴终点的方法有什么区别？特点是什么？

■ 任务评价

食醋中总酸的测定评价表

序号	工作任务	评价标准	分值	得分
1	仪器准备	能正确校准滴定仪器（电极、滴定管），完成标准溶液标定	20	
2	滴定操作	1. 熟练操作 pH 计，准确判断滴定终点	15	
		2. 能规范完成滴定操作（样品稀释、平行测定），保证数据重复性	15	
3	数据处理	1. 能正确运用公式计算标准溶液浓度及总酸含量（以乙酸计）	20	
		2. 会分析试验误差，计算相对平均偏差及相对标准偏差		
4	仪器维护	试验后清洁电极和滴定管，妥善保存仪器	10	
5	综合素养	操作规范，避免试剂污染；数据记录完整清晰；具备安全意识和团队协作能力	20	
		总分	100	

突发及应急事件处理
（虚拟仿真）

危险废弃物处置
（虚拟仿真）

项目二

紫外-可见分光光度分析技术

学习目标

知识目标

1. 掌握朗伯-比尔定律及应用条件。
2. 了解摩尔吸光系数和百分吸光系数的含义及相互关系。
3. 熟悉标准曲线法、对照品比较法和吸光系数法三种定量方法。
4. 熟悉紫外-可见分光光度计的基本结构、操作方法、性能检定及注意事项。

技能目标

1. 熟练掌握运用朗伯-比尔定律进行计算。
2. 能正确运用标准曲线法、对照品比较法和吸光系数法对物质进行定量分析。
3. 熟练掌握常见的紫外-可见分光光度计的操作。
4. 正确识别紫外-可见吸收光谱图并进行数据分析。
5. 能正确应用紫外-可见分光光度法进行鉴别、检查的判断。
6. 熟练掌握对紫外-可见分光光度计进行日常保养维护。

素质目标

1. 通过学习准确、规范操作紫外-可见分光光度计,强化自身作为食品安全检验员的责任担当意识。
2. 通过对仪器安全使用和保养维护的学习,培养严谨认真的工作态度,进一步提升安全、节约与环保意识。
3. 通过学习吸收光谱图并正确进行数据分析,确保分析结果的准确性和可靠性,培养诚信、公正、负责的职业素养和求真务实的工作态度。

项目导入

火龙果常用于鲜食，或加工成果汁、果酒等产品，而火龙果皮则基本是废弃物，其实火龙果皮中富含水溶性的天然红色素，有研究显示该色素具有抗氧化、清除自由基、抑制癌细胞生成、降血脂等生物活性，可以应用于食品、医药、保健品等行业。但火龙果皮红色素稳定性差，使其实际应用受到限制。有学者采用紫外-可见分光光度法对火龙果皮红色素进行了稳定性研究，为其开发利用提供理论依据和方法学参考。对火龙果皮红色素进行的稳定性研究中主要用到的仪器是什么？由哪些部分组成？仪器日常维护中应注意什么？

知识点一

光分析基本原理

一、光的基本性质

（一）光的波粒二象性

光是一种电磁波，即电磁辐射。光是以极大速率（在真空中为 $2.9979×10^8$ m/s）通过空间、不需要任何物质作为传播媒介的一种能量。电磁辐射的性质是具有波动性和微粒性。光的波动性可以解释光的传播，光的微粒性可以解释光与物质分子和原子间的相互作用。

光的基本性质
（微课视频）

描述波动性的参数有波长（λ）、频率（ν）、光速（c）、波数（σ）。波长（λ）表示相邻两个光波各相应点间的直线距离（或相应两个波峰或波谷间的直线距离）。波数（σ）指在1cm中波的数目。频率（ν）指每秒振动的次数。能量（E）是描述微粒性的参数，表示光子所具有的能量。光的能量与光的波长及频率之间的关系见式（2-1）。

$$E = h\nu = h\frac{c}{\lambda} \tag{2-1}$$

式中　E——光子的能量，J 或 eV；
　　　h——普朗克常数，$6.626×10^{-34}$ J·s；
　　　ν——频率，Hz；
　　　c——光速，$2.998×10^8$ m/s；
　　　λ——波长，可以根据电磁波的不同区域，分别用纳米（nm）、微米（μm）、厘米（cm）、米（m）表示；
　　　h 和 c——均为常数，光子的能量随其波长（或频率）不同而不同，波长越短即频率越高，能量越大。即光的能量与相应光的波长成反比，与其频率成正比。

（二）电磁波谱

电磁辐射按电磁波的波长大小或频率高低的顺序排列成的谱，称电磁波谱。按波长由小至大依次为：γ射线、X射线、紫外光、可见光、红外光、微波和无线电波。不同的电磁波由于具有不同的波长（频率），具有不同的特性。也可以根据其能量范围划分为若干区域，各区域波长的光作用于被研究物质的分子，引起分子内不同能级的改变，即引起不同类型能级跃迁，由此采用不同的分析方法，见表2-1。

表2-1　　　　　　　　　　电磁波谱及对应能级跃迁与分析方法

能量高低	波谱名称	波长范围	能级跃迁类型	分析方法
高能辐射区	γ射线	$10^{-4} \sim 10^{-2}$nm	核内部能级跃迁	—
	X射线	$10^{-2} \sim 10$nm	核内层电子能级跃迁	X射线衍射法
中能辐射区	远紫外光	$10 \sim 200$nm	核外层电子能级跃迁	真空紫外光谱法
	近紫外光	$200 \sim 400$nm	价电子能级跃迁	紫外光谱法
	可见光	$400 \sim 760$nm	价电子能级跃迁	可见光谱法
	近红外光	$0.76 \sim 2.5 \mu m$	分子振动能级跃迁	红外光谱法
	中红外光	$2.5 \sim 50 \mu m$	分子振动-转动能级跃迁	红外光谱法
	远红外光	$50 \sim 1000 \mu m$	分子转动能级跃迁	红外光谱法
低能辐射区	微波	$0.1 \sim 100$cm	分子转动能级跃迁	微波光谱法
	无线电波	$1 \sim 1000$m	电子自旋及核自旋	核磁共振波谱法

（三）光的分类

按组成光束的光波长或频率是否单一可分为单色光和复色光。单色光是指单一波长的光束，如246nm、254nm等单一波长的光。复色光是指含有多种波长的光束，如红色光、蓝色光、白色光等。

（四）物质对光的选择性吸收

光与物质的相互作用是复杂的，有些涉及物质内部能量变化，如吸收、发射等；也有些仅是发生传播方向的改变，如折射、衍射、旋光等。根据量子理论，物质粒子总是处于特定的不连续的能态（能级），各能态具有特定的能量，即能量的量子化。通常情况下，物质处于能量最低的稳定状态，称为基态，用 E_0 表示。当物质受光照射吸收能量时，其外层电子从基态跃迁到更高能级上，这种状态称为激发态，用 E_1 表示。只有光子的能量刚好等于吸收物质的基态与激发态能量之差时，才能被吸收。这种吸收与物质的结构有关，所以称为物质对光的选择性吸收。吸收光的频率或波长与跃迁前后两个能级差服从普朗克条件，如式（2-2）所示。

$$\Delta E = E_1 - E_0 = h\nu = h\frac{c}{\lambda} \quad (2-2)$$

电子能级跃迁吸收光的波长主要在真空紫外到可见光区，对应形成的光谱，称为电子光谱或紫外-可见吸收光谱。

（五）溶液颜色

日常所见的白光（如日光）是波长在 $400 \sim 760$nm 的电磁波。它是由红、橙、黄、绿、青、蓝、紫七色光按一定比例混合而成的，每一种颜色的光具有一定的波长范围。如果把两种适当颜色的光按一定的强度比例混合得到白光，那么这两种颜色的光称为互补色光，这种现象称为光的互补，见表 2-2。溶液呈现的颜色取决于溶液中的粒子对白光的选择性吸收，呈现的是被物质吸收色光的互补色。如硫酸铜水溶液吸收白光中的黄色光，呈现出互补色蓝色。

表 2-2　　　　　　　　　　不同颜色可见光的波长及其互补色

波长/nm	400~450	450~480	480~490	490~500	500~560	560~580	580~610	610~650	650~760
颜色	紫	蓝	绿蓝	蓝绿	绿	黄绿	黄	橙	红
互补色	黄绿	黄	橙	红	红紫	紫	蓝	绿蓝	蓝绿

二、光的吸收定律

光的吸收定律即朗伯-比尔定律，是分光光度法中定量的依据。

（一）透光率与吸光度

当一束平行的单色光垂直通过某一均匀非散射的溶液，一部分光被吸收，一部分光通过溶液，一部分光被器皿表面反射。如图 2-1 所示。

$$I_0 = I_a + I_t + I_r \tag{2-3}$$

式中　I_0——入射光的强度；
　　　I_a——溶液吸收光的强度；
　　　I_t——透射光的强度；
　　　I_r——反射光的强度。

光的吸收定律和吸收光谱（微课视频）

图 2-1　溶液吸光示意图

在比色法和分光光度法中，盛溶液的吸收池（比色皿）均采用相同材质，各吸收池的反射光强度较弱且基本相同，其影响可相互抵消。因此，式（2-3）可简化为：

$$I_0 = I_a + I_t \tag{2-4}$$

当入射光一定时，溶液吸收光的强度越大，则溶液透射光的强度越小，反之亦然。透射光强度 I_t 与入射光强度 I_0 的比值称为透光率（也称透射比），用符号 T 表示，透光率常用百分数表示，称百分透光率，如式（2-5）所示。

$$T = \frac{I_t}{I_0} \times 100\% \tag{2-5}$$

透光率的倒数反映了物质对光的吸收程度，即吸光度，常用符号 A 表示。为了方便，常常对透光率的倒数取常用对数作为吸光度，如式（2-6）所示。

$$A = -\lg T = \lg \frac{1}{T} = \lg \frac{I_0}{I_t} \tag{2-6}$$

课堂互动

已知测得某溶液的透光率为 60%，则对应的吸光度是多少？

（二）朗伯-比尔定律

朗伯于 1760 年开始研究有色溶液的液层厚度与吸光度的关系，得出结论是：当一束平行单色光垂直入射一定浓度的稀溶液时，假设入射光的波长、强度及溶液的温度等条件不变时，溶液对光的吸光度与溶液的液层厚度成正比。

比尔在此基础上研究了有色溶液的浓度与吸光度的关系，得出结论是：当一束平行单色光垂直入射液层厚度一定的溶液时，假设入射光的波长、强度及溶液的温度等条件不变，溶液对光的吸光度与溶液的浓度成正比。

综合考虑溶液浓度和液层厚度对光的吸收的影响，得出朗伯-比尔定律，即当一束平行的单色光通过均匀无散射现象的稀溶液时，假设单色光波长、强度、溶液温度等不变时，溶液对光的吸光度与溶液的浓度和液层厚度的乘积成正比，如式（2-7）所示。

$$A = kcL \tag{2-7}$$

式中　A——吸光度；
　　　k——比例常数，亦称为吸光系数；
　　　c——溶液浓度；
　　　L——液层厚度。

实验表明如下几点。

（1）朗伯-比尔定律不但适用于有色溶液，也适用于无色溶液以及固体和气体的非散射均匀体系；不仅适用于紫外光、可见光，也适用于红外光。

（2）朗伯-比尔定律适用的前提条件有：①入射光为单色光；②溶液是稀溶液（浓度<0.01mol/L）；③在吸收过程中，吸收物质之间不能发生相互作用。

（3）吸光度具有加和性当溶液中有多种吸光物质，且这些物质之间没有相互作用，则溶液对某波长光的总吸光度等于溶液中各吸光物质吸光度之和，如式（2-8）所示，即吸光度具有加和性。

$$A_{总} = A_1 + A_2 + A_3 + \cdots + A_n = k_1c_1L + k_2c_2L + k_3c_3L + \cdots + k_nc_nL = \sum_{i=1}^{n} A_n \tag{2-8}$$

这是进行多组分测定的理论基础。

（三）吸光系数

吸光系数是吸光物质在单位浓度及单位厚度时的吸光度。吸光系数与吸光物质性质、入射光波长、溶剂和温度等因素有关。在单色光波长、溶剂和温度一定的条件下，吸光系数是物质的物理常数，表明物质对某一特定波长光的吸收能力。不同的物质对同一波长的单色光，可能有不同的吸光系数，吸光系数越大，物质对光的吸收能力越强，测定的灵敏度越高，所以，吸光系数是物质定性和定量的依据。吸光系数有两种表示方式：摩尔吸光系数和百分吸光系数。

1. 摩尔吸光系数

一定波长时，物质浓度为 1mol/L、液层厚度为 1cm 时溶液的吸光度，用 ε 表示，单位为 L/(mol·cm)。此时式（2-7）变为：

$$A = \varepsilon cL \tag{2-9}$$

一般来说，摩尔吸光系数>10^4 为强吸收，<10^2 为弱吸收，介于两者之间为中强吸收。

2. 百分吸光系数

一定波长时,物质浓度为1%(1g/100mL),液层厚度为1cm时溶液的吸光度,用 $E_{1cm}^{1\%}$ 表示,单位为100mL/(g·cm)。此时式(2-7)变为式(2-10)。实际应用中,ε 和 $E_{1cm}^{1\%}$ 单位都省略不写。

$$A = E_{1cm}^{1\%} cL \tag{2-10}$$

$E_{1cm}^{1\%}$ 与 ε 可以换算,关系式(2-11)为:

$$\varepsilon = E_{1cm}^{1\%} \times \frac{M}{10} \tag{2-11}$$

式中 M——吸光物质的摩尔质量,g/mol。

两种吸光系数都不能直接测得,而是通过配制准确浓度的稀溶液,在经校正好的分光光度计上测得吸光度,依据朗伯-比尔定律计算得到。

【例2-1】用某化合物纯品(M 为323.15g/mol)2.00mg配制100mL溶液,以1cm厚的吸收池在278nm处测得透光率为24.3%,求 ε 和 $E_{1cm}^{1\%}$。

解:
$$A = -\lg T = \lg \frac{1}{T} = \lg \frac{1}{24.3\%} = 0.614$$

$$E_{1cm}^{1\%} = \frac{A}{cL} = \frac{0.614}{0.002 \times 1} = 307$$

$$\varepsilon = E_{1cm}^{1\%} \times \frac{M}{10} = 307 \times \frac{323.15}{10} = 9920$$

(四)朗伯-比尔定律的偏离现象及原因

依据朗伯-比尔定律,吸收池厚度不变时,以吸光度对浓度作图,应得到一条通过原点的直线。但在实际工作中两者之间的线性关系常常发生偏离,如图2-2所示。

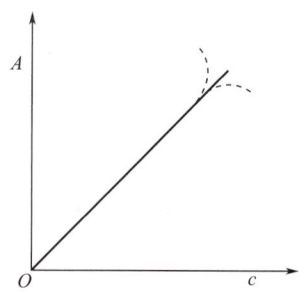

图2-2 朗伯-比尔定律的偏离

引起偏离的因素主要有吸光物质的浓度、化学因素和光学因素。朗伯-比尔定律是建立在吸光物质之间没有相互作用的前提下,且仅适用于稀溶液(浓度<0.01mol/L)。当溶液浓度增大时,吸光粒子彼此靠近,影响每个粒子独立吸收光的能力,粒子的电荷分布也可能发生改变,导致对朗伯-比尔定律的偏离。化学因素主要是指溶液中溶质因条件变化,发生解离、缔合或与溶剂作用,影响被测组分浓度改变导致对朗伯-比尔定律的偏离。光学因素主要指非单色光、杂散光(单色器中得到的单色光中与所需波长相隔较远的光)、光的散射、反射、折射、非平行光等。此外,仪器光源不稳定、吸收池不配对、实验条件偶然变动、溶液中物质产生荧光等都可以引起朗伯-比尔定律偏离现象。

三、紫外-可见吸收光谱

(一)吸收曲线

在紫外-可见光区,用不同波长的单色光依次通过被测物质溶液,分别测定吸光度,以波长(λ)为横坐标、吸光度(A)为纵坐标,绘制吸光度-波长曲线,称为吸收曲线,又称紫外-可见吸收光谱,如图 2-3 所示。

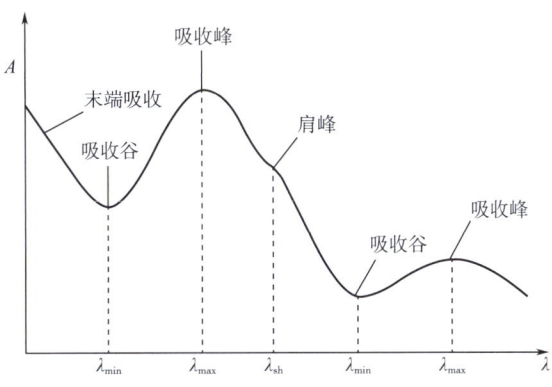

图 2-3 吸收曲线示意图

图 2-3 中,吸收曲线上有极大值的部分称为吸收峰,所对应光的波长称为最大吸收波长,以 λ_{max} 表示。吸收曲线上有极小值的部分称为吸收谷,也称最小吸收,对应的波长为最小吸收波长,以 λ_{min} 表示。有时在最大吸收峰旁有一个小的曲折称为肩峰,以 λ_{sh} 表示;在吸收光谱短波长端所呈现的强吸收而不呈峰形的部分,称为末端吸收。一些含有杂原子的溶剂通常具有显著的末端吸收。吸收曲线反映了物质对不同波长光的吸收情况,最大吸收波长及其吸光系数、最小吸收波长、肩峰等是物质的特征参数。不同物质的吸收曲线,其形状、最大吸收波长各不相同,因此吸收曲线及特征参数是物质定性的依据。在最大吸收波长处,物质吸光度较大,测定的灵敏度较高,一般定量分析中选择最大吸收波长作为测量波长。

(二)影响紫外-可见吸收光谱的因素

物质的紫外-可见吸收光谱与测定条件关系密切。温度、溶剂、溶液 pH、溶液浓度等测定条件不同,吸收光谱的形状、λ_{max}、ε_{max}、λ_{min} 等都可能发生变化。

1. 温度

室温时,温度对吸收光谱影响不大。低温时,分子的热运动降低,邻近分子碰撞引起的能量交换减少,吸收峰变得比较尖锐;温度较高时,分子碰撞频率增加,谱带变宽,谱带精细结构消失。

2. 溶剂

溶剂对溶液紫外-可见吸收光谱有较大影响,有些溶剂本身在紫外光区有强吸收,严重影响被测物质的紫外吸收光谱。因此,选用溶剂应在被测物质吸收光谱区间无明显吸收。当光的波长减小到一定数值时,溶剂对它产生强烈的吸收,即末端吸收。溶剂的波长极限即截止波长,测量波长低于截止波长时,相应溶剂不能选用。常见溶剂的紫外截止波长如表 2-3 所示。

表 2-3 常见溶剂的紫外截止波长

溶剂名称	水	甲醇	乙醇	丙酮	异丙醇	乙酸乙酯	三氯甲烷	乙醚	苯	四氢呋喃
截止波长/nm	210	210	210	330	210	260	245	210	280	212

选择溶剂时除了考虑截止波长，还要考虑溶剂的极性，同一种溶剂来自不同厂家、不同批号，也会有显著差异，在与标准品的吸收光谱比较时，最好采用同一浓度的同瓶溶剂配制。

3. 溶液 pH

很多化合物具有酸性或碱性官能团，在不同的 pH 溶液中，分子因解离而发生结构改变，而其吸收光谱形状、最大吸收波长和吸收强度也随之改变。

4. 溶液浓度

溶液浓度过高或过低，可能引起分子的解离、缔合等变化，影响物质存在形式，影响吸收光谱。

此外，仪器的性能也影响吸收光谱的形状。

（三）常用术语

1. 生色团

含有不饱和键的基团称为生色团。如乙烯基 C＝C、羰基 C＝O、硝基—NO_2、偶氮基—N＝N—、乙炔基—C≡CH、腈基—C≡N 等。

2. 助色团

助色团是指含有非键电子对的杂原子饱和基团，如—OH、—NH_2、—SH、—OR、—NHR、—X（Cl、Br、I）等，它们本身没有生色功能（不能吸收 λ>200nm 的光），但当它们与生色团相连时，能使 λ_{max} 向长波方向移动，且吸收强度增加。

3. 红移

红移也称长移，由于取代基或溶剂的影响，引起有机化合物结构变化，使吸收峰向长波方向移动的现象。共轭作用、引入助色团、改变溶剂极性均可以发生红移。如苯环上引入羟基，λ_{max} 由 254nm 红移至 261nm；苯环上引入羧基，λ_{max} 由 254nm 红移至 273nm。

λ_{max}	254nm	261nm	273nm
ε	200	1450	

4. 蓝移

蓝移也称紫移，短移。由于取代基或溶剂的影响引起有机化合物结构的变化。使吸收峰向短波方向移动的现象。失去助色团或共轭作用减弱，溶剂极性改变也可引起蓝移。

5. 增色效应

增色效应是由于有机化合物的结构变化，使吸收峰摩尔吸光系数增加的现象。

6. 减色效应

减色效应是由于有机化合物的结构变化，使吸收峰摩尔吸光系数减小的现象。

■ 思考与练习

1. 解释下列名词术语。

生色团　助色团　红移　蓝移　增色效应　减色效应　溶剂效应

2. 正常情况下，几种不同浓度的同一溶液的吸收光谱曲线有何特点？物质的吸收光谱曲线在食品检验中有何应用？

项目二 知识点一
课堂互动

■ 课程思政

食品颜色测定

色、香、味、形是美食的四大要素，其中"色"作为食品品质的第一印象，直接影响消费者对食品新鲜度与品质优劣的判断，更是激发食欲的重要视觉信号。在食品质量控制中，颜色测定技术通过科学手段为食品安全与品质提供了客观依据。常用的方法分为两类：目测法（如标准色卡对照法、标准液比色法）和仪器法（如分光光度法、光电反射光度法）。

目测法作为传统方法，依赖人眼对比标准色卡或比色液判断颜色差异。例如，通过标准色卡评估水果成熟度或肉类新鲜度，操作简便但易受主观因素影响。而仪器法则以光电技术为核心，分光光度法通过测量样品对特定波长光的吸光度（如紫外-可见光范围）分析颜色成分，适用于液态或半透明食品（如果汁、食用油）的精准检测；光电反射光度法（色差计）则通过 Lab*色空间量化颜色差异，广泛应用于固态食品（如面包、肉类）的表面色泽分析，其数据稳定性高，可满足工业化生产的质量控制需求。

色差计可监测肉类在储存期的颜色变化，结合 L 值（亮度）和 a 值（红度）精准判断腐败风险，从源头阻断变质食品流入市场。在食品添加剂监管中，分光光度法能快速检测非法合成色素（如苏丹红），而某些企业通过研发天然色素（如墨鱼汁提取物），以"用食品为食品着色"的理念践行科技向善的使命。这些技术创新既保障了食品安全，又呼应了"健康中国"战略对绿色发展的要求。

在新时代背景下，食品测色技术的持续创新，既是落实"科技自立自强"国家战略的具体实践，也是实现"健康中国"战略的重要技术保障。当前，我国自主研发的检测技术正加速突破，例如全自动罗维朋比色计实现了食用油色泽的智能化分析，其精度达到国际领先水平。

食品测色技术的进步不仅为产业升级注入动力，更在全球食品贸易中彰显了中国标准的科学性与权威性。通过标准化、智能化的颜色检测手段，我们正在构建更完善的食品安全保障体系。未来，随着 AI 与光谱技术的融合，食品颜色检测将迈向更高效率与更广维度，为人民健康与美好生活筑牢科技防线。

知识点二

紫外-可见分光光度计

一、紫外-可见分光光度计的基本结构

在紫外及可见光区用于测定溶液吸光度的分析仪器称为紫外-可见分光光度计（以下简称分光光度计），目前，紫外-可见分光光度计的型号较多，但它们的基本构造相似，都由光源、单色器、吸收池、检测器和信号显示系统五大部件组成，其组成框图见图2-4。

紫外-可见分光光度计
（微课视频）

图2-4 分光光度计组成部件框图

由光源发出的光，经单色器获得一定波长单色光照射到样品溶液中，被吸收后，经检测器将光强度变化转变为电信号变化，并经信号指示系统调制放大后，显示或打印出吸光度 A（或透射比 τ），完成测定。

（一）光源

光源的作用是供给符合要求的入射光。分光光度计对光源的要求是：在使用波长范围内提供连续的光谱，光强应足够大，有良好的稳定性，使用寿命长。实际应用的光源一般分为可见光光源和紫外线光源。

（1）可见光光源 钨丝灯是最常用的可见光光源，它可发射波长为325~2500nm 的连续光谱，其中最适宜的使用范围为380~100nm，除用作可见光源外，还可用作近红外光源。为了保证钨丝灯发光强度稳定，需要采用稳压电源供电，也可用12V 直流电源供电。目前不少分光光度计已采用卤钨灯代替钨丝灯，如7230 型、754 型分光光度计等。所谓卤钨灯是在钨丝中加入适量的卤化物或卤素，灯泡用石英制成。它具有较长的寿命和高的发光效率。

（2）紫外线光源 紫外线光源多为气体放电光源，如氢、氘、氙放电灯等。其中应用最多的是氢灯及其同位素氘灯，其使用波长范围为185~375nm。为了保证发光强度稳定，也要用稳压电源供电。氘灯的光谱分布与氢灯相同，但光强比同功率氢灯要大3~5 倍，寿命比氢灯长。

近年来，具有高强度和高单色性的激光已被开发用作紫外光源。已商品化的激光光源有氩离子激光器和可调谐染料激光器。

（二）单色器

单色器的作用是把光源发出的连续光谱分解成单色光，并能准确方便地"取出"所需要的某一波长的光，它是分光光度计的"心脏"部分。单色器主要由狭缝、色散元件和透镜系统组成。其中色散元件是关键部件，色散元件是棱镜和反射光栅或两者的组合，它能将连续光谱色散成为单色光。狭缝和透镜系统主要是用来控制光的方向，调节光的强度和

"取出"所需的单色光，狭缝对单色器的分辨率起重要作用，它对单色光的纯度在一定范围内起着调节作用。

(1) 棱镜单色器

棱镜单色器是利用不同波长的光在棱镜内折射率不同将复合光色散为单色光。棱镜色散作用的强弱与棱镜制作材料及几何形状有关。常用的棱镜由玻璃或石英制成。可见分光光度计可以采用玻璃棱镜。但需注意，玻璃会吸收紫外光，因此不适用于紫外光区域。相反，石英棱镜在紫外光范围（185~4000nm）内表现出色，具有优异的分辨力，并适用于可见光和近红外光区域。值得注意的是，随着波长的变短，棱镜单色器的色散效果逐渐增强。但在长波段，色散程度会逐渐减弱。因此，使用棱镜的单色器分光光度计在紫外光区的波长刻度可达0.2nm，而在长波段则只能达到5nm。

(2) 光栅单色器

光栅，这一系列等宽且等距的平行狭缝结构，是借助光的衍射与干涉原理而制成的。作为色散元件，光栅展现出诸多独特优势。光栅单色器的分辨率比棱镜单色器的分辨率高，可精确到0.2nm，而且可用的波长范围也比棱镜单色器的范围宽。正因如此，现今市面上生产的紫外-可见分光光度计大多数都选用了光栅作为其色散元件。

值得一提的是，无论何种单色器，出射光光束存在一些不在谱带范围与所需波长相隔较远的光，即杂散光。杂散光会影响吸光度的正确测量，其产生的主要原因是光学部件和单色器内外壁的反射和大气或光学部件表面上尘埃的散射等。为了减少杂散光，单色器用黑色的罩壳封起来，通常不允许任意打开罩壳。

(三) 吸收池

吸收池又称比色皿，是用于盛放待测液和决定透光液层厚度的器件。吸收池一般为长方体（也有圆鼓形或其他形状，但长方体最普遍），其底及两侧为毛玻璃，另两面为光学透光面。根据光学透光面的材质，吸收池有玻璃吸收池和石英吸收池两种。玻璃吸收池用于可见光光区的测定。在紫外光光区测定，则必须使用石英比色皿。比色皿的规格是以光程为标志的。常见的石英比色皿的规格有0.5，1.0，2.0，3.0和5.0cm等，使用时根据实际需要选择。由于一般商品比色皿的光程精度不是很高，与其标示值有微小误差，即使是同一个厂出品的同规格的吸收池也不一定完全能够互换使用。所以，仪器出厂前比色皿都经过检验配套，在使用时不应混淆其配套关系。实际工作中，为了消除误差，在测量前还必须对比色皿进行配套性检验和校正，使用比色皿过程中，也应特别注意保护两个光学面。为保护光学面，必须做到以下几点。

(1) 拿取吸收池（图2-5）时，只能用手指接触两侧的毛玻璃，不可接触光学面。

(2) 不能将光学面与硬物或脏物接触，只能用擦镜纸或丝绸擦拭光学面。

(3) 凡含有腐蚀玻璃的物质（如F^-、$SnCl_2$、H_3PO_4等）的溶液，不得长时间存放在吸收池中。

(4) 吸收池使用后应立即水冲洗干净。有色物污染可以用3mol/L HCl和等体积乙醇的混合液浸泡洗涤。生物样品、胶体或其他在吸收池光学面上形成薄膜的物质要用适当的溶剂洗涤。

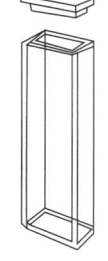

图2-5 吸收池示意图

(5) 不得在火焰或电炉上加热或烘烤吸收池。

(四) 检测器

检测器又称接收器,其作用是对透过吸收池的光作出响应,并把它转变成电信号输出,其输出电信号的大小与透过光的强度成正比。常用的检测器有光电池、光电管和光电倍增管,它们都是基于光电效应原理制成的。作为检测器,对光电转化器的要求是:光电转换有恒定的函数关系,响应灵敏度要高、速度要快,噪声低、稳定性高,产生的电信号易于检测放大等。

(1) 光电池 它是由三层物质构成的薄片,表层是导电性能良好的可透光金属薄膜,中层是具有光电效应的半导体材料(如硒、硅等),底层是铁片或铝片。由于半导体材料的半导体性质,当光照到光电池上时,由半导体材料表面逸出的电子只能单向流动,使金属膜表面带负电,底层铁片带正电,线路接通就有光电流产生。光电流的大小与光电池受到光照的强度成正比。光电池根据半导体材料来命名,常用的光电池是硒光电池和硅光电池。不同的半导体材料制成的光电池,对光的响应波长范围和最灵敏峰波长各不相同。硒光电池对光响应的波长范围一般为 250~750nm,灵敏区为 500~600nm,而最高灵敏峰约在 530nm。光电池具有不需要外接电源、不需要放大装置而直接测量电流的优点。其不足之处是:由于内阻小,不能用一般的直流放大器放大,因而不适于较微弱光的测量。光电池受光照持续时间太久或受强光照射会产生"疲劳"现象,失去正常的响应,因此一般不能连续使用 2h 以上。

(2) 光电管 它是在抽成真空或充有惰性气体的玻璃或石英泡内装上两个电极构成的。阳极是一根金属丝;阴极是一个半圆柱形的金属片,金属片的内表面涂有光敏材料。当一定强度的光照射到阴极时,光敏物质放出电子,放出电子的多少与照射到它上面的光强度成正比,电子流向阳极,回路中有电流通过。因为光电流很小,需放大器放大才能检测。常用的光电管有蓝敏(紫敏)管和红敏管。前者的阴极表面是锑和铯,适用的波长范围是 200~625nm,后者的阴极表面是银和氧化铯,适用的波长范围是 625~1000nm。

(3) 光电倍增管 它是非常灵敏的光电器件。其工作原理与光电管相似,结构上的差别是在阴极和阳极之间还有多个倍增电极(阴极)实现二次电子发射以放大光电流,放大倍数可达 $10^5 \sim 10^8$ 倍,其灵敏度比光电池和光电管都要高很多,是紫外-可见分光光度计上广泛使用的检测器。光电倍增管不能用来测定强光,否则极易疲劳,发生信号漂移、灵敏度下降,并且光电倍增管会因阳极电流过大而被损坏。

目前紫外-可见分光光度计广泛使用光电倍增管作检测器。

(五) 信号显示系统

信号显示系统的作用是将放大了的电信号用一定方式显示出来,以便于记录和计算。信号显示器有多种,随着电子技术的发展,这些信号显示和记录系统将越来越先进。

用光电管或光电倍增管作检测器,产生的光电流经放大后由数码管直接显示出透射比或吸光度。这种数据显示装置方便、准确,避免了人为读数错误,而且还可以连接数据处理装置,能自动绘制工作曲线,计算分析结果并打印报告,实现分析自动化。

二、紫外-可见分光光度计的类型

分光光度计按使用波长适用范围可分为可见分光光度计和紫外-可见分光光度计两类。前者的使用波长范围为 400~780nm，后者的使用波长范围为 200~1000nm。可见分光光度计只能用于测量有色溶液的吸光度，而紫外-可见分光光度计可测量在紫外、可见光及近红外区有吸收的物质的吸光度。

紫外-可见分光光度计按仪器光路系统分类，分为单光束分光光度计、双光束分光光度计和双波长分光光度计三类。

（一）单光束分光光度计

单光束分光光度计是最简单的分光光度计，其基本原理如图 2-6 所示。由光源发出的复合光经单色器分光，得到所需的单色光照射到参比溶液或试样溶液后，经检测器检测后显示为吸光度或透光率。

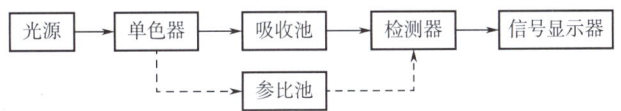

图 2-6　单光束分光光度计原理示意图

单光束分光光度计结构简单，价格便宜，操作简便，适用于常规分析。其缺点是，测定结果受光源强度波动的影响较大，因而给定量分析结果带来较大的误差。使用时来回拉动吸收池产生移动误差，装参比溶液和试样溶液的吸收池应配对。常用的单光束可见分光光度计有 721 型、722 型、723 型、724 型、727 型等。常用的紫外-可见分光光度计有 751G 型、752 型、753 型、754 型、756MC 型等。

（二）双光束分光光度计

双光束分光光度计的结构如图 2-7 所示。其工作原理是将单色器出来的单色光经同步旋转镜（M_1）分为强度相等的两束光，在很短的时间内交替通过参比溶液和试样溶液，再经同步旋转镜（M_4）交替照射同一检测器，仪器自动比较透过参比溶液和试样溶液的光强度，此比值即为试样溶液的透光率，经对数转换为吸光度。

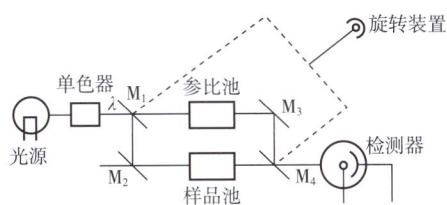

图 2-7　双光束分光光度计结构示意图
M_1、M_4—同步旋转镜　M_2、M_3—反射镜

双光束分光光度计的优点是可以减小因光源（电源）不稳定带来的影响；测量时不用拉动吸收池，可以减小移动误差；能进行波长扫描，并自动记录吸收光谱曲线，适合于定性分析。常见的双光束分光光度计有 710 型、730 型、740 型、760MC 型、760CRT 型、岛

津 UV-1800 型和日立 UV-340 型。

（三）双波长分光光度计

双波长分光光度计的光路较复杂，结构示意图见图 2-8。其工作原理是将光源发出的光分成两束，分别进入各自的单色器，可以获得两束不同波长（λ_1、λ_2）的单色光，利用切光器使两束单色光交替照射到同一吸收池，经检测器检测，最后由显示器显示出两个波长处的吸光度差值 ΔA（$\Delta A = A_{\lambda_1} - A_{\lambda_2}$），可利用 ΔA 定量。

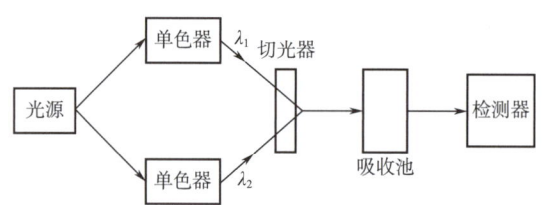

图 2-8　双波长分光光度计结构示意图

双波长分光光度计的主要优点是可以降低杂散光，消除光源不稳定造成的影响，光谱精度高，测定过程中不需要空白对照，消除了参比溶液与试样溶液组成不一致和吸收池不匹配引起的误差。主要用于存在干扰组分的样品、浑浊样品和多组分混合样品的测定。还可以利用双波长分光光度计获得导数光谱。缺点是仪器价格昂贵，体积较大。常见的双波长分光光度计有 WFZ800S、岛津 UV-260 型、岛津 UV-365 型。

三、紫外-可见分光光度计的使用

目前，商品紫外-可见分光光度计的品种和型号繁多，虽然不同型号的仪器其操作方法略有不同（在使用前应详细阅读仪器说明书），但仪器上主要旋钮和按键的功能基本类似。紫外-可见分光光度计的性能好坏直接影响测定结果的准确度，因此，仪器必须校正，以保证结果的准确性。新购置的仪器需对其主要性能指标进行全面测试；使用中的仪器也应该定期校正。仪器性能检定的主要内容有仪器外观检查、波长的准确度、吸光度的准确度、杂散光、吸收池的配对性、稳定性和灵敏度 6 个方面。

（一）紫外-可见分光光度计的性能检定

1. 仪器外观检查

（1）标志检查　仪器应有下列标志：名称、型号、编号、制造厂名、出厂日期，工作电源电压、频率。国产仪器应有制造生产许可标志及编号。

（2）外观检查　仪器各紧固件均应紧固良好，各调节旋钮、按键和开关均能正常工作，电缆线的接插件均能紧密配合且接地良好。仪器能平稳地置于工作台上，样品架定位正确。指示器刻线粗细均匀、清晰，数字显示清晰完整，可调节部件不应有卡滞、突跳及显著的空回。

仪器使用及保养维护
（微课视频）

（3）吸收池检查　吸收池不得有裂纹，透光面应清洁，无划痕和斑点。

2. 波长的准确度

影响波长准确度的因素有：温度变化对机械部分的影响、使用中机件的损坏、新购买的仪器在运输中的振动等。波长准确度以仪器显示的波长数值与单色光的实际波长值之差表示，双光束光栅型的紫外-可见分光光度计波长准确度允许误差范围为±0.5nm。751G型紫外-可见分光光度计应在±1.0nm 以内。仪器波长的允许误差为：紫外光区在±1nm，500nm 附近在±2nm。可用低压石英汞灯、仪器固有的氘灯、氧化钬玻璃、高氯酸钬溶液等校正波长准确度。

（1）用低压石英汞灯检定　常用汞灯的较强谱线 237.83，253.65，275.28，296.73，313.16，334.15，365.02，404.66，435.83，546.07，576.96nm。缝宽为 0.02mm（751型），先以 546.07nm 谱线为基准，然后再从短波长向长波长对汞谱线进行核对。

关闭仪器光源，汞灯直接对准进光狭缝，如双光束分光光度计，用单光束能量测定方式，采用波长扫描，扫描速度慢、响应快、最小狭缝宽度（如 0.1nm）量程 0~100%，在 200~800nm 范围内单方向重复扫描 3 次，记录各峰值。取 3 次测定平均值与对应参考波长值之差作为波长准确度。3 次测定值中最大值与最小值之差即为单波长重复性，单波长重复性中的最大值为波长重复性。

（2）用仪器固有的氘灯校正　是以氘灯 486.02nm 与 656.10nm 谱线作参考波长进行测量。取单光束能量测定方式，测定条件同低压石英汞灯检定的方法，对 486.02nm 与 656.10nm 两单峰单方向重复扫描 3 次，记录各峰值。

（3）用氧化钬玻璃校正　氧化钬玻璃在 279.4，287.5，333.7，360.9，418.7，460.0，484.5，536.2nm 与 637.5nm 波长处有尖锐吸收峰，也可用于波长校正。使用时应注意不同来源氧化钬玻璃的微小差别。检定时，将氧化钬玻璃放入样品光路，参比光路为空气，按测定吸收光谱的方法测定。校正自动记录仪器时，测定样品和校正时取同一扫描速度。

（4）用高氯酸钬溶液检定　可供没有单光束测定功能的双光束紫外-可见分光光度计的波长校正使用。以 10%高氯酸溶液为溶剂，配制 4%氧化钬溶液进行检定。

3. 吸光度的准确度

取在 120℃ 干燥至恒重的基准重铬酸钾约 60mg，精密称量，加 0.005mol/L 硫酸溶液溶解并稀释至 1000mL，摇匀，即可。以 0.005mol/L 硫酸溶液为空白，用配对的 1cm 石英吸收池，在表 2-4 规定的波长处测定，计算其吸光系数，应在许可范围内。

表 2-4　重铬酸钾溶液检查吸光度准确度的要求

波长/nm	235（最小）	257（最小）	313（最小）	350（最大）
吸光系数 $E_{1cm}^{1\%}$	124.5	144.0	48.6	106.6
许可范围	123.0~126.0	142.8~146.2	47.0~50.3	105.5~108.5

4. 杂散光

杂散光是指出射光光束存在一些不在谱带范围与所需波长相隔较远的光。杂散光影响吸光度，也是引起偏离朗伯-比尔定律的因素之一。仪器光学系统随使用时间及光学表面污染增加，杂散光将增加。可按下面的方法检查仪器杂散光：配制 1.00%碘化钠水溶液、

5.00%亚硝酸钠水溶液,分别置于1cm石英吸收池中,以纯化水作参比,在表2-5规定的波长处测定透光率,其透光率应符合表2-5中要求。

表2-5　　　　　　　　　　　　杂散光检查要求

试剂名称	浓度/(%或g/100mL)	测定用波长/nm	透光率/%
碘化钠	1.00	220	<0.8
亚硝酸钠	5.00	340	<0.8

5. 吸收池的配对性

使用的吸收池必须洁净,同一光径的吸收池装纯化水于220nm(石英吸收池)、440nm(玻璃吸收池)处,将一个吸收池的透射比调到100%,测量其他吸收池的透射比,两者相差在0.5%以下者可配对使用。

6. 稳定性和灵敏度

稳定性检查:仪器预热后分别精确调节透光率为0和100%,在规定时间内分别观察变化量是否符合要求。灵敏度是吸光度变化值与相应溶液浓度变化值的比值,具体可参照仪器说明书检查。

(二)仪器操作方法

(1)开机　开机前确认样品室内无挡光物。接通电源,仪器自动进行初始化,开始自检和自动校正基线。约数分钟初始化完成,进入主界面,显示菜单栏。通常情况下经过30min预热,使光源达到稳定后开始测量。注意:初始化时不得打开样品室盖。

(2)单波长数据测定　按照菜单提示选择测定吸光度,设置波长参数,分别将参比溶液置于光路调零,样品溶液置于光路读出相应波长处的吸光度A。

(3)测定吸收光谱　按照菜单提示选择测定光谱,按照仪器说明书设置好波长范围、扫描速度等参数,扫描吸收曲线。

(三)使用时的注意事项

(1)天平和玻璃仪器的检定　所用的容量瓶、移液管等玻璃仪器及分析天平均应经过检定校正,如有偏差应加上校正值。

(2)对溶剂的要求　测定供试品前,应先检查所用溶剂在供试品测定波长附近是否有吸收峰,是否影响供试品测定,可用1cm石英吸收池盛装溶剂以空气为空白测定吸光度,应符合表2-6规定。

表2-6　　　　　　　　　　紫外-可见分光光度法对溶剂的要求

波长范围/nm	220~240	241~250	251~300	300以上
吸光度	≤0.40	≤0.20	≤0.10	≤0.05

(3)溶液配制　配制测定溶液时稀释转移次数应尽可能少,转移稀释时所取容积不能太小,以减小误差。

(4) 测定 取吸收池时,手指拿毛玻璃的两侧。装盛液体以池体积的 2/3~4/5 为宜,并注意内壁不能有气泡;使用挥发性溶剂应加盖;比色皿中的液体,应沿毛面倾斜(或吸收池的一个角)慢慢倒掉,透光面用擦镜纸自上而下擦拭干净。吸收池放入样品室每次方向均一致。使用后用溶剂及水冲洗干净,晾干,防尘保存。

(5) 测定波长的选择 采用吸收最大、干扰最小的原则。通常根据被测组分的吸收光谱,选择最强吸收带的最大吸收波长作为测量波长,以得到最大的测定灵敏度。当待测组分受到共存杂质干扰时,或者最强吸收峰的峰形比较尖锐,往往选用吸收稍低、峰形比较平坦的次强吸收峰或肩峰进行测定。

(6) 狭缝宽度 选择仪器的狭缝宽度,应以减小狭缝宽度时供试品的吸光度不再增加为准。一般狭缝宽度大约为试样吸收峰半宽度的 1/10。大部分品种,可以使用 2nm 缝宽,但对某些品种则需要 1nm 缝宽或更窄,否则吸光度会偏低。

(7) 吸光度范围 选择适宜的吸光度范围以减小测量误差,一般试样溶液的吸光度以在 0.200~0.800 为宜。当吸光度为 0.434 时,吸光度测量误差最小。可根据吸光度要求调整控制试样溶液的浓度或选择不同光径的吸收池。

四、仪器的安装要求和保养维护

分光光度计属于精密光学仪器,正确安装、使用和维护对保持仪器良好性能、保证仪器处于最佳工作状态和保证测试结果准确可靠有重要作用。

(一)仪器的安装要求

分光光度计应安装在稳固的工作台上(周围不应有强磁场),且具防振、防电磁干扰功能。仪器背部应距墙壁 15cm 以上,以保持有效的通风散热。电源最好采用专用线。室内温度宜保持在 15~28℃,最好安装空调,以保持在 (20±2)℃。室内应干燥,相对湿度应控制在 45%~65%,不应超过 70%。室内应无腐蚀性气体(如 SO_2、NO_2 及酸雾等),应与化学分析室隔开,当测定样品有挥发性或腐蚀性时,应加吸收池盖。室内光线不宜过强。

(二)仪器的保养维护

仪器的日常保养维护中要注意防潮、防尘、防震、防腐蚀、防电磁干扰。实验室要保持干燥清洁的环境。分光光度计的日常保养主要是保持单色光纯度和准确度,仪器的灵敏度和稳定性。具体方法如下。

(1) 电源电压 仪器的工作电源一般为 220V,允许有 ±10% 电压波动。在电压波动较大的实验室,为保持仪器的稳定性,最好配备有过电压保护的稳压器。

(2) 光源 光源的寿命有限,为延长光源的使用寿命,在不使用时不要开光源灯。如果工作间歇时间短可以不关灯或停机。刚关闭的光源灯不能立即重新开启,必须待灯冷却后再重新启动,并预热 15min。仪器连续使用时间不应超过 3h。如果需要长时间使用,最好间歇 30min。灯泡发黑或光源亮度不够或不稳定时应及时更换新灯。更换后要调节好灯丝的位置,使尽可能多的光进入光路。更换灯不要用手直接接触窗口或灯泡,避免沾染油污,若不小心接触到要用无水乙醇擦拭。

(3) 单色器 单色器是仪器的核心部件,装在密封盒内,不能拆开。为了防止色散元件受潮发霉，要经常更换单色器盒内的干燥剂。

（4）检测器　光电器件不能长时间曝光，且应避免强光照射或受潮积尘。

（5）吸收池　在使用后应立即冲洗干净，光学面必须用擦镜纸或柔软的棉织物擦去水分。如果吸收池被有机物污染，宜用盐酸-乙醇混合液（1∶2，体积比）浸洗，也可用相应的有机溶剂浸泡洗涤。如油脂污染可用石油醚浸洗，铬天青显色剂污染可用硝酸溶液（1∶2）浸洗等。吸收池不可用碱液洗涤，也不能用硬布、毛刷刷洗。

（6）其他　不允许用乙醇、汽油、乙醚等有机溶液擦洗仪器。

■ 思考与练习

1. 紫外光分为哪几个区域，哪几个波段？波长范围各为多少？
2. 分光光度计对光源有什么要求？常用光源有哪些？它们使用的波长范围各是多少？
3. 紫外-可见分光光度计按光路可分为哪几类？它们各有什么特点？721型可见分光光度计和UV1801型紫外-可见分光光度计属于哪一类分光光度计？
4. 吸收池的规格以什么作标志？吸收池按其材质分为哪几种？如何选择使用不同材质的吸收池？
5. 分光光度计由哪几个主要部件组成？各部件的作用是什么？

项目二　知识点二
课堂互动

■ 课程思政

紫外分光光度法筑牢乳品安全科技防线

在乳品安全领域，紫外分光光度法通过国家标准的持续优化，已成为保障乳品质量的核心技术之一。习近平总书记强调："科技是国之利器，国家赖之以强，企业赖之以赢，人民生活赖之以好。"这一重要论述为技术标准的升级注入了强大的思想动力。2025年修订的GB 5009.5—2025《食品安全国家标准　食品中蛋白质的测定》等国标，正是践行"以人民为中心"发展理念的生动实践。

紫外可见吸收
光谱仪的操作
（仿真动画）

紫外分光光度法在乳品检测中承担着多重关键任务。例如，GB 5009.5—2025采用紫外法测定乳粉蛋白质含量，误差控制在2%以内，直接堵住了非法添加含氮物质的漏洞。这一技术突破体现了习近平总书记"把论文写在祖国大地上"的实践要求。乳品原料水中的六价铬检测依据GB/T 5750.6—2023《生活饮用水标准检验方法　第6部分：金属和类金属指标》，结合二苯碳酰二肼显色法，从源头拦截重金属污染，确保全链条安全把控。此外，乳品包装材料的氯元素痕量检测参照HJ 897—2017《水质　叶绿素a的测定　分光光度法（发布稿）》原理，乳业废水总氮测定借鉴水质、总氮的测定相关标准，形成覆盖生产全流程的安全网。

国家标准的迭代不仅是技术突破，更是落实习近平总书记"加快实现高水平科技自立自强"战略部署的具体行动。以GB 5009.229—2025《食品安全国家标准　食品中酸价的测定》为例，其制定基于全国23家实验室的联合验证，覆盖不同地域与设备条件，呼应了习近平总书记"深化科技体制机制改革"的重要指示精神。国标要求活性益生菌乳制品的活菌数$\geq 10^6$ CFU/g，紫外分光光度法通过快速消解与吸光度分析，实现微生物活性高效评估，推动乳企从"达标生产"转向"品质引领"。这一转变契合习近平总书记"科技赋能高质量发展"的深刻论断。

习近平总书记指出："建设科技强国，必须坚持系统观念，强化战略科技力量体系化攻关。"紫外分光光度法的标准化应用正是这一思想的具象化体现。我国紫外分光光度法标准与联合国粮农组织（FAO）接轨，例如FAO 2024年将紫外分光光度法纳入乳制品铅检测国际标准，践行了习近平总书记"深化国际科技合作"的全球治理观。GB/T 5750.6—2023对水质检测的严格要求，呼应了习近平总书记"强化科技强国法治保障"的重要论述，以法治力量护航乳品安全。

紫外分光光度法
测定色氨酸的含量
（虚拟仿真）

紫外分光光度法测定
色氨酸的含量
（仿真动画）

正如总书记所言："建成科技强国，只争朝夕！"从蛋白质的精准测定到全产业链的安全把控，紫外分光光度法的国标化进程诠释了习近平总书记"科技现代化是中国式现代化关键"的战略指引。每一组严谨的数据、每一次标准的迭代，都是对"人民至上"理念的无声承诺——科技不仅是探索真理的火炬，更是托举生命的脊梁。

知识点三

紫外-可见吸收光谱分析技术的应用

一、定性分析

定性鉴别的依据是物质吸收光谱的特征。一般采用对比法，通过对比供试品与对照品吸收光谱的形状、吸收峰的数目、吸收峰的位置（波长）、吸收峰的强度及相应的吸光系数等特征进行鉴别。同一物质在相同的条件下具有相同的图谱，但是图谱相同却不一定是同一物质。因为紫外-可见吸收光谱是电子光谱，光谱简单，一般只有几个吸收峰，特征性不强。紫外-可见吸收光谱仅反映分子中生色团和助色团，即共轭体系的结构信息，主要适用于不饱和有机化合物，尤其是共轭体系的鉴定，以此推断未知物的骨架结构，常作为一种辅助方法配合红外光谱、核磁共振波谱、质谱等进行结构分析和定性鉴别。采用紫外-可见分光光度法对物质进行定性分析，具体方法如下。

紫外-可见吸收光谱
法的定性和定量分析
（微课视频）

1. 对比吸收光谱曲线的一致性

（1）标准品比较法　将供试品与标准品用相同的溶剂配制相同浓度的溶液，在同一条件下分别绘制吸收光谱，比较光谱是否一致。若两者为同一物质，则两者的光谱图应完全一致。为了进一步确证，可以变换一种溶剂或采用不同酸碱性溶剂，分别将供试品与标准品配制成相同浓度的溶液，绘制紫外-可见吸收光谱图后再进行比较。如果两者光谱图仍然一致，则可以认为它们为同一物质。

（2）标准图谱比较法　也可以利用文献收载的标准图谱进行核对。按照标准图谱制备的条件，制备试样溶液绘制吸收光谱，再与标准图谱比较进行鉴别。常用的标准谱图库有萨特勒光谱集 The Sadtler standard spectra，Ultraviolet，收载有 46000 种化合物紫外光谱的标准谱图。

2. 对比吸收光谱特征数据

最常用于鉴别的光谱特征数据是吸收峰波长，若一个化合物有几个吸收峰，并且存在谷、肩峰，可以同时作为鉴别的依据。例如，醋酸视黄酯（醋酸维生素 A）的鉴别：称取适量试样，精确至 0.1%，加入异丙醇溶解并定量稀释至浓度为 10~15IU/mL 的溶液，用分光光度法测定，试样溶液在波长 324~328nm 范围内有最大的吸收峰。

3. 对比吸光度比值

不止一个吸收峰的化合物，可采用在不同吸收峰（或峰与谷）处测得吸光度的比值进行鉴别，对于同一溶液吸光度比值即为其吸光系数比值。例如，维生素 B_2 的鉴别：避光操作，取约 0.075g 样品，精确至 0.001g，置烧杯中，加 1mL 冰乙酸与 75mL 水，加热溶解后，加水稀释，冷却至室温，移置 500mL 棕色容量瓶中，再加水稀释至刻度，摇匀；精密量取 10mL 置 100mL 棕色容量瓶中，加 7mL 乙酸钠溶液，并加水稀释至刻度，摇匀，用分光光度法扫描测定，在波长（444±1）nm、（375±1）nm 与（267±1）nm 处有最大吸收，并测定吸光度（A），计算 A_{375nm}/A_{267nm} 为 0.31~0.33 和 A_{444nm}/A_{267nm} 为 0.36~0.39。

4. 根据光谱推测未知物的骨架结构

紫外-可见分光光度法可以用于某些化合物特征基团或部分骨架的推断。

（1）若波长在 200~800nm 区间无吸收峰，该化合物不存在共轭双键或为饱和有机化合物。

（2）在 200nm 以上有 2 个中等强度吸收峰（$\varepsilon = 1000~10000$），则化合物含有芳环结构。

（3）若吸收光谱中出现多个吸收峰，甚至出现在可见光区，则该化合物结构中可能含有长链共轭体系或稠环芳香发色团。

（4）未知化合物与已知化合物的紫外吸收光谱一致时，可以认为两者有相同的发色团，据此推断未知化合物的骨架。

二、定量分析

在紫外-可见光区有较强吸收的物质，或者虽然本身没有紫外吸收，但是能与某些试剂反应后转变成具有较强紫外-可见光区吸收的物质，在一定条件下测定其溶液吸光度，通过朗伯-比尔定律可求出其溶液浓度。当试样中仅有单一组分或者其共存组分没有干扰或干扰很小可以忽略不计时，常采用以下三种定量方法：标准曲线法、对照品比较法和吸光系数法。其中标准曲线法是实际工作中应用最多的方法。

1. 标准曲线法

标准曲线法又称校正曲线法。具体操作是：配制一系列不同浓度的标准溶液，以不含被测组分的空白溶液作参比，在相同条件下测定标准溶液的吸光度，绘制吸光度-浓度曲线，如图2-9所示。在相同条件下测定试样溶液的吸光度，从标准曲线上查到与之对应的浓度，即为试样溶液的浓度。

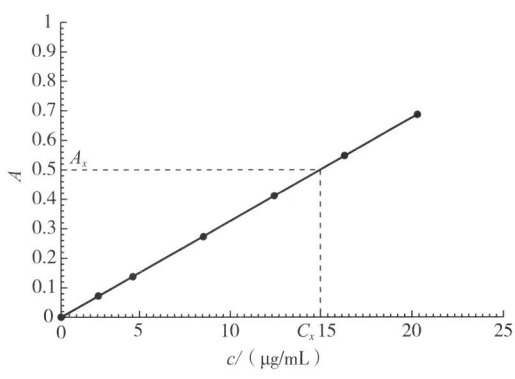

图2-9 吸光度-浓度曲线

绘制标准曲线时应注意以下几点：

（1）建立标准曲线时，应确定符合朗伯-比尔定律的浓度线性范围，只有在线性范围内的定量测量才是准确可靠的。

（2）按选定标准品的浓度，配制一系列不同浓度的标准溶液，其浓度范围应包括试样浓度的可能变化范围。一般要求至少作5个点，作6~8个点较为合适，过多点数会加大实验量，而过少会导致无法准确拟合。

（3）测定时每一浓度至少应同时做2管（平行管），同一浓度平行管测定得到的吸光度相差不大时，取其平均值。

（4）用坐标纸绘制标准曲线，也可采用最小二乘法处理，由一系列的吸光度-浓度数据求出直线回归方程。

（5）标准曲线相关系数应该至少0.99以上，越接近1越好。

（6）绘制完的标准曲线应注明测试内容和条件，如波长、操作时间等。标准曲线应经常重复检查，在工作条件有变动时，如更换标准溶液、仪器修理、更换光源时，均应重新制作标准曲线。

此法不需要知道E值，对仪器要求不高，适合于大批量样品测定，但操作烦琐费时。

【例2-2】出口调味料中脱氢乙酸的测定。

SN/T 0859—2016《出口调味料中脱氢乙酸的测定 紫外分光光度法》规定了用紫外-可见分光光度法测定出口调味料（出口生抽酱油、老抽酱油、醋、蚝油、烧烤汁、调味酱）中脱氢乙酸含量的方法，采用的是标准曲线法。

（1）方法原理 样品中脱氢乙酸在酸性条件下经水蒸气蒸馏和有机溶剂萃取后，用紫外-可见分光光度计在308nm波长处测定吸光度，与标准比较定量。

（2）测定方法

①试样的蒸馏。称取10g样品（精确至0.01g）于100mL烧杯中，用100mL水分数次将样品全部转入500mL圆底烧瓶中，并用15%（质量浓度）酒石酸溶液调节pH 2~3，加入50g NaCl、2滴硅氧树脂（样品蒸馏时若泡沫不多可不加）、数粒玻璃珠，加水至总体

积 250~300mL，连接水蒸气蒸馏装置进行蒸馏。以每分钟收集 10mL 馏出液的速度收集蒸馏液近 200mL，转移至 200mL 容量瓶中，用水定容，即为蒸馏液的总体积（V_1）。

②标准曲线制作。吸取 20μg/mL 脱氢乙酸标准溶液 0，1.00，2.00，3.00，4.00，5.00mL（相当于 0，20.0，40.0，60.0，80.0，100.0μg 脱氢乙酸），分别置于 50mL 带塞刻度玻璃试管中，再分别加水至总体积 10mL，然后分别加入 0.8mL 盐酸溶液（1+9，体积比），2g NaCl，用乙醚分三次（10，5，5mL）涡旋振摇提取，合并上层乙醚提取液于另一 50mL 带塞刻度玻璃试管中，将 10g/L 碳酸氢钠溶液分三次（10，5，5mL）加入已合并的乙醚提取液刻度玻璃试管中再次提取，合并下层碳酸氢钠提取液于烧杯中，置水浴上小心加温，待乙醚挥发后，继续在水浴上滴加盐酸溶液至 pH 3~5，分别移入 25mL 容量瓶中，加入 2mL 盐酸-氯化钠溶液（吸取 2mol/L 氯化钠溶液 50mL 和 2mol/L 盐酸溶液 1mL，混合后用水稀释至 200mL），加水稀释至刻度，摇匀。用 1cm 石英比色杯，以零管调节零点，于波长 308nm 处测定吸光度，以脱氢乙酸的质量为横坐标，吸光度为纵坐标，绘制标准曲线。

③试样测定。准确吸取试样蒸馏液 10mL（V_2）于 50mL 带塞刻度玻璃试管中，按标准曲线的操作步骤，测定其吸光度。同时做试剂空白。根据样品溶液的吸光度，由标准曲线计算得到样液中脱氢乙酸的质量 m_A，单位为 μg。

（3）脱氢乙酸含量的计算　按式（2-12）计算试样中脱氢乙酸的含量：

$$X = \frac{m_A \times 1000}{m \times (V_2/V_1) \times 1000} \tag{2-12}$$

式中　X——试样中脱氢乙酸的含量，mg/kg；

$\quad\quad m_A$——测定用样液中脱氢乙酸质量，μg；

$\quad\quad m$——试样质量，g；

$\quad\quad V_1$——试样蒸馏液总体积，mL；

$\quad\quad V_2$——测定用蒸馏液体积，mL。

2. 对照品比较法

对照品比较法又称对照法或单点外标法，在同一条件下，分别配制试样溶液和对照品溶液，在所选波长处分别测定试样溶液和对照品溶液吸光度。因为同种物质、同台仪器、同一波长处测定，故 ε 或 $E_{1cm}^{1\%}$、L 相同，则有：

$$\frac{A_x}{A_r} = \frac{c_x}{c_r} \tag{2-13}$$

式中　A_x——试样溶液吸光度；

$\quad\quad A_r$——对照品溶液吸光度；

$\quad\quad c_x$——试样溶液浓度；

$\quad\quad c_r$——对照品溶液浓度。

A_x、A_r 由仪器测定可知，c_r 由准确配制已知。依据式（2-13）可以计算出试样溶液的浓度。此法只有在测定浓度处于线性范围且 c_x 与 c_r 大致相当时，才可得到准确结果。

3. 吸光系数法

依据朗伯-比尔定律 $A = E_{1cm}^{1\%} cL$，若 L 和 $E_{1cm}^{1\%}$ 已知，即可根据测得的吸光度 A，计算出被测物质的浓度。$E_{1cm}^{1\%}$ 可以从手册或文献中查到，这种方法也称绝对法。采用吸光系数法定量应对仪器波长进行校正后再测定。

【例 2-3】 维生素 B_{12} 水溶液浓度的计算。

维生素 B_{12} 水溶液在 361nm 处的 $E_{1cm}^{1\%}$ 为 207，盛于 1cm 吸收池中，测得溶液的吸光度为 0.414，求溶液的浓度。

解：

$$c = \frac{A}{E_{1cm}^{1\%}} = \frac{0.414}{207 \times 1} = 0.002 \text{g}/100\text{mL} = 20.0 \mu\text{g}/\text{mL}$$

三、纯度检查

利用紫外-可见分光光度法检测化合物的纯度，也是一种简便有效的方法。如果某一化合物在紫外-可见光区没有紫外吸收，而其杂质有较强的吸收，则可以根据试样的紫外吸收光谱简便地检测出该化合物是否含有杂质。例如，检查甲醇或乙醇中的苯，苯在 254nm 波长处有吸收，而甲醇或乙醇在此波长处几乎没有吸收。被苯污染的甲醇或乙醇的紫外吸收光谱在 254nm 会出现苯的特征峰。如果被测化合物与杂质在同一光谱区域内有吸收，只要它们的最大吸收波长不同，也可以根据吸收光谱进行纯度鉴定。例如，核酸（λ_{max} = 260nm）和蛋白质（λ_{max} = 280nm），可以利用其纯物质的吸光度比值进行纯度检查。纯核酸的吸光度比值 A_{280nm}/A_{260nm} = 0.5，纯蛋白质的吸光度比值 A_{280nm}/A_{260nm} = 1.8。如果被测化合物有强吸收，杂质无吸收或弱吸收，则杂质使被测化合物的吸光系数下降；如果杂质有比被测化合物更强的吸收，则杂质使被测化合物的吸光系数上升；有吸收的杂质也可使被测化合物光谱变形。

紫外-可见吸收光谱法的纯度检查和显色反应（微课视频）

四、显色反应

某些待测组分本身在紫外-可见光区没有吸收或虽有吸收但摩尔吸光系数很小，因此不能直接用分光光度法测定。但是如果加入某种适当的试剂，使之与待测组分发生反应，生成摩尔吸光系数较大的有色物质，在选定的波长处（通常是 λ_{max}）测定有色物质的吸光度，间接求出待测组分含量的方法称为显色法，也称比色法。加入某种试剂使待测组分变成有较大摩尔吸光系数物质的反应称为显色反应，所用试剂称为显色剂。

显色反应一般应满足下列条件：①反应的生成物必须在紫外-可见光区有较强的吸光能力，即摩尔吸光系数较大；②反应有较高的选择性，反应生成物的吸收曲线与其他共存组分的吸收光谱有明显的差别；③反应生成物的组成恒定、稳定性好。要使显色反应达到上述要求，必须控制显色反应的条件。影响显色反应的因素有很多，如显色剂种类、用量、溶液 pH、显色温度、显色时间等。最佳的显色反应条件一般是通过试验来确定的。

显色法中还需特别注意参比溶液的选择：测定试样溶液的吸光度时，先要用参比溶液（又称空白溶液）调节透光率为 100%，以消除溶液中其他组分以及吸收池和溶剂对光的反射和吸收所带来的误差。参比溶液的选择应根据待测组分溶液的性质而定，可以选择溶剂参比、试样参比、试剂（显色剂等）参比、褪色参比、平行操作参比等。溶剂参比适于试样组成简单的情况，可以消除溶剂、吸收池等因素的影响。试样参比是指按与显色反应相同的条件处理试样,只是不加显色剂,这种参比溶液适于试样中共存成分较多,加入显色剂的量不大且显色剂在测定波长无吸收的情况。试剂参比是指只是不加试样,同样加入试剂和溶剂作为参比溶液,可消除试剂中的组分吸收产生的影响。褪色参比是指显色剂和试样在测定波长处均有吸收,可将一份试样加入适当掩蔽剂将被测组分掩蔽起来,使之不再与显色剂作用,而显色剂及其他试剂均按试液测定方法加入制成的参比溶液,可以消除显色剂及一些共存组分的干扰,或改变加入试剂的顺序,使被测组分不发生显色反应,以此溶液作为参比溶液消除干扰。平行操作是指用不含被测组分的试样,在相同条件下与被测试样同时进行处理,由此得到平行操作参比溶液。

【例2-4】氟试剂分光光度法测定生活饮用水及其水源水中的氟化物含量。

1. 测定原理

氟化物与氟试剂($C_{19}H_{15}NO_8$,又名茜素络合酮或1,2-羟基蒽醌-3-甲胺-N,N-二乙酸)和硝酸镧反应,生成蓝色络合物,颜色深度与氟离子浓度在一定范围内呈线性关系。当pH为4.5时,生成的颜色可稳定24h。

2. 测定方法

(1) 吸取10μg/mL氟化物标准使用溶液0、0.25、0.50、1.00、2.00、3.00、4.00、5.00mL,分别置于50mL具塞比色管中,各加纯水至25mL。

(2) 取25.0mL澄清水样(如果水样中有干扰物质时,需将水样在全玻璃蒸馏器中蒸馏处理),置于50mL比色管中。如氟化物大于50μg,可取适量水样,用纯水稀释至25.0mL。分别向标准管和供试管中各加入5mL氟试剂溶液[称取0.385g氟试剂,于少量纯水中,滴加1mol/L氢氧化钠溶液使之溶解。然后加入0.125g乙酸钠($NaC_2H_3O_2 \cdot 3H_2O$),加纯水至500mL。储存于棕色瓶内,保存在冷暗处]及2mL乙酸-乙酸钠缓冲溶液[pH 4.5,称取85g乙酸钠($NaC_2H_3O_2 \cdot 3H_2O$),溶于800mL纯水中,加入60mL冰乙酸($\rho_{20}=1.06g/mL$),用纯水稀释至1000mL],混匀。分别缓缓加入硝酸镧溶液[称取0.433g硝酸镧[$La(NO_3)_3 \cdot 6H_2O$],滴加盐酸溶液(1:11)溶解,加纯水至500mL]5mL,摇匀,再加入10mL丙酮,加纯水至50mL刻度,摇匀。在室温放置60min。于620nm波长处,1cm吸收池,以纯水为参比,测量吸光度。

3. 数据处理

由测得的标准管的数据绘制标准曲线,再根据样品管的吸光度从曲线上查出氟化物质量。按下式计算水样中氟化物的质量浓度。

$$\rho_{F^-} = \frac{m}{V}$$

式中 ρ_{F^-}——水样中氟化物(以F^-计)质量浓度,mg/L;
     m——在标准线上查得氟化物的质量,μg;
     V——水样体积,mL。

■ 思考与练习

1. 如何根据紫外吸收光谱确定未知物?
2. 紫外吸收光谱曲线的绘制需要标注哪些项目?

项目二 知识点三
课堂互动

课程思政

农药残留的"快、准、省"检测

在一次全国性的农业科技论坛上,与会专家共同关注了一个关乎民众健康与农业可持续发展的关键问题:农药残留的快速检测技术。传统检测方法,如气相色谱与高效液相色谱,尽管准确性高,但操作复杂、耗时较长,且所需设备昂贵,难以在基层农贸市场及家庭环境中普及。

鉴于这一现状,某科研机构科研人员历经数年潜心研究,成功开发出一种新型的农药残留现场快速检测技术。该技术不仅操作简便、检测速度快,而且成本极低,为实现农产品安全监管的普及化与便捷化提供了可能。

新型农药残留现场快速检测技术,其核心在于一种高度特异性的生物传感元件。该元件能够与目标农药残留分子发生特异性结合,从而引发可测量的信号变化。通过监测这些信号变化,系统能够迅速判断样品中农药残留的存在与否及其浓度水平。在具体操作层面,该技术仅需对农产品进行简单预处理,如清洗与切片,随后将样品与生物传感元件接触。在短时间内,系统即可自动完成检测过程,并输出检测结果。整个过程耗时极短,通常不超过10min,且无须复杂的前处理步骤或昂贵的仪器设备。在成本方面,新型检测技术同样表现出色。由于采用了低成本的生物传感元件与简化的操作流程,单次检测的费用极低,远低于传统检测方法。这使得普通消费者及基层农贸市场也能轻松承担检测费用,实现农产品安全的自我监测与监管。该技术的成功研发,不仅为农产品安全监管提供了有力的技术支持,也为消费者提供了便捷、可靠的检测手段。通过广泛应用该技术,可以有效降低农产品中农药残留的风险,保障消费者的健康权益。

此外,新型农药残留现场快速检测技术还具有广泛的应用前景。它不仅可用于农产品安全监管与消费者自我保护,还可拓展至环境监测、食品安全风险评估等领域。随着技术的不断成熟与完善,相信该技术将在更广泛的领域发挥重要作用。

这一创新实践充分展示了科研人员心系社会、勇于担当的精神风貌。我们也应以此为榜样,从身边的实际问题出发,不断探索与创新,以科技为手段,为社会进步与发展贡献自己的力量。通过我们的共同努力,相信农产品安全问题将得到更有效的解决,消费者的健康权益将得到更坚实的保障。

项目实施

任务三 紫外-可见分光光度法测定水中硝酸盐氮

任务目标

1. 通过实验掌握紫外-可见分光光度计的基本操作和使用方法,了解仪器的构造和工作原理。

2. 深入理解紫外-可见分光光度法测定水中硝酸盐氮的原理,包括硝酸盐氮在紫外光区的吸收特性以及测定过程中的干扰因素及其消除方法。

3. 能够准确测定水样中的硝酸盐氮含量，并绘制标准曲线，进行数据处理和误差分析。

■任务分析

硝酸盐氮作为环境污染标志物，其浓度变化对生态系统有重要影响。紫外-可见分光光度计以其高灵敏度和准确性成为测量的首选，通过设定特定波长，可精确检测硝酸盐氮的吸收强度。本任务依据硝酸盐氮在紫外区的特征吸收光谱，利用标准曲线法，将测得的吸光度转化为硝酸盐氮浓度，为环境污染监测及科学研究提供可靠依据。

■任务准备

1. 仪器与材料

紫外-可见分光光度计，1cm 石英比色皿，容量瓶（50mL）8 只，吸量管（10mL）2 支。

注意：使用紫外-可见分光光度法测定硝酸盐氮时，需校准仪器、设定正确波长，并保持比色皿清洁，避免交叉污染。

2. 试剂

氢氧化铝悬浮液，硝酸盐氮标准贮备液，硝酸盐标准液，0.8%氨基磺酸溶液（避光保存于冰箱中），1mol/L HCl 溶液。

3. 试液制备

（1）氢氧化铝悬浮液　溶解 125g $KAl(SO_4)_2 \cdot 12H_2O$（化学纯）或 $NH_4Al(SO_4)_2 \cdot 12H_2O$（化学纯）于 1L 水中，加热至 60℃，然后在搅拌下慢慢加入 55mL 浓氨水，放置 1h 后转入大瓶内，用蒸馏水反复洗涤沉淀至洗液中不含氨、氯化物、硝酸盐和亚硝酸盐为止。澄清后把上层清液尽量倾出，只留浓的悬浮液，最后加 100mL 水。使用前应振荡均匀。

（2）硝酸盐氮标准贮备液　称取 0.7218g 无水 KNO_3 溶于去离子水中，移至 1000mL 容量瓶，用去离子水稀释至刻度。此标准溶液含氮 100.0μg/mL。

（3）硝酸盐标准液　准确移取 10.00mL 贮备液于 100mL 容量瓶中，用去离子水稀释至刻度，此标准液含氮 10.0μg/mL。

4. 标准溶液配制

取 50mL 容量瓶 7 只，分别加入含氮 10.0μg/mL 的硝酸盐标准液 0.00，1.00，2.00，4.00，6.00，8.00，10.00mL。

然后加入 1mol/L HCl 1mL，氨基磺酸 1 滴（NO_2 浓度小于 0.1mg/L 时可以不加），分别用去离子水稀释至刻度，摇匀。

■任务实施

1. 仪器条件参数的设定

使用紫外-可见分光光度计测定水中硝酸盐氮时，需设定波长至 220nm（校正波长 275nm），调整检测器灵敏度适中，确保光源稳定，进行基线校正。

2. 标准曲线的制作

首先，利用紫外-可见分光光度计在220nm波长下，对已知的一系列硝酸盐标准溶液进行吸光度测定；然后，将测得的吸光度与对应的硝酸盐浓度进行关联，绘制出浓度-吸光度标准曲线。此曲线是后续水样中硝酸盐氮浓度测定的基准，确保试验数据的准确性和可靠性。

3. 试样溶液的测定

取 10.00mL 透明水样于 50mL 容量瓶中 [若水样不透明或参考吸光度比值 $A_{275\,nm}/A_{220\,nm}$ 大于 0.20，则取水样 100mL，加 2mL Al(OH)$_3$ 悬浮液处理后，离心过滤，取滤液 10mL]。

然后向水样中别加入 1mol/L HCl 1mL，氨基磺酸 1 滴（NO$_2$ 浓度小于 0.1mg/L 时可以不加），用去离子水稀释至刻度，摇匀。

用 1cm 石英比色皿，以空白溶液作参比，测定 220mm 处的吸光度，水样还需测定 275nm 处的吸光度。

4. 数据记录与处理

硝酸盐标准液	1.00mL	2.00mL	4.00mL	6.00mL	8.00mL	10.00mL	待测水样
（校正）吸光度 A_{220nm}							
（校正）吸光度 A_{275nm}							

数据处理及结果计算步骤如下所示。

(1) 以吸光度为纵坐标，硝酸盐氮总量为横坐标，绘制标准曲线。
(2) 计算水样的校正吸光度 $A_{校}$，$A_{校} = A_{220\,nm} - A_{275\,nm}$。
(3) 由 A 值从标准曲线上查出相当的水样中所含硝酸盐氮的总量（μg）。
(4) 按下式计算原待测水样中硝酸盐氮的含量：

$$硝酸盐氮的含量（μg/mL）= \frac{硝酸盐氮总量（μg）}{水样（mL）}$$

■ 任务评价

紫外-可见分光光度法测定水中硝酸盐氮的评价表

序号	工作任务	评价标准	分值	得分
1	仪器操作	1. 能正确操作紫外-可见分光光度计，完成基线校准及样品测定	15	
		2. 能根据样品性质选择合适的光源、波长及比色皿	10	
2	标准曲线绘制	1. 会配制硝酸盐标准溶液并测定吸光度	15	
		2. 能利用数据软件绘制标准曲线，计算回归方程及相关系数	10	
3	样品分析	1. 能根据标准曲线正确计算原待测水样中硝酸盐氮的含量	10	
		2. 会分析光谱数据异常原因并提出解决方案	10	

续表

序号	工作任务	评价标准	分值	得分
4	仪器维护	试验后能正确关闭仪器，清洁比色皿及样品室	10	
5	综合素养	1. 遵守实验室安全规范，正确处理废液	10	
		2. 数据记录完整、规范；团队协作高效；具有创新意识	10	
		总分	100	

任务四 茶饮料中茶多酚含量测定

■任务目标

1. 了解 722S 型分光光度计的构造和使用方法。
2. 学习分光光度法测定茶叶中茶多酚的原理和方法。

■任务分析

在可见分光光度法中测定茶多酚时，茶多酚的酚羟基会与酒石酸亚铁中的亚铁离子发生络合反应，生成紫蓝色络合物。该络合物在特定波长 540nm 下有最大吸收峰，通过测量吸光度即可定量分析茶多酚含量。

■任务准备

1. 仪器

分析天平（感量 0.001g），分光光度计。

2. 试剂制备

（1）酒石酸亚铁溶液　称取 0.1g 硫酸亚铁和 0.5g 酒石酸钾钠，用水溶解并定容至 100mL（低温保存有效期 10d）。

（2）pH 7.5 磷酸盐缓冲液

①磷酸氢二钠溶液：称取 23.87g 磷酸氢二钠，加水溶解后定容至 1L。

②磷酸二氢钾溶液：称取经 110℃烘干 2h 的磷酸二氢钾 9.08g，加水溶解后定容至 1L。

取上述①85mL 和②15mL 混合均匀。

■任务实施

1. 样品的处理

（1）较透明的样液　将样液充分混匀后备用。如果味茶饮料。

（2）较混浊的样液　吸取充分混匀的样液 25.00mL 于 50mL 容量瓶中，加入 95%乙醇 15mL，充分混匀，放置 15min 后，用水定容至刻度。用慢速定量滤纸过滤，滤液备用。如果汁茶饮料。

（3）含二氧化碳的样液　吸取充分混匀的样液 100mL 于 250mL 烧杯中，称取其总质量，然后置于电炉上加热沸腾，在微沸状态下加热 10min，将二氧化碳排出，冷却后，用水补足其原来的质量，混匀后备用。如碳酸茶饮料。

2. 吸光度的测定

准确吸取上述制备的样液 1mL 注入 25mL 容量瓶中，加水 4mL 和酒石酸亚铁溶液 5mL，充分混合，用 pH 7.5 的磷酸盐缓冲液定容至刻度，用 1cm 比色皿，在波长 540nm 处，以试剂空白液作参比，测定吸光度（A_1）。

同时，准确吸取等量的试液 1mL，注入 25mL 容量瓶中，加水 4mL，用 pH 7.5 的磷酸盐缓冲液定容至刻度，以试剂空白液作参比，测定吸光度（A_2）。

3. 数据记录与处理

茶叶中茶多酚的含量按下式计算：

$$X = \frac{(A_1 - A_2) \times 1.957 \times 2 \times K}{V} \times 1000$$

式中 X——茶叶中茶多酚的含量，mg/L；

A_1、A_2——试液显色后和试液底色的吸光度；

K——稀释倍数；

V——测定时吸取试液的体积，mL；

1.957——用 1cm 比色皿，当吸光度等于 0.50 时，每毫升茶汤中含茶多酚相当于 1.957mg。

■ 任务评价

茶饮料中茶多酚含量测定评价表

序号	工作任务	评价标准	分值	得分
1	仪器操作	1. 能正确操作紫外-可见分光光度计，完成基线校准及样品测定	15	
		2. 能根据样品性质选择合适的光源、波长及比色皿	10	
2	标准曲线绘制	1. 会根据不同的样液，制备相应的试液，并测定吸光度	15	
		2. 能利用数据软件绘制标准曲线，计算回归方程及相关系数	10	
3	样品分析	1. 能根据标准曲线正确计算茶叶中茶多酚的含量	10	
		2. 会分析光谱数据异常原因并提出解决方案	10	
4	仪器维护	试验后能正确关闭仪器，清洁比色皿及样品室	10	
5	综合素养	1. 遵守实验室安全规范，正确处理废液	10	
		2. 数据记录完整、规范；团队协作高效；具有创新意识	10	
		总分	100	

项目三

红外分光光度分析技术

学习目标

知识目标

1. 总结红外分光光度分析技术的基本原理。
2. 归纳定性分析的步骤。
3. 概括红外分光光度计的结构。

技能目标

1. 会正确说明红外分光光度计各部件的作用。
2. 完成不同样品的制备。
3. 熟练操作常用的红外光谱仪,并进行日常保养维护。
4. 能够根据谱图解析的原则,对红外吸收的试样进行定性分析。

素质目标

1. 能够与其他成员相互配合,规范操作红外分光光度计。
2. 通过样品的定性分析过程,提高分析问题、解决问题的能力。
3. 具备自主学习的能力,能够查阅红外光谱资料。

项目导入

红外光谱技术是一种基于物质的红外吸收光谱,对物质进行结构分析,对物质分子进行定性和定量分析的方法。红外光谱具有测试迅速、操作方便、重复性好、灵敏度高、试样用量少和仪器结构简单等特点。因此,它已成为现代结构化学和分析化学中不可缺少的工具。

很多不法商家为了获取更大的商业利益,在高品质橄榄油中掺杂较便宜的同类低档或不同种类但价低的葵花油、玉米油、菜籽油等,严重损害消费者的利益。请查找相关资料,了解红外光谱分析在橄榄油掺假鉴定中的应用。

知识点一

红外分光光度分析技术的基本原理

一、红外线的发现

1800 年，英国天文学家赫谢尔（F. W. Herschel）用温度计测量太阳光的可见光区内、外温度时，发现红色光以外"黑暗"部分的温度比可见光部分的高，从而意识到在红色光之外还存有一种肉眼看不见的"光"，因此把它称为红外线，而对应的这段光区称为红外光区。

红外分光光度分析技术
（仿真动画）

一个物体，当它的温度升高时，尽管看起来外表还跟原来一样，但它辐射的红外线却大大增强。目前红外线广泛应用于红外线诊断、治疗疾病和红外遥感技术等。

二、红外光谱的吸收

赫谢尔在温度计前放置同一种溶液，改变红外线的波长，结果发现同一种溶液对不同的红外线具有不同程度的吸收，也就是说对某些波长的红外线吸收得多，而对某些波长的红外线却几乎不吸收。说明物质对红外线选择性吸收。

红外分光光度分析
技术的基本原理
（微课视频）

三、红外光区的划分

分子的振动能量比转动能量大，当发生振动能级跃迁时，不可避免地伴随有转动能级的跃迁，所以无法测量纯粹的振动光谱，而只能得到分子的振动转动光谱，这种光谱称为红外吸收光谱。红外吸收光谱也是一种分子吸收光谱，当样品受到频率连续变化的红外光照射时，分子吸收了某些频率的辐射，并由其振动或转动运动引起偶极矩的净变化，产生分子振动和转动，能级从基态到激发态的跃迁，使相应于这些吸收区域的透射光强度减弱。记录红外光的百分透射比与波数或波长关系曲线，得到红外光谱。

红外光谱在可见光区和微波光区之间，波长范围为 0.75~1000μm，根据仪器技术和应用不同，习惯上又将红外光区分为 3 个区：近红外光区（0.75~2.5μm）、中红外光区（2.5~25μm），远红外光区（25~1000μm），如表 3-1 所示。

表 3-1　　　　　　　　　　红外光区的划分

波谱区	近红外光区	中红外光区	远红外光区
波长/μm	0.75~2.5	2.5~25	25~1000
波数/cm^{-1}	13300~4000	4000~400	400~10
跃迁类型	O—H、N—H、S—H、C—H 等伸缩振动的倍频和组合频吸收	化学键振动的基频吸收	骨架振动、分子转动

(1) 近红外光区 (0.75~2.5μm)　近红外光区的吸收带主要是由低能电子跃迁、含氢原子团（如 O—H、N—H、C—H）伸缩振动的倍频吸收等产生的。该区的光谱可用于研究稀土和其他过渡金属离子的化合物，并适用于水、醇、某些高分子化合物以及含氢原子团化合物的定量分析。

(2) 中红外光区 (2.5~25μm)　绝大多数有机化合物和无机离子的基频吸收带出现在该光区。由于基频振动是红外光谱中吸收最强的振动，所以该区最适于进行红外光谱的定性和定量分析。同时，由于中红外光谱仪最为成熟、简单，而且已积累了该区大量的数据资料，因此它是应用极为广泛的光谱区。通常，中红外光谱法又简称为红外光谱法。

(3) 远红外光区 (25~1000μm)　该区的吸收带主要是由气体分子中的纯转动跃迁、振动-转动跃迁、液体和固体中重原子的伸缩振动、某些变角振动、骨架振动以及晶体中的晶格振动所引起的。由于低频骨架振动能很灵敏地反映出结构变化，所以对异构体的研究特别方便。此外，还能用于金属有机化合物（包括络合物）、氢键、吸附现象的研究。但由于该光区能量弱，除非其他波长区间内没有合适的分析谱带，一般不在此范围内进行分析。

四、红外光谱的表示方法

红外光谱所研究的是分子中原子的相对振动，也可归结为化学键的振动。不同的化学键或官能团，其振动能级从基态跃迁到激发态所需要的能量不同，因此要吸收不同的红外光。物理吸收不同的红外光，将在不同波长上出现吸收峰。红外光谱就是这样形成的。

红外光谱的表示方法
和红外光谱的特点
（微课视频）

样品的红外吸收曲线称为红外光谱。以波长或波数为横坐标，以透光率为纵坐标，把这谱带记录下来，就得到了该样品的红外吸收光谱图，获得红外振动信息。两种吸收曲线的形状略有差异。典型的仲丁醇的红外光谱如图 3-1 所示。

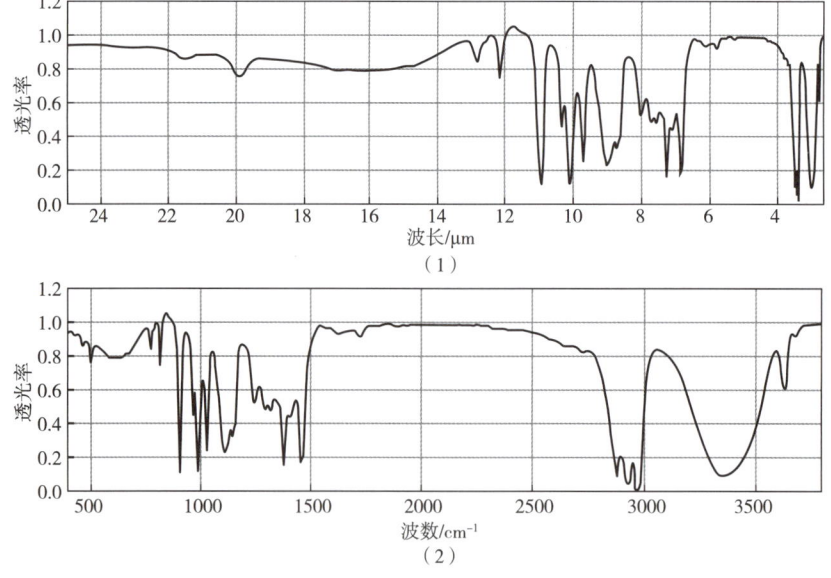

图 3-1　典型的仲丁醇的红外光谱

通过比较可以发现，曲线上的"谷"是红外光谱的吸收峰。两种吸收曲线的形状略有差异。透光率-波长曲线"前密后疏"，透光率-波数曲线"前疏后密"，这是因为前者波长等距，后者波数等距。在波传播的方向上单位长度内的波周数目称为波数，其倒数称为波长。在红外吸收光谱中，以波数为横坐标最为常见。

五、红外光谱的特点

紫外、可见吸收光谱常用于研究不饱和有机物，特别是具有共轭体系的有机化合物，而红外光谱法主要研究在振动中伴随有偶极矩变化的化合物（没有偶极矩变化的振动在拉曼光谱中出现）。因此，除了单原子和同核分子如 Ne、He、O_2、H_2 等之外，几乎所有的有机化合物在红外光谱区均有吸收。除光学异构体、某些高分子质量的高聚物以及在分子质量上只有微小差异的化合物外，凡是结构不同的两个化合物，一定不会有相同的红外光谱。通常红外吸收带的波长位置与吸收谱带的强度，反映了分子结构上的特点，可以用来鉴定未知物的结构组成或确定其化学基团；而吸收谱带的强度与分子组成或化学基团的含量有关，可用以进行定量分析和纯度鉴定。红外光谱分析特征性强，不但气体、液体、固体样品可以测定，甚至对一些表面涂层和不溶、不熔融的弹性体（如橡胶）也能测定，并具有用量少，分析速度快，不破坏样品的特点。因此，红外光谱法不仅与其他许多分析方法一样，能进行定性和定量分析，而且该法是鉴定化合物和测定分子结构的最有用方法之一。红外吸收光谱法也有一定的局限性，重叠峰需结合其他技术（如 NMR、质谱）辅助分析。吸收峰宽、干扰因素多，其定量分析的灵敏度和准确度低于可见、紫外吸收分光光度法。

六、红外光谱产生的原因

（一）分子振动

在分子中，原子的运动方式有三种，即平动、转动和振动。实验证明，当分子间的振动能产生偶极矩周期性的变化时，对应的分子才具有红外活性，红外吸收光谱图才可给出有价值的定性定量信息。因此，下面主要讨论分子的振动。

红外光谱产生的原因
（微课视频）

（1）分子振动方程式　分子振动可以近似地看作是分子中的原子以平衡点为中心，以很小的振幅做周期性的振动。这种分子振动的模型可以用经典的方法来模拟，如图 3-2 所示。对双原子分子而言，可以把它看成是一个弹簧连接两个小球，m_1 和 m_2 分别代表两个小球的质量，即两个原子的质量，弹簧的长度就是分子化学键的长度。这个体系的振动频率取决于弹簧的强度，即化学键的强度和小球的质量。其振动是在连接两个小球的键轴方向发生的。用经典力学（虎克定律）的方法可以得到如下计算公式：

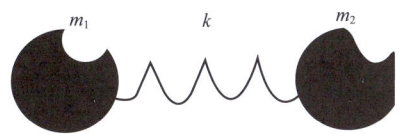

图 3-2　双原子分子振动模型

$$\nu = \frac{1}{2\pi}\sqrt{\frac{k}{\mu}}$$

或

$$\bar{\nu} = \frac{1}{2\pi c}\sqrt{\frac{k}{\mu}}$$

可简化为

$$\bar{\nu} = 1304\sqrt{\frac{k}{\mu}}$$

式中　ν——频率，Hz；

$\bar{\nu}$——波数，cm^{-1}；

k——化学键的力常数，g/s^2；

c——光速，$3 \times 10^{10} cm/s$；

μ——原子的折合质量，$\mu = \dfrac{m_1 m_2}{m_1 + m_2}$。

一般来说，单键的 $k = (4\sim6) \times 10^5 g/s^2$；双键的 $k = (8\sim12) \times 10^5 g/s^2$；三键的 $k = (12\sim20) \times 10^5 g/s^2$。

双原子分子的振动只发生在连接两个原子的直线上，并且只有一种振动方式，而多原子分子则有多种振动方式。假设分子由 n 个原子组成，每个原子在空间都有 3 个自由度，原子在空间的位置可以用三维坐标系中的 3 个坐标 x, y, z 表示，因此 n 个原子组成的分子总共应有 $3n$ 个自由度，即 $3n$ 种运动状态。但在这 $3n$ 种运动状态中，对于非线形分子包括 3 个整个分子的质心沿 x, y, z 方向平移运动和 3 个整个分子绕 x, y, z 轴的转动运动。这 6 种运动都不是分子的振动，故振动形式应有 $(3n-6)$ 种。但对于直线形分子，若贯穿所有原子的轴是在 x 方向，则整个分子只能绕 y, z 转动，因此直线形分子的振动形式为 $(3n-5)$ 种。即分子的振动形式如下。

非线性分子：振动形式 = $3n-6$。

线性分子：振动形式 = $3n-5$。

（2）简正振动　分子中任何一个复杂振动都可以看成是不同频率的简正振动的叠加。简正振动是指这样一种振动状态，分子中所有原子都在其平衡位置附近做简谐振动，其振动频率和位相都相同，只是振幅可能不同，即每个原子都在同一瞬间通过其平衡位置，且同时到达其最大位移值，每一个简正振动都有一定的频率，称为基频。水（H_2O）和二氧化碳（CO_2）的简正振动如图 3-3 和图 3-4 所示。

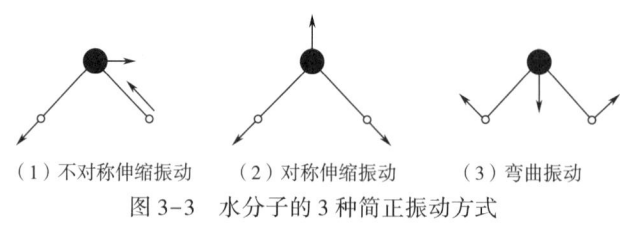

（1）不对称伸缩振动　（2）对称伸缩振动　（3）弯曲振动

图 3-3　水分子的 3 种简正振动方式

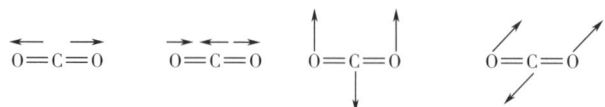

（1）对称伸缩　（2）不对称伸缩　（3）弯曲振动　（4）另一种弯曲振动

图 3-4　CO_2 分子的 4 种简正振动方式

（3）分子的振动形式　分子的振动形式可分为两大类：伸缩振动和变形振动。

①伸缩振动。伸缩振动是指原子沿键轴方向伸缩，使键长发生变化而键角不变的振动。用符号 ν 表示，其振动形式可分为两种：对称伸缩振动，表示符号为 ν_s 或 ν^s，振动时各键同时伸长或缩短；不对称伸缩振动，又称反对称伸缩振动，表示符号为 ν_{as} 或 ν^{as}，指振动时某些键伸长，某些键则缩短。

②变形振动。变形振动是指使键角发生周期性变化的振动，又称弯曲振动。可分为面内、面外、对称及不对称变形振动等形式。

a. 面内变形振动（β）。变形振动在由几个原子所构成的平面内进行，称为面内变形振动。面内变形振动可分为两种：一是剪式振动（δ），在振动过程中键角的变化，类似于剪刀的开和闭；二是面内摇摆振动（ρ），基团作为一个整体，在平面内摇摆。

b. 面外变形振动（γ）。变形振动在垂直于由几个原子所组成的平面外进行。也可以分为两种：一是面外摇摆振动（ω），两个 X 原子同时向面上或面下的振动；二是卷曲振动（τ），一个 X 原子向面上，另一个 X 原子向面下的振动。

c. 对称及不对称变形振动。AX_3 基团或分子的变形振动还有对称与不对称之分：对称变形振动（δ^s）中，三个 AX 键与轴线组成的夹角 α 对称地增大或缩小，形如雨伞的开闭，所以也称之为伞式振动；不对称变形振动（δ^{as}）中，两个 α 角缩小，一个 α 角增大，或相反。

伸缩振动与变形振动各种方式如图 3-5 所示。

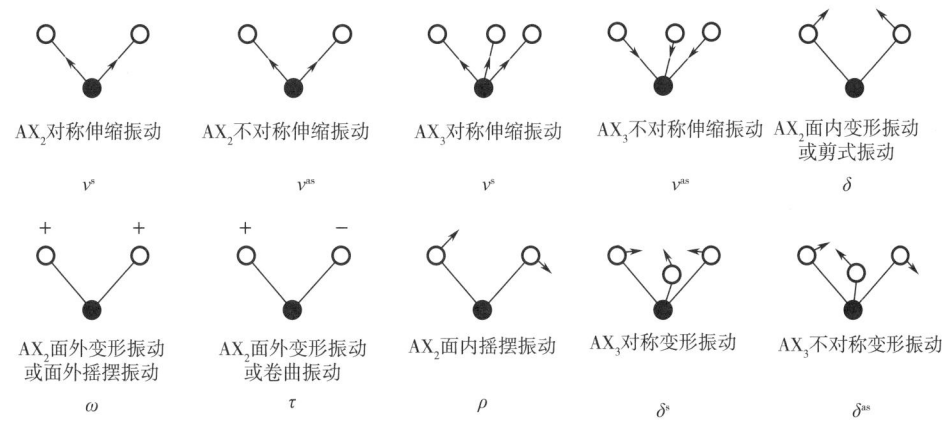

图 3-5　伸缩振动方式与变形振动方式

（二）振动能级的跃迁

分子作为一个整体来看是呈电中性的，但构成分子的各原子的电负性却是各不相同的，因此分子可显示出不同的极性。其极性大小可用偶极矩 μ 来衡量。偶极矩 μ 是分子中负电荷的大小 δ 与正负电荷中心距离 r 的乘积，即 $\mu = \delta r$，偶极矩单位为 $C \cdot m$。例如，H_2O 和 HCl 的偶极矩如图 3-6 所示。

分子内原子不停地在振动，在振动过程中 δ 是不变的，而正负电荷中心的距离 r 会发生改变。对称分子由于正负电荷中心重叠，$r = 0$，因此对称分子中原子振动不会引起偶极矩的变化。

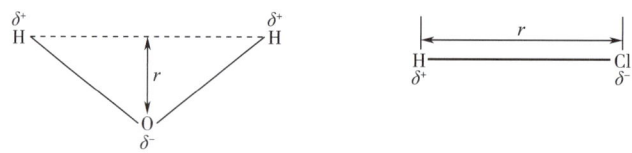

图 3-6 H_2O 和 HCl 的偶极矩

用一定频率的红外线照射分子时，如果分子中某个基团的振动频率与它一样，则两者就会发生共振，光的能量通过分子偶极矩的变化而传递给分子，因此这个基团就吸收了一定频率的红外线，从原来的基态振动能级跃迁到较高的振动能级，从而产生红外吸收。如果红外线的振动频率和分子中各基团的振动频率不符合，该部分的红外线就不会被吸收。

实际过程中，分子在发生振动能级跃迁时，不可避免地伴随有转动能级的跃迁，因此无法测得纯振动光谱。所以，红外吸收光谱也叫振-转光谱。

（三）产生红外吸收光谱的条件

显然，并不是所有的振动形式都能产生红外吸收。那么，要产生红外吸收必须具备哪些条件呢？试验证明，红外线照射分子，引起振动能级的跃迁，从而产生红外吸收光谱，必须具备以下两个条件。

（1）红外辐射应具有恰好能满足能级跃迁所需的能量，即物质的分子中某个基团的振动频率应正好等于该红外线的频率。或者说当用红外线照射分子时，如果红外光子的能量正好等于分子振动能级跃迁时所需的能量，则可以被分子所吸收，这是红外光谱产生的必要条件。

（2）物质分子在振动过程中应有偶极矩的变化（$\Delta\mu \neq 0$），这是红外光谱产生的充分必要条件。因此，对称分子（如 O_2、N_2、H_2、Cl_2 等双原子分子），由于分子中原子的振动并不引起 μ 的变化，不能产生红外吸收光谱。

（四）红外吸收谱带的强度

红外吸收谱带的强度取决于分子振动时偶极矩的变化，而偶极矩与分子结构的对称性有关。振动的对称性越高，振动中分子偶极矩变化越小，谱带强度也就越弱。一般地，极性较强的基团（如 C=O，C—X 等）振动，吸收强度较大；极性较弱的基团（如 C=C，C—C，N=N 等）振动，吸收强度较弱。

七、红外吸收峰的类型

（一）基频峰

分子吸收一定频率的红外线，振动能级由基态（$n=0$）跃迁到第一振动激发态（$n=1$）时，所产生的吸收峰称为基频峰。由于 $n=1$，基频峰的强度一般都较大，因而基频峰是红外吸收光谱上最主要的一类吸收峰。

红外吸收峰的类型
（微课视频）

（二）泛频峰

在红外吸收光谱上，除基频峰外，还有振动能级由基态（$n=0$）跃迁至第二（$n=2$），第三（$n=3$），…，第 n 振动激发态时，所产生的吸收峰称为倍频峰。由 $n=0$ 跃迁至 $n=2$ 时，所产生的吸收峰称为二倍频峰。由 $n=0$ 跃迁至 $n=3$ 时，所产生的吸收峰称为三倍频峰，以此类推。二倍及三倍频峰等统称为倍频峰，其中二倍频峰还经常可以观测得到，三倍频峰及其以上的倍频峰，因跃迁概率很小，一般都很弱，常观测不到。

除倍频峰外，尚有合频峰 n_1+n_2，$2n_1+2n_2$，…；差频峰 n_1-n_2，$2n_1-2n_2$，…；倍频峰、合频峰及差频峰统称为泛频峰。合频峰和差频峰多数为弱峰，一般在图谱上不易辨认。

取代苯的泛频峰出现在 $2000\sim1667\ \text{cm}^{-1}$ 的区间，主要由苯环上碳氢面外变形的倍频等所构成。由于其峰形与取代基的位置有关，所以可以通过其峰形的特征性来进行取代基位置的鉴定。

（三）特征峰和相关峰

化学工作者参照光谱数据对比了大量的红外光谱图后发现，具有相同官能团（或化学键）的一系列化合物有近似相同的吸收频率，证明官能团（或化学键）的存在与谱图上吸收峰的出现是对应的。因此，可用一些易辨认的、有代表性的吸收峰来确定官能团的存在。凡是可用于鉴定官能团存在的吸收峰，都称为特征吸收峰，简称特征峰。如—C≡N 的特征吸收峰在 $2247\ \text{cm}^{-1}$ 处。

因为一个官能团有数种振动形式，而每一种具有红外活性的振动一般相应产生一个吸收峰，有时还能观测到泛频峰，因而常常不能只由一个特征峰来肯定官能团的存在。例如分子中如有—CH＝CH_2 存在，则在红外光谱图上能明显观测到 ν_{as}（＝CH_2）、ν（C＝C）、γ（＝CH）、γ（＝CH_2）4 个特征峰。这一组峰是因—CH＝CH_2 的存在而出现的相互依存的吸收峰，若证明化合物中存在该官能团，则在其红外谱图中这 4 个吸收峰都应存在，缺一不可。在化合物的红外谱图中由于某个官能团的存在而出现的一组相互依存的特征峰，可互称为相关峰，用于说明这些特征吸收峰具有依存关系，并区别于非依存关系的其他特征峰，如—C≡N 只有一个 ν（C≡N）峰，而无其他相关峰。

用一组相关峰鉴别官能团的存在是个较重要的原则。在有些情况下因与其他峰重叠或峰太弱，并非所有的相关峰都能观测到，但必须找到主要的相关峰才能确认官能团的存在。

（四）特征谱带区和指纹区

特征谱带区是红外光谱的快速诊断工具，用于识别官能团；指纹区是分子身份证，通过复杂峰形揭示结构细节。

特征谱带区在 $4000\sim1500\ \text{cm}^{-1}$ 是中红外区的高频段，吸收峰强度高、峰形尖锐，峰间距较大，容易分辨，对应分子中特定官能团的振动模式（如 O—H、C＝O、N—H 等），通过特征峰的位置和形状快速判断分子中是否存在特定官能团。指纹区在 $1500\sim600\ \text{cm}^{-1}$ 是中红外区的低频段，吸收峰密集、峰形复杂，由分子骨架振动（C—C、C—O 等）及官能团的弯曲振动引起，类似"分子指纹"，反映分子整体结构的细微差异（如同分异构体、晶型差异）。

思考与练习

1. 什么是特征谱带区和指纹区？比较两者吸收峰的不同。
2. 产生红外吸收的条件是什么？
3. 何谓基团频率？它有什么重要用途？

项目三 知识点一
课堂互动

知识点二

红外分光光度计

一、红外分光光度计的基本结构

红外分光光度计利用物质分子对特定波长红外光的吸收特性，通过测量样品对不同波长红外光的吸收强度，生成红外吸收光谱，从而推断分子结构和化学组成。

目前，红外分光光度计的种类很多，按照分光原理的不同可将其分为两大类：一类是光栅色散型红外分光光度计；另一类是傅里叶变换红外分光光度计。

红外分光光度计的
基本结构
（微课视频）

（一）光栅色散型红外分光光度计

光栅色散型红外分光光度计的组成部件和紫外-可见分光光度计基本类似，主要由光源、吸收池、单色器、检测器、放大器及记录仪等部分组成，但红外分光光度计的样品池位于单色器之前。

常用的光栅色散型红外分光光度计大多数为双光束类型，其结构如图 3-7 所示。由光源发射出的红外光分成两束，分别通过样品池和参比池后，射在一定转速的斩光器上，使通过两个池的光束交替进入单色器，当某一波长的红外光，没有被样品池吸收时，经过

红外分光光度
计的操作
（仿真动画）

单色器的两光束的光强度相同，检测器上便产生一个稳定的直流电信号；当样品池吸收了某一波长的红外光，则经过单色器的两光束的光强度不等，透过样品池的光减弱，经检测器转换为一个弱的电信号，由放大器放大后，输入记录仪记录红外吸收光谱。

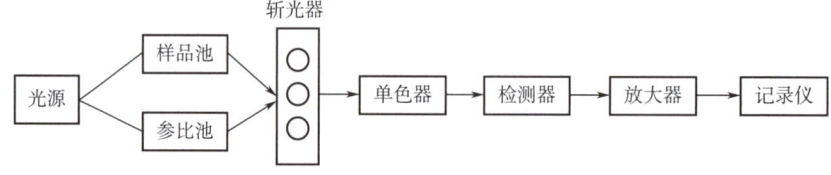

图 3-7　光栅色散型双光束红外分光光度计结构示意图

（二）傅里叶变换红外分光光度计

傅里叶变换红外分光光度计（FT-IR）主要由光源、吸收池、迈克尔逊干涉仪、检测

器和计算机五个基本部分组成。工作原理如图 3-8 所示，由光源（S）发出的红外光经准直系统变为一束平行光进入干涉仪系统，经干涉仪调制后得到一束干涉光。干涉光通过样品（Sa），获得含有光谱信息的干涉光到达检测器（D）上，由检测器将干涉光信号变为电信号。再经过模数转换器（A/D）送入计算机，由计算机进行傅里叶变换的快速计算，即可获得以波数为横坐标的红外光谱图。然后通过数模转换器（D/A）送入绘图仪，绘出红外光谱图。

傅里叶红外光谱仪的操作（仿真动画）

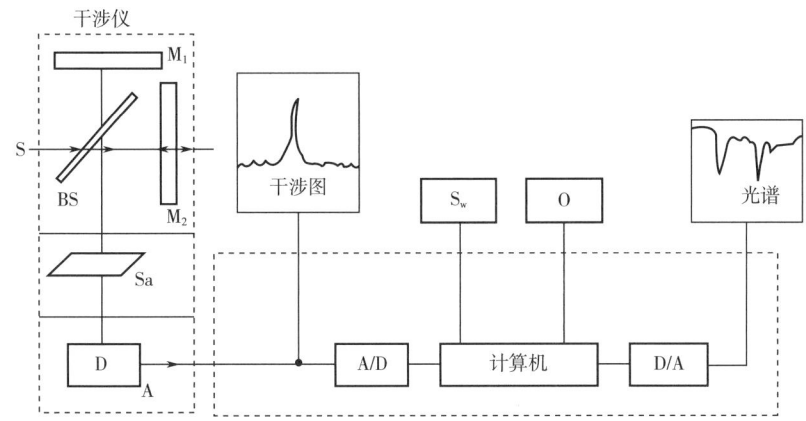

图 3-8　傅里叶变换红外分光光度计工作原理示意图
S—光源　M_1—固定镜　M_2—动镜　BS—光束分裂器　D—检测器　Sa—样品
A—放大器　A/D—模数转换器　D/A—数模转换器　S_w—键盘　O—外部设备

迈克尔逊干涉仪由固定镜（M_1）、动镜（M_2）及光束分裂器（BS）组成，如图 3-9 所示。M_2 沿图示方向往返微小移动，故称动镜。在 M_1 与 M_2 间放置呈 45°角的半透膜光束分裂器（BS）。BS 可使 50% 的入射光透过，其余 50% 反射。当由光源发出的光进入干涉仪后，被分裂为透过光Ⅰ，与反射光Ⅱ。Ⅰ、Ⅱ两束光分别被动镜与定镜反射回来汇合，而形成相干光。因动镜移动，可改变两束光的光程差。当光程差是半波长（λ/2）的偶数倍时，为相长干涉、亮度最大（亮条）；当光程差是半波长的奇数倍时，为相消干涉，亮度最小（暗条）。因此，当动镜 M_2 以匀速向 BS 移动时，连续改变两光束的光程差，即得到干涉图。

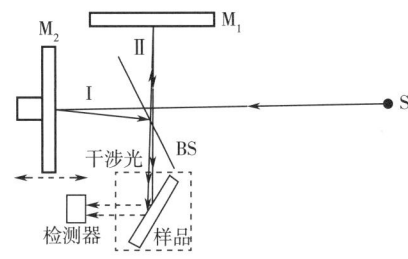

图 3-9　迈克尔逊干涉仪示意图
S—光源　M_1—固定镜　M_2—动镜　BS—光束分裂器

傅里叶变换红外分光光度计具有如下特点。

（1）扫描速度快　测量光谱速度要比色散型仪器快数百倍，在1s至数秒内可获得光谱图。

（2）灵敏度高　检测限可达$10^{-12} \sim 10^{-9}$g，对微量组分的测定非常有利。

（3）分辨率高　通常分辨率可达$0.1 cm^{-1}$，最高可达$0.005 cm^{-1}$。

（4）波数精度高　由于采用了He-Ne激光测定动镜的位置，波数精度可达$0.01 cm^{-1}$。能准确进行有机污染物的定性及结构分析。

（5）测量光谱范围宽　测量范围可达$10000 \sim 10 cm^{-1}$。

（三）仪器的主要部件

1. 光源

光源也称辐射源。凡能发射连续波长的红外线，强度能满足需要的物体，均可为红外光源。常用的光源有两种：硅碳棒和能斯特灯。

（1）硅碳棒　用硅碳砂压制成中间细两端粗的实心棒，再经高温烧结而成。直径为5mm，长约5cm，两端绕以金属导线通电，中间为发光部分，工作温度为1200~1500℃。两端粗是为了降低两端的电阻，使之在工作状态下两端温度较低。最大发射波数为$5500 \sim 5000 cm^{-1}$，低波数可至$200 cm^{-1}$。硅碳棒的优点是坚固、寿命长、稳定性好，结构简单，点燃容易，价格便宜。缺点是必须用变压器调压后才能使用。

（2）能斯特灯　由稀有金属氧化物氧化锆（ZrO_2）、氧化钇（Y_2O_3）、氧化钍（ThO_2）的混合物压制烧结而成，两端绕以铂丝作导线。该灯在低温时不导电，温度升至500℃以上时，电阻迅速下降，变成半导体，当温度高于700℃时成为导体，开始发光，正常工作温度为1800℃左右，最大发射波数$7100 cm^{-1}$。其优点是发光强度大，稳定性好；但性脆易碎，寿命0.5~1年。

2. 单色器

单色器目前多用反射光栅。在玻璃或金属坯体上的每毫米间隔内，刻划上数十至百余条等距线槽而构成反射光栅，其表面呈梯形。当红外线照射至光栅表面时，由反射线间的干涉作用而形成光栅光谱，各级光谱相互重叠，为了获得单色光必须滤光。由于一级光谱最强，故常滤去二级、三级光谱。刻制的原光栅价格较贵，一般仪器多用复制光栅。傅里叶变换红外分光光度计不需要分光，其单色器主要是迈克尔逊干涉仪。

3. 吸收池

吸收池又称样品池，分为气体吸收池和液体吸收池两种。为了使红外线能透过，吸收池都具有岩盐窗片。各种岩盐窗片的透过限度为：NaCl 0.2~16μm；KBr 0.2~25μm；KRS-5（人工合成的TlBr和TlI的混合体）可至45μm，该窗片的优点是不吸潮，缺点是透光率稍差，比NaCl及KBr约低20%；CsI可至56μm。使用NaCl、KBr窗片时，需注意防潮，KBr窗片只能在相对湿度小于60%的环境中使用，NaCl短时间内可在相对湿度70%的条件下使用。吸收池不用时需置于干燥器中保存。

4. 检测器

检测器的作用是接收红外辐射并使之转换成电信号。色散型红外分光光度计常用检测器为真空热电偶及高莱池。傅里叶变换红外分光光度计常用的检测器有热电型硫酸三甘肽检测器（以下简称TGS）和光电型碲镉汞检测器（以下简称MCT）。

二、红外分光光度计的使用及注意事项

(一)仪器的性能检定

1. 分辨率

分辨率是指仪器对于紧密相邻两个峰分开的能力,是衡量分光光度计性能的重要指标之一。单色器输出的单色光的光谱纯度、强度以及检测器的灵敏度等是影响仪器分辨率的主要因素。用聚苯乙烯薄膜(厚度约为0.05mm)校正仪器,绘制其红外光谱。在3200~2800cm^{-1}范围内,看聚苯乙烯的7个峰是否清晰,特别是第一个小峰;测量2851cm^{-1}(峰)与2870cm^{-1}(谷)之间的峰谷分辨深度应不小于18%透光率,1583cm^{-1}(峰)与1589cm^{-1}(谷)之间的分辨深度应不小于12%透光率。仪器的标称分辨率应不低于2cm^{-1}。

红外分光光度计的
使用及注意事项
(微课视频)

2. 波数的准确度与重复性

按仪器说明书要求设置参数,以常用扫描速度记录聚苯乙烯薄膜(厚度约为0.05mm)红外光谱图。检查3027,2851,1944,1802,1601,1583,1154,1028,907cm^{-1}各个峰值,以实测峰值的平均值与标准波数值的差值作为波数的准确度,应该符合表3-2要求。用波数准确度相同的仪器参数,对聚苯乙烯薄膜重复扫描3次,计算每个测试点的波数最大值与最小值的差值,取差值绝对值最大者为波数重复性,应符合表3-2的要求。

表3-2　　　　　　　　波数的准确度与波数重复性的一般要求

项目	光栅色散型红外分光光度计		傅里叶变换红外分光光度计	
	波数范围	一般要求	波数范围	一般要求
波数准确度	4000~2000cm^{-1}	≤±8cm^{-1}	在3000cm^{-1}附近	≤±5cm^{-1}
	2000cm^{-1}以下	≤±4cm^{-1}	在1000cm^{-1}附近	≤±1cm^{-1}
波数重复性	4000~2000cm^{-1}	≤8cm^{-1}	在3000cm^{-1}附近	≤2.5cm^{-1}
	2000cm^{-1}以下	≤4cm^{-1}	在1000cm^{-1}附近	≤0.5cm^{-1}

3. I_0线平直度

I_0线也称100%透射比线,I_0线平直度是指I_0线的最高点与最低点之差。I_0线平直度能反映整个波段范围内参比光束和样品光束在传播过程中的平衡状况,以便检验光学系统的对称性、二光束调整成像的重合情况,以及光源灯的质量和位置调整的好坏程度。

测定方法:将仪器通电预热,确认仪器稳定后,打开双光束,样品室为空白。将记录笔调至95%(T),以快速扫描速度扫描全波段,其100%线的偏差应≤4%。

4. 透射比准确度及透射比重复性

红外吸收光谱图实际上是对光学衰减器(即光楔)在参比光路中运动轨迹的真实记录。记录笔和光学衰减器的动作必须严格同步,才能保证光学衰减器在参比光路上的位置与红外光通过样品的透射比呈良好的线性关系。测定结果应符合下列要求:透射比准确度

中等精度的仪器应达到±1.0%（15%~95%T）、高精度仪器为±0.5%；透射比重复性中等精度的仪器应达到1.0%、高精度仪器为0.5%。

测试方法：测试透射比准确度及透射比重复性时，需要用一套经过计量检定的标准滤光片。

（二）制样技术

要获得一张高质量红外光谱图，除仪器本身因素外，还必须有合适的样品制备方法。

1. 红外光谱对试样的要求

（1）试样应是单一组分的纯物质，纯度应大于98%。多组分样品应在测定前采用分馏、萃取、重结晶、离子交换或色谱法进行分离提纯，否则光谱相互重叠，难以解析。

（2）试样不应含游离水，否则水会严重干扰样品光谱，还会侵蚀吸收池的盐窗。

（3）试样的浓度和测试厚度应适当，使光谱图中大多数的透光率在10%~80%。

2. 制样方法

（1）固体样品 固体样品可以用压片法、调糊法、薄膜法和溶液法4种方法制备。

压片岗位实训（仿真动画）

①压片法。在红外灯下，取1.0~1.5mg固体样品放在玛瑙研钵中，加入100~300mg已干燥磨细的光谱纯溴化钾，充分混合并研磨，使其粒度在2.0μm以下，将研磨好的混合物均匀地放入模具中，按顺序放好各部件后，把压模置于压片机上，并旋转压力丝杆手轮，压紧压模，顺时针旋转放油阀到底，然后一边抽气，一边缓慢上下移动压把，加压开始，注视压力表，当压力表上显示10MPa左右时，停止加压，维持约4min，反时针旋转放油阀解压，压力表指针为"0"，旋松压力丝杆手轮取出压模，小心从压模中取出供试片，目视检测，供试片应呈透明状，样品分布均匀，并无明显的颗粒状样品，厚度约1mm，直径约10mm，然后进行测谱。该法为最常用的方法，适用于绝大部分固体试样，但鉴别羟基不合适，易吸水潮解以及研磨或压片易发生晶型转变的样品也不宜用此法。

压片模具及压片机因生产厂家不同而异，如图3-10和图3-11所示。

②调糊法。采用压片法尽管粉末的粒度很小，但光的散射损失仍然较大，为了减少光的散射，可选取调糊法，即：取2~5mg样品置玛瑙研钵中磨细（粒度<2μm），滴入1~2滴液体石蜡，继续研磨成均匀的糊糊状，用不锈钢小铲取出涂在盐片上，放上另一盐片压紧进行测量。应注意，调糊剂本身对波段的吸收，液体石蜡在2960~2850，1460，1380和

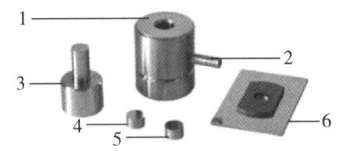

图3-10 压片模具零件图
1—模具腔 2—抽气嘴 3—上压头 4—垫片1 5—垫片2 6—样品架

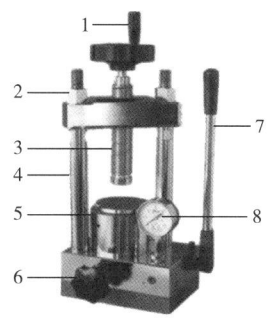

图 3-11　手动压片机结构图
1—手轮　2—螺母　3—丝杠　4—立柱　5—顶盖　6—放气阀　7—手动压把　8—压力表

$720cm^{-1}$ 有吸收峰，六氯丁二烯在 $4000～1700cm^{-1}$ 及 $1500～1200cm^{-1}$ 区间无吸收峰，两者配合才能完成全波段的测定，否则应扣除它们的吸收。吸潮或与空气产生化学变化的固体样品，在对羟基或氨基鉴别时可用此方法。

③薄膜法。试样溶于低沸点溶剂中，然后将溶液涂于 KBr 盐片上，待溶剂挥发后，样品留在盐片上而成薄膜。若样品熔点较低，可将样品置于晶面上，加热熔化，合上另一晶片。薄膜法没有溶剂和分散介质的影响。

④溶液法。将固体样品溶于溶剂中，按液体样品测定。此法适用于易溶于溶剂的固体样品，在定量分析中常用。红外用溶剂有以下几个要求：对溶质有较大的溶解度；与溶质不发生明显的溶剂效应；在被测区域内，溶剂应透明或只有弱的吸收；沸点低，易于清洗等。常用的溶剂有二硫化碳（CS_2）、四氯化碳（CCl_4）、三氯甲烷（$CHCl_3$）、氯代环己烷（$C_6H_{11}Cl$）等。

（2）液体试样　对于液体试样可以采用液膜法和液体池法。

①液膜法。也称夹片法，在可拆池两侧之间，滴上 1～2 滴液体样品，使之形成一层薄薄的液膜。液膜厚度可借助于池架上的固紧螺丝作微小调节。该法操作简便，适用于对高沸点及不易清洗的样品进行定性分析。测定时需注意不要让气泡混入，螺丝不应拧得过紧以免窗片破裂。使用后要立即拆除，用脱脂棉蘸取三氯甲烷、丙酮溶剂擦净窗片。沸点较高的样品，直接滴在两盐片之间，形成液膜。这种方法重现性较差，不宜做定量分析。

②液体池法。对于沸点低，挥发性较大的液体或吸收很强的固、液体需配成溶液进行测量时的样品，可采用液体池法，即把液体或溶液注入池中测量。液体池由两个盐片作为窗板，中间夹一层垫片板，形成一个小空间，一个盐片上有一小孔，用注射器注入样品。液体池可分为固定池（也叫密封池，垫片的厚度固定不变）、可拆池（可以拆卸更换不同厚度的垫片，见图 3-12）及可变厚度池（可用微调螺丝连续改变池的厚度）三种。

在常温下不易挥发的液体试样或分散在石蜡油中的固体试样，多使用可拆池。对于黏度大的不易流失的样品也可不用衬垫，而靠窗片间的毛细管作用保持窗片间的液层。使用完毕或更换样品时，可将液体池拆开清洗。易挥发的液体和溶液一般采用固定池。

水溶液的简易测定法：由丁盐片窗口怕水，因此一般水溶液不能测定红外光谱。利用聚乙烯薄膜是水溶液红外光谱测定的一种简易方法。在金属管上铺一层聚乙烯薄膜，其上压入一橡胶圈。滴下水溶液后，再盖一层聚乙烯薄膜，用另一橡胶圈固定后测定。

（3）气体样品　气体样品一般使用气体池进行测定，气体池长度可以选择。如图3-13所示，气体池是用玻璃或金属制成的圆筒，两端有两个透红外光的窗片，在圆筒上装有两个活塞，作为气体的进出口，通常用真空泵除去吸收池内的空气。为了增加有效的光路，通常采用多重反射的长光路。

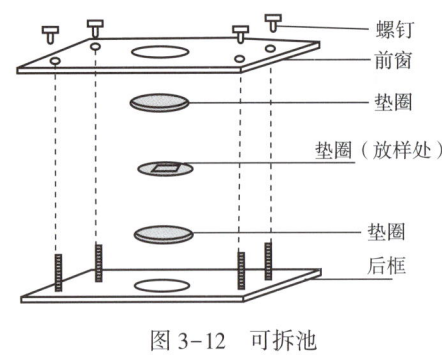

图 3-12　可拆池

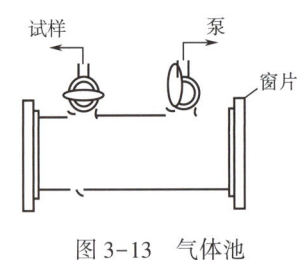

图 3-13　气体池

（三）注意事项

（1）保持干燥　样品的研磨要在红外灯下进行，防止样品吸水。样品研细后置红外灯下烘几分钟使其干燥。试样研磨完后于模具中装好，应与真空泵相连抽真空至少2min，试样中的水分进一步被抽走，然后再加压到15MPa，维持2~5min（注：不抽真空将影响薄片的透明度）。

（2）盐酸盐样品　对盐酸盐样品，在压片过程中可能出现离子交换现象，可比较氯化钾压片和溴化钾压片后测得的光谱，如二者没有区别，则可使用溴化钾压片。

（3）颗粒粒度　将固体试样研磨到颗粒粒度在2μm以下，以免散射光影响。

（4）KBr的取用量　一般为200mg左右，应根据制片后的片子厚度来控制KBr的量，片子厚度应在0.5mm以下，厚度大于0.5mm时，会在光谱上观察到干涉条纹，对样品的光谱产生干扰。

（5）液体制样　液体制样时样品要充分溶解，不应有不溶物进入池内。

（6）吸收池的清洗　吸收池清洗过程中或清洗完毕时，不要因溶剂挥发使岩盐窗受潮。

思考与练习

1. 用压片法制样时，为什么要求将固体样品研磨到颗粒粒度在2μm左右？为什么要求KBr粉末干燥？

2. 试样中含有水分及其他杂质时，对红外吸收光谱分析有何影响？如何消除？

项目三　知识点二
课堂互动

知识点三

红外分光光度分析技术的应用

一、定性分析

红外光谱对有机化合物的定性分析具有鲜明的特征性。因为每一化合物都具有特异性的红外吸收光谱，其光谱的数目、位置、形状和强度均随化合物的不同而不同。红外光谱的定性分析，大致可以分为官能团定性和结构分析两个方面。官能团定性是根据化合物的特征基团频率来检定待测物质含有哪些基团，从而确定有关化合物的类别。结构分析需要由化合物的红外吸收光谱并结合其他试验资料来推断有关化合物的化学结构式。

红外分光光度分析技术的定性和定量分析
（微课视频）

1. 已知物的鉴定

将试样的谱图与标准的谱图进行对照，或者与文献上的谱图进行对照。如果两张谱图各吸收峰的位置和形状完全相同，峰的相对强度一样，就可以认为样品是该种标准物。如果两张谱图不一样，或峰位不一致，则说明两者不为同一化合物，或样品有杂质。如用计算机谱图检索，则采用相似度来判别。使用文献上的谱图应当注意试样的物态、结晶状态、溶剂、测定条件以及所用仪器类型均应与标准谱图相同。

2. 未知物结构的测定

测定未知物的结构，是红外光谱法定性分析的一个重要用途。在分析过程中，除了获得清晰可靠的图谱外，最重要的是对图谱做出正确的解析。所谓图谱解析就是根据实验所绘的红外吸收光谱图的吸收峰位置、强度和形状，利用基团振动频率与分子结构之间的关系，确定吸收带的归属，确认分子中所含的基团或化学键，进而推断出分子结构。图谱解析需要了解样品的来源及性质。如果未知物不是新化合物，可以通过两种方式利用标准谱图进行查对：

（1）查阅标准谱图的谱带索引，寻找与试样光谱吸收带相同的标准谱图；

（2）进行光谱解析，判断试样的可能结构，然后根据化学分类索引查找标准谱图并对照核实。

在对光谱图进行解析之前，应收集样品的有关资料和数据。了解试样的来源、以估计其可能是哪类化合物；测定试样的物理常数，如熔点、沸点、溶解度、折光率等，作为定性分析的旁证；根据元素分析及相对摩尔质量的测定，求出化学式并计算化合物的不饱和度，以推算结构中的特定基团。

谱图解析一般先从基团频率区的最强谱带开始，推测未知物可能含有的基团，判断不可能含有的基团。再从指纹区的谱带进一步验证，找出可能含有基团的相关峰，用一组相关峰确认一个基团的存在。对于简单化合物，确认几个基团之后，便可初步确定分子结构，然后查对标准谱图核实。

3. 几种标准谱图

（1）Sadtler（萨特勒）标准红外光谱集　最为全面，收录超过 20 万张谱图，涵盖有机物、聚合物、药物等。

（2）分子光谱文献—DMS（Documentation of Molecular Spectroscopy）穿孔卡片　由美国和联邦德国联合编制。

（3）NIST Chemistry WebBook　美国国家标准技术研究院维护，数据权威，覆盖气体、液体、固体的红外光谱，适合小分子化合物。

（4）SDBS（有机化合物光谱数据库）　日本 AIST 开发，提供超过 3 万种有机化合物的 IR、NMR、MS 谱图，数据清晰，含峰值标注。适合教学和基础研究。

二、定量分析

红外光谱定量分析是通过对特征吸收谱带强度的测量来求出组分含量，其理论依据是朗伯-比尔定律。由于红外光谱的谱带较多，选择余地大，所以能方便地对单一组分和多组分进行定量分析。此外，该法不受样品状态的限制，能定量测定气体、液体和固体样品。但其也有缺点：摩尔吸光系数小，灵敏度低；吸收光程较难控制，测量误差大；吸收峰受化学环境、溶剂效应的影响较大。因此，红外光谱定量分析应用广泛，但定量灵敏度较低，尚不适用于微量组分的测定。

1. 选择吸收带的原则

（1）必须是被测物质的特征吸收带。例如，分析酸、酯、醛、酮时，必须选择与 C=O 基团振动有关的特征吸收带。

（2）所选择的吸收带的吸收强度应与被测物质的浓度有线性关系。

（3）所选择的吸收带应有较大的吸收系数且周围尽可能没有其他吸收带存在，以免干扰。

2. 吸光度的测定

（1）一点法　该法不考虑背景吸收，直接从谱图中分析波数处读取谱图纵坐标的透光率，再由公式 $\lg 1/T = A$ 计算吸光度。实际上这种背景可以忽略的情况较少，因此多用基线法。

（2）基线法　通过谱带两翼透光率最大点作光谱吸收的切线，作为该谱线的基线，则分析波数处的垂线与基线的交点，与最高吸收峰顶点的距离为峰高，其吸光度 $A = \lg(I_0/I)$。

3. 分析方法

（1）工作曲线法　在固定液层厚度及入射光的波长和强度一定的情况下，测定一系列不同浓度标准溶液的吸光度，以对应分析谱带的吸光度为纵坐标、标准溶液浓度为横坐标作图，得到一条通过原点的直线，该直线为标准曲线或工作曲线。在相同条件下测得试液的吸光度，从工作曲线上可查出试液的浓度。

（2）比例法　工作曲线法的样品和标准溶液都使用相同厚度的液体比色皿，且其厚度可准确测定。当其厚度不定或不易准确测定时，可采用比例法。它的优点在于不必考虑样品厚度对测量的影响，这在高分子物质的定量分析上应用较普遍。

（3）内标法　当用压片法、稠糊法或薄膜法时，光通路厚度不易确定，在有些情况下可以采用内标法。内标法是比例法的特例。

（4）差示法　该法可用于测量样品中的微量杂质，例如有两组分 A 和 B 的混合物，微量组分 A 的谱带被主要组分 B 的谱带严重干扰或完全掩蔽，可用差示法来测量微量组分

A。很多红外光谱仪中都配有能进行差谱的计算机软件功能,对差谱前的光谱采用累加平均处理技术,对计算机差谱后所得的差谱图采用平滑处理和纵坐标拓展,可以得到十分优良的差谱图,对比可以得到比较准确的定量结果。

■ **思考与练习**

1. 红外光谱定性分析的基本依据是什么?简要叙述红外定性分析的过程。
2. 如何进行红外谱图分析?

项目三 知识点三
课堂互动

■ **课程思政**

近红外光谱技术在食品行业的应用

近红外光谱(Near-infrared Reflectance Spectroscopy,NIRS)技术作为 21 世纪以来日趋成熟的检测技术。近红外光是介于可见光和中红外光之间的电磁波束,波长范围为 780~2526nm,近红外光谱技术是由光谱测量学、化学计量学、计算机等众多学科技术结合而衍生出的一门独立的分析技术,光谱主要来源于分子振动对光的吸收,其实质是反映被测样品中有机分子含氢基团 X—H(C—H、N—H、O—H)振动的倍频及合频的吸收。

从 20 世纪 80 年代发展至今,在定量分析、定性鉴别方面均有诸多报道,并开发应用了各种类型的光谱仪器。与传统检测技术相比较,具有以下优点:①测样方便。近红外光对于大多类型的样品均可直接进行检测,一般不需进行其他较为繁杂的预处理,可以适用于不同的物质形态检测,如液体、固体、粉末、浆状等。②成本低。分析过程中,自身除了消耗一定的电能外并不需要消耗其他试剂等,内容测量附件的价格都较低,所用材料大多为石英或玻璃。③重现性好。与普通的化学形式进行比较,近红外光谱的解析一般会有更加优良的准确性和重现性。④高效快速。近红外光扫描样品的速度很快,通常只需要 1~2min 便可得到样品的光谱信息,并且可以实现多种组分同时分析,大大简化了测定操作,使整个分析流程的效率极高,适用于大量样品在线分析。

基于上述诸多优点,近红外光谱技术在食品分析领域得到了深入研究与应用。

(一)鉴别食品的产地

利用近红外分析技术建立某种食品原产地的数据模型,通过扫描食品的光谱,匹配食品的原产地数据库来鉴别该食品是否为此产地的产品。如白酒、醋、水果品种等原产地的鉴别。

(二)在食品蛋白质、脂肪测定中的研究

近红外光谱仪 In-fratec Models 1225 和 1226 作为检测麦蛋白、豆蛋白和油脂含量的标准仪器,替代了传统的凯氏定氮和油脂抽提分析方法。针对大豆、油菜籽和葵花籽等的脂肪(残油)指标,近红外技术也可作为一种非破坏性方法用于测定花生中的油含量,能获得与索氏提取法相近的结果。

(三)酒类的检测

可以通过近红外分析技术检测酒中乙醇的含量,也可以用来探测酒中的金属元素含量与酒发酵过程中的成分变化。如通过监测葡萄酒中元素的含量与变化规律,可以实现酒品质的监测，推算出葡萄的最佳采摘时间，为葡萄酒的酿制与发展提供理论与技术支持。

（四）肉品品质的检测

建立真牛肉的数据库，再对被检测的样品进行光谱分析，通过牛肉的数据库直接鉴别被检测牛肉的真假。牛肉、羊肉、猪肉等的区分，是通过建立不同品种肉的模型对未知的肉样品进行检测，并匹配相应的数据库从而判断出肉的品种。还可以通过该技术检测牛肉的嫩度、脂肪酸组成等营养成分。也可以对腌制的产品、鱼肉加工产品进行过程监测，判断腌制的程度，提升腌制产品的品质和鱼肉制品的品质。

近二十年是近红外光谱技术高速发展的时期，伴随着种类多样且精密的近红外光谱仪被开发出来，越来越多的研究者们对近红外光谱技术展开了更加深入的研究应用。国家发布 GB/T 35410—2017《液相色谱-串联四极质谱仪性能的测定方法》，规范行业应用。从单一技术深耕转向多学科协同，从产品创新升维至标准制定。随着"智能+"战略的推进，近红外技术与区块链、物联网的融合，正在孕育智慧农业、数字医疗等新业态。

项目实施

任务五　苯甲酸红外光谱测定及谱图解析

苯甲酸红外光谱测定及谱图解析（微课视频）

■ 任务目标

1. 掌握固体样品的压片法制备技术。
2. 熟悉红外分光光度计的操作。
3. 了解根据红外光谱图识别官能团及官能团区的峰位和归属。

■ 任务分析

1. 红外光谱定性分析的依据

若两种物质在相同测定条件下得到的红外吸收光谱完全相同，则这两种物质应为同一种化合物。据此，可以将待鉴定未知物的红外吸收光谱与各物质的标准红外光谱进行检索、比对，进而推断未知物可能的结构式。

苯甲酸红外吸收光谱的测绘-KBr 压片法制样（虚拟仿真）

2. 苯甲酸的峰位及强度

由于氢键的作用，苯甲酸通常以二分子缔合体的形式存在。只有在测定气态样品或非极性溶剂的稀溶液时，才能看到游离态苯甲酸的特征吸收。用固体压片法得到的红外光谱中显示的是苯甲酸二分子缔合体的特征，在 $3000 \sim 2400 cm^{-1}$ 处是 O—H 伸缩振动峰，峰宽且散；由于受氢键和芳环共轭两方面的影响，苯甲酸缔合体的 C═O 伸缩振动吸收位移到 $1700 \sim 1680 cm^{-1}$ 区（而游离 C═O 伸缩振动吸收是在 $1730 \sim 1710 cm^{-1}$）；苯环上的 C═C 伸缩振动吸收出现在 $1500 \sim 1480 cm^{-1}$ 和 $1610 \sim 1590 cm^{-1}$ 区，这两个峰是鉴别芳环存在标志之一，一般后者峰较弱，前者峰较强。

苯甲酸红外吸收光谱的测绘-KBr 压片法制样（仿真动画）

■ 任务准备

1. 仪器与材料

傅里叶变换红外分光光度计（或其他类型），压片机，压片模具，玛瑙研钵，不锈钢药匙，不锈钢镊子（两个），电吹风机，红外灯，样品夹板，干燥器，电子分析天平，脱脂棉，擦镜纸等。

2. 试剂

苯甲酸（分析纯），KBr（光谱纯），丙酮（分析纯）。

■ 任务实施

1. 打开仪器设备

打开主机电源，主机进行自检（约 1min），打开 PC 机，进入 Windows 操作系统，若气温较低，则机器需预热较长时间（约 1h）。进入 Omnic 红外光谱仪测试操作窗口，在实验 Experiment 选项中选择样品测试方式。

2. 制备试样

（1）在玛瑙研钵中分别研磨 KBr 和苯甲酸至 2μm 细粉，然后置于烘箱中，110℃烘干 4~5h，烘干后的样品置于干燥器中待用。

（2）分别取 1.3mg 的干燥苯甲酸和 200mg 干燥 KBr，一并倒入玛瑙研钵中进行混合直至均匀。

（3）取 200mg 干燥 KBr 及混合物粉末分别倒入压片模具中压制成透明薄片，并保存在干燥器中，备用。

3. 测定样品

（1）扫描背景将空白 KBr 片放到样品架上，放入样品室，扫描背景（KBr）。

（2）扫描样品将制好的样品放到样品架上，放入样品室中扫描测定。

4. 数据记录与处理

（1）指出苯甲酸红外光谱图中的各官能团的特征吸收峰，并做出标记。

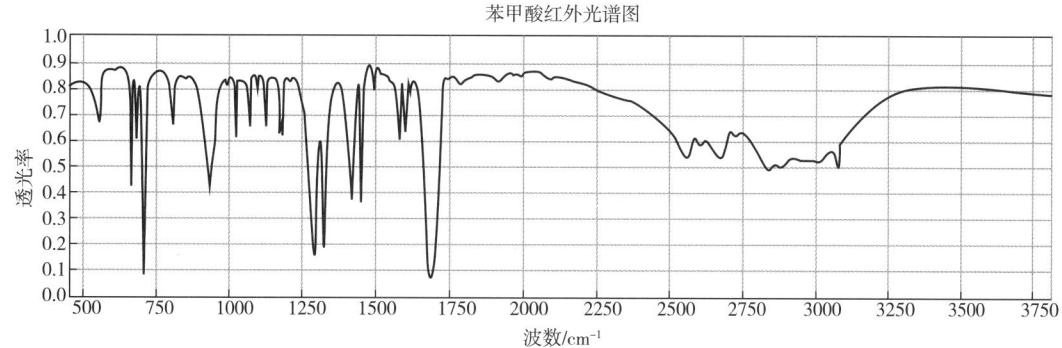

苯甲酸红外光谱图

（2）将苯甲酸红外光谱图官能团区的峰位列成表。

特征吸收峰	O—H 伸缩振动峰	苯甲酸缔合体的 C＝O 伸缩振动峰	苯环上的 C＝C	—（CH_2）$_n$—（$n \geqslant 4$）面内摇摆振动峰
波数范围/cm^{-1}				

5. 整理清扫

结束工作测定工作完毕后，应按照 Windows 操作系统的要求，逐级关闭窗口，关闭计算机主机、显示器、红外光谱仪主机、打印机、稳压器和电源。将模具、样品架等清理干净，妥善保管。

6. 注意事项

（1）制得的晶片必须无裂痕，局部无发白现象，如同玻璃般完全透明，否则应重新制作。晶片局部发白，表示压制的晶片薄厚不匀；晶片模糊，表示晶体吸潮。

（2）用压片法时，一定要用镊子取压好的薄片，而不能用手拿，以免污染薄片。

（3）在相同的实验条件下，分别测绘苯甲酸标样和苯甲酸试样的傅里叶红外吸收光谱图，每测一个样品前，必须用纯 KBr 晶片扫背景。

▌任务评价

苯甲酸红外光谱测定及谱图解析的评价表

序号	工作任务	评价标准	分值	得分
1	仪器操作	1. 能正确操作傅里叶变换红外分光光度计，完成样品测定	10	
		2. 能根据样品性质选择合适分辨率、扫描次数、光谱格式等	10	
2	样品制备	1. 会制备苯甲酸样品	10	
		2. 能使用压片机制备溴化钾样品片	10	
3	样品分析	1. 能得到苯甲酸红外色谱图	10	
		2. 能正确标注特征吸收峰的频率和官能团	10	
4	仪器维护	1. 试验后能正确关闭仪器，清洁模具及样品室	10	
		2. 能做好日常维护检查，检查温湿度，检查防尘罩，干燥剂变色后及时更换	10	
5	综合素养	1. 遵守实验室安全规范，正确处理废液	10	
		2. 数据记录完整、规范；团队协作高效；具有创新意识	10	
		总分	100	

任务六　食品塑料包装（PE）材质快速鉴定

▌任务目标

1. 掌握红外光谱特征峰的分析和识别，判断食品塑料包装（PE）材质。

2. 熟悉红外分光光度计的操作。

3. 了解红外分光光度计的不同样品的制样方法。

任务分析

1. 红外光谱对未知物的结构鉴定

红外光谱是由于分子振动能级的跃迁（同时伴随转动能级跃迁）而产生的，记录跃迁过程而获得该分子的红外吸收光谱，因此红外光谱又称为分子振动转动光谱。

红外吸收光谱是物质分子结构的客观反映，谱图中吸收峰都对应着分子中各基团的振动形式，其位置和形状也是分子结构的特征性数据。因此，根据红外吸收光谱中各吸收峰的位置、强度、形状及数目的多少，可以判断物质中可能存在的某些官能团，进而对未知物的结构进行鉴定。

2. 聚乙烯主要特征吸收峰

聚乙烯（Polyethylene，简称 PE）是乙烯经聚合制得的一种热塑性树脂。食品包装袋外观透明，却又有雾化感；手感柔软，有韧性；耐低温性能好，防潮性强。它在 $2915cm^{-1}$ 处是—CH_2—不对称伸缩振动峰；$2847cm^{-1}$ 处是—CH_2—对称伸缩振动峰；$1472cm^{-1}$ 和 $1462cm^{-1}$ 处是—CH_2—弯曲振动峰；$730cm^{-1}$ 和 $719cm^{-1}$ 处是—$(CH_2)_n$—（$n \geq 4$）面内摇摆振动峰。

任务准备

1. 仪器

傅里叶变换红外分光光度计，仪器分辨率为 $4cm^{-1}$，扫描次数为 16 次，红外光谱范围为 $4000\sim400cm^{-1}$，配有金刚石晶体的衰减全反射（ATR）附件装置。

2. 试剂

聚苯乙烯（红外波长标准物质）。

任务实施

1. 打开仪器设备

打开主机电源，主机进行自检（约 1min），打开 PC 机，进入 Windows 操作系统，若气温较低，则机器需预热较长时间（约 1h）。进入 Omnic 红外光谱仪测试操作窗口，在实验 Experiment 选项中选择样品测试方式。

2. 制备与测定标准物质

（1）避开油墨、印记等地方在标准物质的表面选取 3 个平滑的测定点，将标准物质处理成合适面积大小，使样品可以平整地放入检测样品池。

（2）将测试点的表面固定在金刚石晶体附件上，使其紧贴附件晶体后进行红外扫描。

（3）对采集的谱图依次进行扣除背景，基线自动校正等操作。

（4）测定结束，可从样品室中取出样品架。并用浸有无水乙醇的脱脂棉将用过的研钵、镊子、刮刀、压模等清洗干净，置于红外干燥灯下烘干。

3. 测定试样

按照上述标准物质的试验方法，采集待测样品的红外光谱图，打印。根据待测样品的红外光谱与标准物质的红外光谱（图 3-14）进行比较，判断塑料样品的种类。

试验结束，退出 Omnic 操作系统，关闭计算机，关闭主机电源。

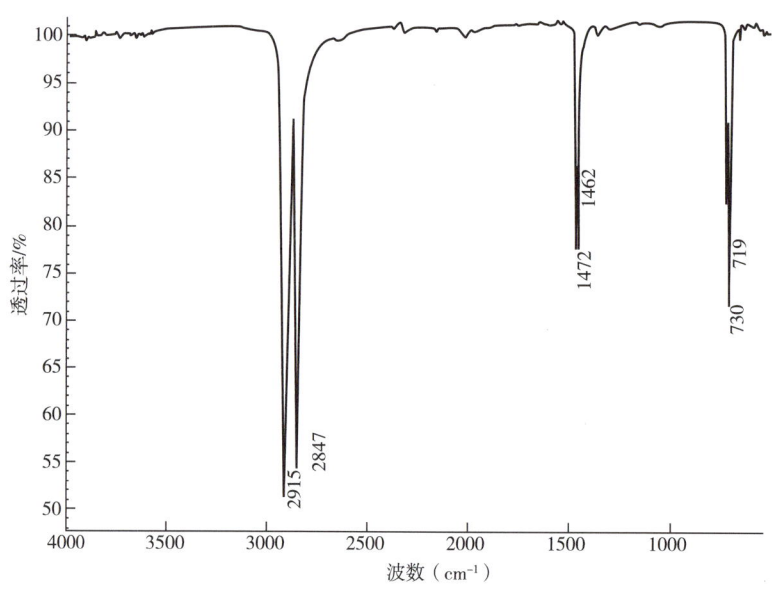

图 3-14　聚乙烯（PE）的红外光谱图

4. 数据记录与处理

指出样品中各官能团的特征吸收峰，并做出标记。

特征吸收峰	—CH_2— 不对称伸缩振动峰	—CH_2— 对称伸缩振动峰	—CH_2— 弯曲振动峰	—$(CH_2)_n$—（$n \geqslant 4$） 面内摇摆振动峰
波数范围/cm^{-1}				

5. 结果表述

对未知塑料的鉴定：检测样品材质是或不是 PE 塑料。

6. 注意事项

（1）检测环境，温度 15~30℃，相对湿度应小于 70%。

（2）仪器应放在平稳的工作台上，附近应无强电磁场干扰源，电源接地良好。

（3）仪器工作环境应清洁，无腐蚀性气体。

■ 任务评价

食品塑料包装（PE）材质快速鉴定的评价表

序号	工作任务	评价标准	分值	得分
1	仪器操作	1. 能正确操作傅里叶变换红外分光光度计，完成样品测定	10	
		2. 能根据样品性质选择合适分辨率、扫描次数、波数等	10	

续表

序号	工作任务	评价标准	分值	得分
2	样品制备	1. 会制备样品	10	
		2. 能扣除背景和基线自动校正,得到标准样品红外色谱图	10	
3	样品分析	1. 能得到样品红外色谱图	10	
		2. 能正确比对样品和标准样品的红外色谱图,判断样品是否为 PE 材质	10	
4	仪器维护	1. 试验后能正确关闭仪器,清洁模具及样品室	10	
		2. 能做好日常维护检查,检查温湿度,检查防尘罩,干燥剂变色后及时更换	10	
5	综合素养	1. 遵守实验室安全规范,正确处理废液	10	
		2. 数据记录完整、规范;团队协作高效;具有创新意识	10	
		总分	100	

项目四

原子吸收光谱分析技术

学习目标

知识目标

1. 熟悉原子吸收光谱法的主要应用。
2. 理解原子吸收光谱主要部件的结构特点。
3. 掌握原子吸收光谱的基本组成。
4. 掌握原子吸收光谱仪主要部件的工作原理。
5. 熟悉原子吸收分光光度法内标法、外标法的主要原理。

技能目标

1. 理解原子吸收定量规律，能正确计算样品的含量。
2. 能规范操作原子吸收光谱仪，能设置仪器的基本参数。
3. 能区分不同类型的原子吸收仪器。
4. 能正确说明内标法和外标法的不同用途。

素质目标

1. 养成安全操作原子吸收分光光度计的职业习惯与规范意识。
2. 形成持续关注仪器分析行业技术革新的自主学习习惯，能够查阅资料和文献了解原子吸收分光光度计的主要部件和功能。
3. 具有高度的责任感和使命感，认真对待实验任务，按照要求完成试验数据分析工作。

项目导入

1955 年，原子吸收分光光度计诞生后，迅速应用于分析化学的各个领域。国内大规模的应用在 20 世纪 90 年代开始，应用最广泛的是冶金、地质勘探、质检监督、环境监测、疾病控制等。原子吸收光谱法由于具有灵敏度高，应用成熟以及相对便宜等优点，是目前测定重金属含量最主要的方法，在重金属元素分析中得到了广泛的应用。原子吸收光谱仪是如何通过光源、原子化器和检测器的协同作用来实现元素检测的？

知识点一

原子吸收光谱技术的原理

一、原子吸收光谱分析技术的特点

（一）原子吸收分光光度法的基本概念

原子吸收分光光度法（AAS）是基于气态的待测元素基态原子对其特征谱线的吸收程度而建立起来的一种测定试样中元素含量的分析方法。原子吸收分光光度计是应用原子吸收光谱来进行分析的仪器。仪器通过三步完成检测：首先由光源发射待测元素的特征波长光；当光束穿过高温原子化器中的样品蒸汽时，基态原子会选择性吸收对应波长的光；最后通过检测被吸收后的光强衰减程度，即可计算出样品中该元素的含量。

原子吸收分光光度法的基本原理（微课视频）

（二）原子吸收分光光度法的优点

原子吸收分光光度法具有如下优点：

（1）灵敏度高　火焰原子吸收分光光度法的检出限可达 10^{-9} g/mL，非火焰原子吸收分光光度法的检出限更可低至 $10^{-14} \sim 10^{-10}$ g/mL。

（2）精确度和准确度高　火焰原子吸收分光光度法的相对误差（RSD）小于 1%；石墨炉原子吸收分光光度法的相对误差一般为 3%~5%。

（3）选择性好　用原子吸收分光光度法测定元素含量的时候，一般不需要分离共存元素就可以测定。

（4）分析速度快　处理后的样品，几分钟就可以完成一种元素的测定。

（5）应用范围广　广泛应用于各个领域，可直接测定 70 多种金属元素，也可间接测定一些非金属和有机化合物。

（三）原子吸收分光光度法的应用范围

在大部分原子吸收分光光度计上，也能进行发射光谱的分析。原子吸收光谱分析现已广泛应用于各个分析领域，主要包括理论研究、元素分析、有机物分析和金属化学形态分析。

1. 在理论研究中的应用

原子吸收可作为物理和物理化学的一种实验手段，对物质的一些基本性能进行测定和研究。其核心价值在于通过原子化器的分阶段精准调控样品的蒸发-原子化过程，可测定元素变身所需能量（活化能）、原子运动速度（扩散系数）等核心参数。这些数据是理解物质微观行为（如化学反应速率、光谱特征变化）的重要钥匙，广泛应用于材料研发和环

境监测领域。

2. 在元素分析中的应用

原子吸收光谱分析,由于其灵敏度高、干扰少、分析复合快速,现已广泛地应用于工业、农业、生化、地质、冶金、食品、环保等各个领域,目前原子吸收已成为金属元素分析最有力的工具之一,且在许多领域已作为标准分析方法应用。

原子吸收光谱法在食品分析中的应用已覆盖 30 余种元素的精准检测,其中铅、镉、汞等重金属元素及钙、铁、锌等营养元素的检测体系高度标准化(检出限低至 0.01μg/kg)。生化和临床样品中必需元素和有害元素的分析现已采用原子吸收法。近年来,有关石油产品、陶瓷、农业样品、药物和涂料中金属元素的原子吸收分析的文献报道越来越多。水体和大气等环境样品的微量金属元素分析已成为原子吸收分析的重要应用之一。利用间接原子吸收法尚可测定某些非金属元素。

3. 在有机物分析中的应用

原子吸收分光光度法通过巧妙的"化学翻译"策略,将有机物的检测转化为金属信号的分析:当有机物与特定金属试剂发生专属反应时,例如葡萄糖与钙离子结合形成稳定复合物、维生素 C 将镍离子(Ni^{3+})还原为低价态(Ni^{2+}),或是农药中的有机氯与银离子(Ag^+)生成沉淀,仪器便通过精准测定这些金属离子,如 Ca^{2+} 浓度变化、Ni^{2+} 生成量、Ag^+ 消耗值,来反推有机物含量。该方法已成功应用于白酒中甲醇(铬试剂氧化法)、乳粉氨基酸(铜螯合检测)测定等场景,凭借其 10^{-6} 级灵敏度、专属金属配对的防干扰特性,以及标准化的钙、钴(Co)、镍(Ni)等元素检测体系,成为食品检测和环境监测中破解有机物密码的关键技术。

4. 在金属化学形态分析中的应用

原子吸收光谱与色谱联用技术(GC-AAS/HPLC-APS)可精准解析金属元素的有机形态。典型应用包括:在石油制品中,对汽油中 5 种烷基铅(如四乙基铅)形态鉴别;在大气监测中,对甲基汞、三甲基胂、四甲基锡等挥发性金属有机物的痕量检测;在水质分析方面,对甲基汞、苯基砷酸、环戊二烯基锗等水体污染物形态追踪;在生物样本检测方面,对谷胱甘肽结合态汞、金属硫蛋白结合态镉等生物活性形态表征。

二、原子能级与原子光谱

任何元素的原子,都是由带正电荷的核和绕核不断运动的带负电荷的电子组成。每个电子处在一定的能级上,具有一定的能量。在一般情况下。核外电子尽可能处于能量较低的能级上,即核外电子的排布使原子具有最低能量,此时原子处于基态。当原子被外界能量(热能、电能或光能等)所激发时最外层电子吸收一定的能量,跃迁到较高的能级上,而使原子处于激发态。但这种具有较高能级的电子是不稳定的,在极短时间内($10^{-8}s$),以某一波长的光量子辐射出原吸收的能量,同时又跃回到原来的能级上。如图 4-1 所示,电子由基态能级 0 跃迁到激发态能级 j,要从外界吸收一定的能量。由激发态能级跃回基态能级,要辐射出相等的能

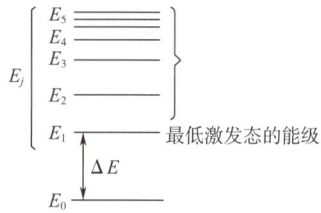

图 4-1 原子能量的吸收和发射

量。吸收或辐射的能量等于两个能级的能量差 ΔE，而此能量又与吸收（或辐射）光的频率成正比。即：

$$\Delta E = E_j - E_0 = h\nu \tag{4-1}$$

式中　E_j——激发态能级的能量；

　　　E_0——基态能级的能量；

　　　h——普朗克常数，6.626×10^{-34} J·s；

　　　ν——吸收（或辐射）光的频率，Hz。

已知频率与波长成反比，即：

$$\nu = \frac{c}{\lambda} \tag{4-2}$$

式中　c——光速，3×10^{10} cm/s；

　　　λ——吸收（或辐射）光的波长。

三、共振线与吸收线

将式（4-2）代入式（4-1），即得：

$$\Delta E = E_j - E_0 = \frac{hc}{\lambda} \tag{4-3}$$

式（4-3）说明电子跃迁时吸收（或辐射）的能量越大，则吸收（或辐射）光的频率越高，而波长也越短。原子受外界能量激发，其外层电子可能跃迁到不同能级，因此有不同激发态。电子从基态跃迁到能量最低的激发态（称为第一激发态）时，要吸收一定频率的光，它再跃回基态时，则辐射出一定频率的谱线，这个谱线称为共振发射线（以下简称共振线）。使电子从基态跃迁至第一激发态所产生的吸收谱线称为共振吸收线（也称共振线）。

各种元素的原子结构和外层电子排布不同，不同元素的原子从基态激发成第一激发态（或由第一激发态跃回基态）时，吸收（或辐射）的能量不同，因为各种元素的共振线不同而各有其特征，因此这种共振线被称为元素的特征谱线。这种从基态到第一激发态的跃迁又最容易发生，因此，对大多数元素来讲，共振线是该元素所有谱线中最灵敏的谱线。

在原子光谱中，激发态原子和基态原子都受温度、电场、原子浓度等因素的影响，它们的发射谱线和吸收谱线均有一定的宽度。谱线的自然变宽与其他因素相比，可以忽略。当火焰温度在 2000~3000K 时，吸收线宽度为 10^{-3}nm 数量级。要正确测定这样狭窄的吸收线，从分析角度出发，最好是测量谱线中心（频率为 ν_0）的最大吸收即峰值吸收（图4-2）。于是，为实现峰值吸收的精确测量，需选用发射谱线半宽度（0.002~0.01nm）显著小于吸收线宽度的锐线光源，该方法通过光源谱线与吸收谱线宽度的精确匹配，确保在中心频率处获得最大吸收信号，此即原子吸收光谱分析中关键的峰值吸收法原理。

四、原子吸收值与待测元素浓度的定量关系

在原子吸收分析方法中，主要使用的是火焰原子吸收分光光度法，就是利用在火焰中，处于基态被测原子蒸气对其共振发射线（由空心阴极灯发射出来的锐线交源）的吸收进行分析的。从实践上、理论上都证明，锐线光源辐射的共振线强度被吸收的程度与火焰中基态原子数目的关系，在一定条件下符合朗伯-比尔定律。当入射光强度为 $I_{0\nu}$，频率为

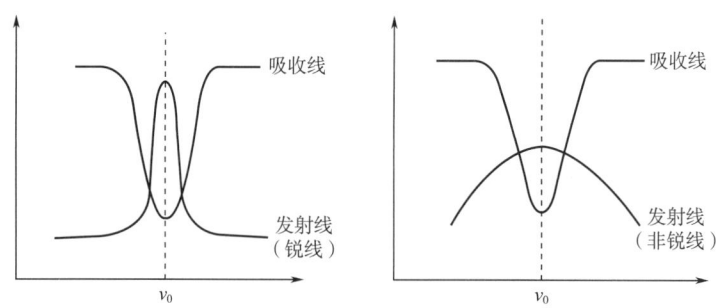

图 4-2 原子蒸气对锐线光源的吸收

ν 的一束单色光通过火焰长度为 L 的原子蒸气时（图 4-3），透射光强度为 I_ν，在频率 ν 下的吸收系数为 k_ν，则入射光被火焰中基态原子吸收的程度与浓度 c 成正比，即：

$$I_\nu = I_{0\nu} e^{-k_\nu cL} \quad (4-4)$$

式中　I_ν——透射光强度；
　　　$I_{0\nu}$——入射光强度；
　　　k_ν——吸收系数；
　　　c——浓度；
　　　L——火焰长度。

图 4-3 原子吸收示意图

这是原子吸收分光光度分析的定量基础。以实用的测量形式表示时，常引入吸光度 A，即：

$$A = \lg \frac{I_0}{I} kcL \quad (4-5)$$

在一定的实验条件下，k 为常数，当火焰长度 L 一定时，（即吸收光程固定时），其吸光度 A 与浓度 c 有简单的线性关系。实际测定时，只需测量被测试液与相应标准溶液的吸光度，便可计算出被测试液中某元素的浓度。

原子吸收法与紫外分光光谱法相似，即使用相似的波长，并且使用同一种定律（朗伯-比尔定律）。不同之处是，原子吸收法使用一种线光源，并且原子化器（火焰或石墨炉原子化器）位于单色器前方，而不是其后面。

■ 思考与练习

1. 原子吸收分光光度法主要是如何来测定元素含量的？
2. 相比其他仪器分析法，原子吸收分光光度法有哪些优点？
3. 在原子吸收过程中，什么是共振发射线（简称共振线）？什么是共振吸线？
4. 原子吸收分光光度分析定量的理论基础是什么？

项目四 知识点一
课堂互动

> 知识点二

原子吸收分光光度计

一、原子吸收分光光度计的基本结构

原子吸收分光光度计一般由四大部分组成，即光源、原子化器、单色器和数据处理系统。原子吸收分光光度计的结构与分光光度计极为相似，主要是光源、样品室的结构、分光器的位置有所不同，比较不同之处，如图4-4所示。原子吸收分光光度计采用锐线光源，而分光光度计一般采用连续光源。此外，原子吸收分光光度计常用火焰型原子化器处理样品，经过燃烧头加热后，使样品中的待测元素的原子发生能量跃迁，之后再分析锐线光的信号变化情况，但是分光光度计直接把样品制备成溶液后装入比色皿中。

原子吸收分光光度计的基本结构（微课视频）

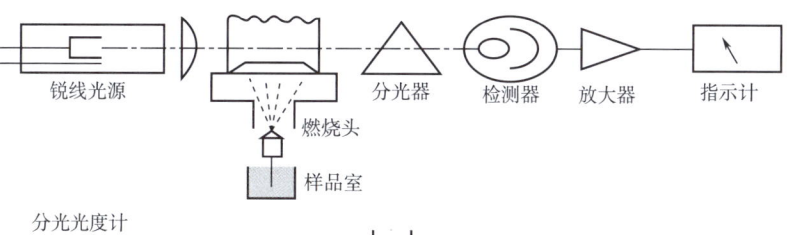

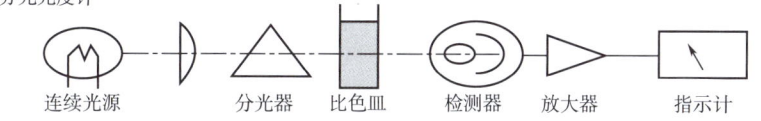

图4-4　原子吸收分光光度计与分光光度计的结构比较

（一）光源

光源的作用是发射被测元素的特征共振辐射。对光源的基本要求：发射的共振辐射的半宽度要明显小于吸收线的半宽度；辐射的强度大；辐射光强稳定，使用寿命长等。空心阴极灯是符合上述要求的理想光源，应用最广。

常见的光源为空心阴极灯（Hollow Cathode Lamp，HCL）。空心阴极灯的结构（图4-5）主要包括插头、阳极、空心阴极和石英窗。空心阴极灯是由玻璃管制成的封闭着低压气体的放电管，主要由一个阳极和一个空心阴极组成。阴极为空心圆柱形，通常由待测元素的高纯金属或合金制成。对于贵重金属，其箔片衬在阴极内壁。阳极为钨棒，上面装有钛丝或钽

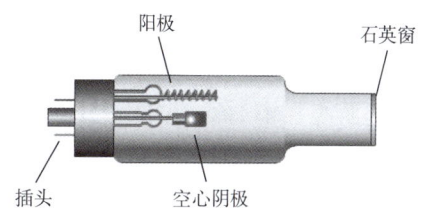

图4-5　空心阴极灯结构示意图

片作为吸气剂，用于吸收管内残余气体，保持管内气体的纯净。灯的光窗材料根据所发射的共振线波长而定：在可见光波段，通常使用硬质玻璃；在紫外波段，则使用石英玻璃。制作时，先将灯管抽成真空，然后再充入压强为267~1333Pa的少量氖或氩等惰性气体。这些惰性气体的主要作用是载带电流、促进阴极产生溅射，并激发原子发射特征的锐线光谱。

空心阴极灯的工作原理基于电场作用下的气体放电过程。在空心阴极灯中，由于宇宙射线等外界电离源的作用，管内始终存在极少量的带电粒子。当在阴极和阳极之间施加300~500V的电压后，管内气体中的阳离子在电场作用下向阴极运动，并轰击阴极表面。这种轰击使阴极表面的电子获得能量而逸出。逸出的电子在电场作用下向阳极加速运动，在运动过程中与充气的惰性气体原子发生非弹性碰撞，导致能量交换。这种碰撞会使惰性气体原子电离，产生二次电子和正离子。正离子在电场作用下再次向阴极运动，并轰击阴极表面，不仅使更多的电子逸出，还使阴极表面的原子获得能量，脱离晶格束缚进入空间。这种现象称为阴极的"溅射"。"溅射"出来的阴极元素原子在阴极区与电子、惰性气体原子、离子等发生碰撞，获得能量后被激发，发射出阴极物质的特征线光谱。

空心阴极灯的发光强度与工作电流密切相关，如果电流过小：放电不稳定，导致光谱强度不足；反之，如果电流过大：溅射作用增强，原子蒸气密度增大，谱线变宽，甚至引发自吸现象，降低测定灵敏度，同时缩短灯的使用寿命。因此，在实际操作中应根据测定需求选择合适的工作电流（通常为几毫安至几十毫安）。空心阴极灯是一种性能优良的锐线光源，具有以下特点：①谱线强度大。由于阴极元素在空心阴极中多次溅射和激发，气态原子的平均停留时间较长，激发效率高。②谱线狭窄。灯内温度较低，热变宽效应小。③充气压力低，压力变宽可忽略；蒸气相金属原子密度低，共振变宽和自吸变宽几乎不存在。④稳定性高。工作电流较低，灯内温度稳定，光谱线形稳定。这些特性使得空心阴极灯能够提供强度大、谱线狭窄的待测元素特征共振线，非常适合原子吸收分光光度计的使用。

（二）原子化器

原子化器是原子吸收分光光度计的重要组成部分，其主要功能是提供能量，使试样中的待测元素从分子状态转变为自由原子状态。原子吸收测定的是基态自由原子对特定波长光的吸收，因此，样品中待测元素必须以自由原子的形式存在。

样品中的待测元素通常以分子形式存在，例如海水中的钠多以NaCl（氯化钠）分子的形式存在。这些分子状态的样品无法直接用于原子吸收测定，必须通过原子化过程将其转化为自由原子。最常用的原子化方法是热解离，即通过加热使分子分解为自由原子。

热解离方法主要分为两类：①火焰原子化法。利用化学火焰作为热源，将样品加热至高温，使分子分解为自由原子。②无火焰加热法。采用非常小的电炉（如石墨炉）作为热源，将样品加热至高温，使分子分解为自由原子。无火焰法中原子化区域（如石墨管）也被称为"吸收池"，因为入射光束在这里被基态原子吸收。

原子化器的性能直接影响原子吸收测定的灵敏度和准确性。对原子化器的基本要求包括：①高原子化效率。能够高效地将样品中的待测元素转化为自由原子。②良好的稳定性和重现性。确保测量结果的可靠性和一致性。③操作简便。便于使用和维护。④低干扰水平。减少化学干扰和物理干扰，提高测定的准确性。

常用原子化器类型主要包括以下几种：①火焰型原子化器。利用化学火焰作为热源，适用于大多数金属元素的测定。火焰原子化器结构简单、操作方便，但灵敏度相对较低。②无火焰原子化器（如石墨炉原子化器）。利用电炉加热，适用于痕量元素的高灵敏度测定。无火焰原子化器的灵敏度高，但操作相对复杂，成本较高。③其他原子化器。如冷蒸气原子化器（用于汞的测定）等，适用于特定元素的测定。

1. 火焰型原子化器

火焰原子化法中，常用的是火焰型原子化器，它主要由雾化器、雾化室和燃烧器三部分组成，如图4-6所示。火焰型原子化器通过将液体试样雾化并引入火焰中，使试样原子化，是目前广泛应用的一种方式。

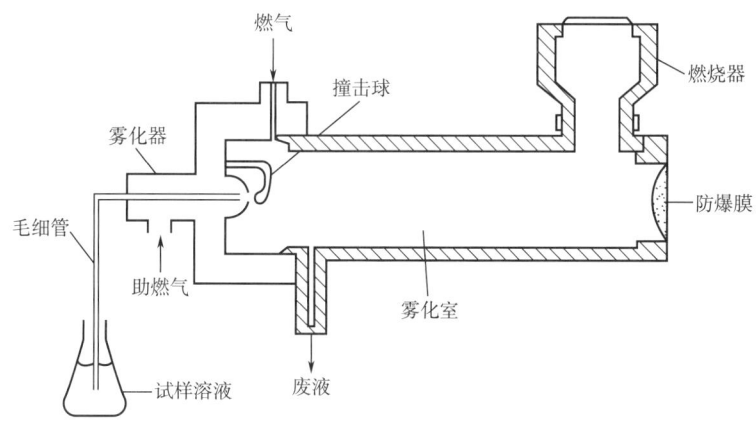

图4-6 火焰型原子化器结构示意图

（1）雾化器（喷雾器） 雾化器是火焰原子化器的重要部件，其作用是将试液雾化成细小的雾滴。雾滴越细、越均匀，在火焰中生成的基态自由原子就越多，从而提高测定的灵敏度和精密度。目前，应用最广泛的是气动同心型喷雾器。喷雾器喷出的雾滴经过玻璃球的碰撞后，可进一步细化。喷雾器的材质通常为不锈钢、聚四氟乙烯或玻璃等，这些材料具有良好的耐腐蚀性和稳定性。

（2）雾化室 雾化室的主要作用是去除大雾滴，并使燃气和助燃气充分混合，以确保火焰的稳定性。雾化室内的扰流器可以进一步细化雾滴，同时阻挡较大的雾滴进入火焰。一般喷雾装置的雾化效率为5%~15%。

（3）燃烧器 燃烧器是火焰型原子化器的核心部件，其作用是将雾化的试样在火焰中经过干燥、熔化、蒸发和离解等过程，最终生成大量的基态自由原子及少量的激发态原子、离子和分子。燃烧器的性能直接影响原子化效率和火焰的稳定性。

燃烧器通常分为单缝燃烧器和三缝燃烧器两种。

单缝燃烧器：火焰较窄，部分光束可能未被吸收，导致测量灵敏度降低。单缝燃烧器结构简单，应用广泛。

三缝燃烧器：火焰较宽，原子蒸气能完全包围光源发出的光束，提高测量灵敏度。外侧缝隙还可屏蔽火焰，避免大气污染物的干扰，因此三缝燃烧器比单缝燃烧器更稳定。

燃烧器通常由不锈钢制成，其高度可调节，以便选择最佳的火焰部位进行测量。燃烧器还可旋转一定角度,以改变吸收光程,扩大测量浓度范围。

在燃烧器上方,从下往上,火焰一般划分为4个区域(图4-7)。

预燃区:在火焰出口狭缝上方1mm左右,燃气被加热至约350℃而开始燃烧。

第一反应区:在预燃区的上方,是燃烧的前沿。此区域燃烧不充分,火焰温度低于2300℃(以空气-乙炔火焰为例)。反应复杂,生成多种分子和游离基(如H_2O、CO、—OH、—CH、—C_2等),产生连续分子光谱,对测定有干扰,不适用于原子吸收测定。

中间薄层区:位于第一反应区和第二反应区之间,火焰温度最高(对空气-乙炔火焰可达2300℃),为强还原气氛。待测元素的化合物在此区域被还原并热解成基态原子。此区域是锐线光源辐射光通过的主要区域,适用于原子吸收测定。

第二反应区:在火焰的上半部,覆盖火焰的外表面,温度低于2300℃。由于空气供应充分,燃烧较为完全。

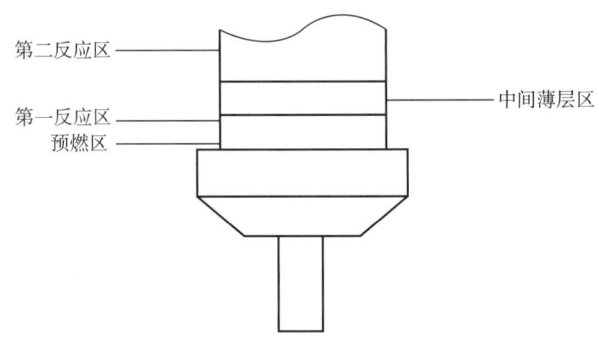

图4-7 火焰区域示意图

2. 无火焰加热法的类型与原理

无火焰加热法(非火焰原子化法)通过电热或化学反应实现样品的原子化,具有灵敏度高、样品量少的特点,尤其适用于痕量元素分析。根据原子化方式的不同,主要包括以下四种方法。

(1)石墨炉原子化法

原理:利用大电流(300~400A)加热高纯度石墨管,使样品在惰性气体(如氩气)保护下经历程序升温(干燥→灰化→原子化→净化),最终生成自由原子蒸气。

温度范围:最高可达3000℃,原子化效率达90%以上。

主要特点:①灵敏度极高(10^{-9}数量级),适合痕量元素检测(如铅、镉);②需精确控制升温程序,避免基体干扰和石墨管老化。

(2)氢化物原子化法

原理:通过化学反应将待测元素转化为挥发性氢化物(如AsH_3、SeH_2),再经加热分解为基态原子。常用还原剂为硼氢化钠($NaBH_4$)。

适用元素:砷(As)、硒(Se)、锑(Sb)、铋(Bi)等易形成氢化物的元素。

主要特点:①低温原子化(700~900℃),减少热干扰;②分离与原子化结合,显著降低基体效应。

(3) 冷原子化法

原理：针对汞（Hg）元素，利用 $SnCl_2$ 或盐酸羟胺将汞离子还原为单质汞，常温下直接生成汞蒸气进行检测。

主要特点：①无须高温，灵敏度极佳（可检测 $0.01\mu g$ 汞）；②专属性强，适用于环境与生物样品中的汞分析。

(4) 金属舟/高温金属原子化法

原理：采用金属舟（如钽舟、镍杯）替代石墨管，通过电加热使样品原子化。部分系统结合高频感应或激光辅助加热。

主要特点：①金属材料耐腐蚀性强，适用于高酸度或含氟样品；②原子化效率接近石墨炉，但应用范围较窄。

(5) 四种非火焰方法对比与选择依据

方法	适用元素	灵敏度	操作复杂度	典型应用场景
石墨炉原子化法	大多数金属元素	10^{-9}	高	痕量重金属检测（如 Pb、Cd）
氢化物原子化法	As、Se、Sb 等	10^{-12}	中	环境水样、食品中砷检测
冷原子化法	Hg	10^{-9}	低	土壤、生物样品汞分析
金属舟/高温金属原子化法	特定耐腐蚀元素	10^{-12}	高	高酸/氟样品分析

(6) 实验注意事项

①石墨炉原子化法：需定期更换热解涂层石墨管，避免记忆效应；使用氩气隔绝氧气，防止原子氧化。

②氢化物原子化法：严格控制反应条件（pH、还原剂浓度），防止氢化物生成不完全。

③冷原子化法：避免汞蒸气泄漏，需配备密闭气体吸收系统。

3. 石墨炉原子化器的基本结构与原子化过程

(1) 石墨炉原子化器的基本结构　管式石墨炉原子化器的基本结构如图 4-8 所示，主要由以下部件组成。

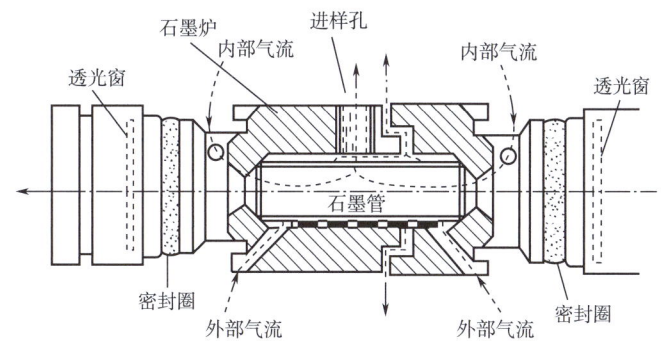

图 4-8　管式石墨炉原子化器基本结构示意图

①石墨管（中心部位）：作为原子化室，样品在此被加热至高温产生原子蒸气。

②进样孔：位于石墨管上方，用于注入微量样品溶液。
③透光窗：设置在石墨管两端，允许空心阴极灯发出的特征谱线通过，供检测器接收。
④密封圈：安装于石墨管与炉体接触处，确保高温下的气密性，防止空气渗入。
⑤内部气流：惰性气体（如氩气）从两端通入，保护石墨管并排除基体蒸气，减少干扰。
⑥外部气流：外层惰性气体形成第二道屏障，进一步保护石墨管并延长使用寿命。
该结构通过精确控温程序（干燥-灰化-原子化-净化）实现高灵敏度原子化，适用于痕量元素分析。
①石墨管：高纯度石墨制成，表面镀有热解涂层（提高耐高温性和抗干扰能力）。
②电极支架：固定石墨管并通电加热。
③冷却系统：由内、外气流的惰性气体（Ar）或循环水保护石墨管并快速降温。
④光路窗口：左右两端的透光窗为石英窗，允许光源光束通过石墨管中心。

(2) 石墨炉原子化过程

石墨炉原子化过程分为四个阶段，通过程序升温精确控制温度与时间，确保样品高效转化为自由原子。

①干燥阶段（Drying）

温度范围：80~150℃。

时间：10~30s。

作用：蒸发样品溶液中的溶剂（如水、酸等）；防止液体沸腾导致样品飞溅。

关键参数：升温速率需平缓（避免爆沸）；对高黏度样品（如生物体液）需延长干燥时间。

示例：血样中铅（Pb）分析时，需逐步升温至120℃，分两段干燥以去除水分和有机溶剂。

②灰化阶段（Ashing）

温度范围：300~1200℃（依样品基质调整）。

时间：10~40s。

作用：分解有机物，消除基体干扰（如蛋白质、盐类）；预挥发共存干扰物质（如氯化物、硫酸盐）。

关键参数：温度需低于待测元素的挥发温度，避免损失目标元素；可加入基体改进剂（如 $NH_4H_2PO_4$）提高灰化温度上限。

示例：水中镉（Cd）检测时，灰化温度设为500℃，配合硝酸钯改进剂，可有效去除盐分干扰。

③原子化阶段（Atomization）

温度范围：1500~3000℃（依元素特性设定）。

时间：3~10s（瞬时高温）。

作用：将待测元素化合物热解为自由原子；通过光路产生原子吸收信号。

关键参数：采用最大功率升温（>1000℃/s）减少原子再结合；通入惰性气体（Ar）隔绝氧气，防止原子氧化。

元素示例：铅（Pb），原子化温度1800℃；铬（Cr），原子化温度2500℃。

④净化阶段（Cleaning）
温度范围：高于原子化温度100~300℃。
时间：3~5s。
作用：清除石墨管中残留物，避免"记忆效应"；延长石墨管使用寿命。

（3）石墨炉原子化法的特点

优势	局限性
灵敏度高（10^{-9}级）	分析速度慢（单样1~3min）
样品量少（5~50μL）	操作复杂，需精细控温
适用固体/液体直接进样	石墨管易老化，成本较高
可分析难熔元素（如V、Mo）	背景干扰需校正（塞曼效应）

（4）典型应用
环境监测：土壤中痕量重金属（As、Cd、Hg）检测。
临床检验：血清中微量元素（Fe、Zn、Cu）分析。

（5）实验注意事项
①避免石墨管过热导致破裂（定期检查冷却系统）。
②校准自动进样器，确保进样体积精确。
③使用热解涂层石墨管减少记忆效应。
④高背景干扰时启用氘灯或塞曼背景校正。

（三）单色器

单色器是原子吸收分光光度计中实现分光功能的核心模块，其作用是从光源发出的复合光中精准分离出待测元素的特征波长，同时排除背景干扰光，确保检测信号的特异性。

1. 基本结构

单色器的核心组件包括：入射狭缝、凹面镜、反射光栅和出口狭缝，如图4-9所示，单色器内光线路径为入射狭缝→凹面镜→反射光栅→凹面镜→出口狭缝。

入射狭缝：控制进入单色器的光通量。通过调节狭缝宽度（通常0.01~2mm）控制进入单色器的光通量，直接影响光强和分辨率。

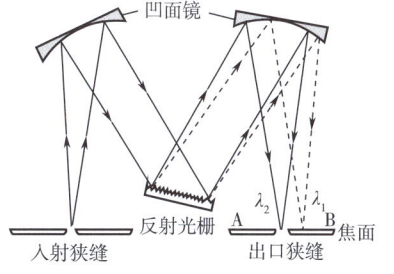

图4-9 单色器的基本结构示意图

反射光栅包括：①刻线数。1200~1800条/mm，决定分辨率，刻线密度越高，色散能力越强，分辨率越高。②闪耀波长。光栅刻槽倾斜角优化特定波长范围（如紫外区200~400nm），提升目标波长的光强效率。

出口狭缝：与入射狭缝协同工作，选择特定带宽的光输出至检测器，完成波长筛选。

2. 单色器的作用

单色器是光学系统的核心组件，其功能如下。

①分光：将光源发出的复合光分解为单色光。
②波长选择：精准分离出待测元素的特征共振谱线。
③抑制干扰：排除杂散光及背景干扰，提升检测信噪比。

3. 单色器的性能

单色器的性能由以下关键参数决定。

光谱带宽（通带宽度）：由狭缝宽度和光栅色散能力共同决定，范围通常为 0.1 ~ 2.0nm。带宽过宽会降低分辨率，过窄则减少光通量。

分辨率：反映区分相邻谱线的能力，与光栅刻线数正相关，典型值可达 10000 ~ 100000。

4. 单色器的应用示例

测定铅（Pb）时，需将单色器设定为 283.3nm 波长，并通过调整光谱带宽至 0.5nm，有效分离 Pb 的特征谱线与邻近的 Fe 元素 282.8nm 干扰光，避免基体效应导致的测量误差。此操作体现了分光参数对分析结果准确性的直接影响。

（四）检测系统

1. 功能与核心组件

检测系统是原子吸收分光光度计中将光信号转换为电信号的核心模块，其功能为接收单色器分离后的目标波长光，通过光电转换、信号放大及数字化处理，最终输出可定量分析的吸光度数据。核心组件包括光电倍增管和信号处理单元。

（1）光电倍增管（PMT）

原理：利用光阴极受光激发产生光电子，经多级倍增极放大形成电流信号。

特点：灵敏度高（可检测 nA 级电流），响应波长范围宽（190 ~ 900nm），但需避光防过载。

CCD 检测器：多通道阵列检测，可同步采集多波长信号，适用于多元素快速分析。

（2）信号处理单元

前置放大器：初步放大微弱电流信号。

模数转换器（ADC）：将模拟信号转为数字信号，供计算机处理并生成吸收谱图。

2. 关键参数与优化应用

检测系统的性能由以下参数决定。

灵敏度：取决于 PMT 增益和噪声水平，通过调节高压电源（800 ~ 1500V）优化信噪比。

动态范围：PMT 线性响应范围（通常 10^4 ~ 10^6），超限时需衰减光强或切换量程。

响应速度：PMT 响应时间（纳秒级）需匹配原子化瞬时信号（如石墨炉的 3 ~ 5s 峰形）。

3. 应用示例与维护要点

测定水样中痕量镉（Cd）时，需设定 PMT 高压为 1000V，并启用基线校正功能消除背景噪声。日常维护需注意：

①避免强光直射 PMT，防止光阴极老化；
②定期校准 ADC 精度，确保数据可靠性；
③高盐样品检测后清洁光路窗口，防止盐结晶降低透光率。

二、原子吸收分光光度计的类型

原子吸收分光光度计主要有单光束型和双光束型两种。

（一）单光束型原子吸收分光光度计

单光束型原子吸收分光光度计的结构与原理见图4-10。光路路径：光源→原子化器→单色器→检测器→信号处理器→数据显示单元，其工作流程为：锐线光源（如空心阴极灯）发射待测元素的共振发射线，该特征谱线通过原子化系统（如火焰）时，被待测元素基态原子蒸气选择性吸收，形成共振吸收线；透射光经单色器分离出目标波长后，由检测器转换为电信号，经放大和数据处理后，最终在读数器（或记录器）上显示吸光度。该类型仪器的优势在于结构简单、成本低廉、噪声低且检出限低（可达10^{-9}级），尤其适用于常规火焰原子吸收分析。

原子吸收分光光度计的操作（仿真动画）

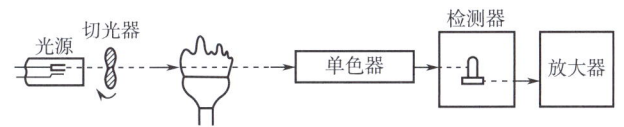

图4-10　单光束型原子吸收分光光度计示意图

（二）双光束型原子吸收分光光度计

双光束型原子吸收分光光度计的结构与原理见图4-11，其工作流程为：锐线光源发出的光经分束器（如旋转斩波器或半透半反镜）分为两束——样品光束（通过原子化系统的火焰）和参比光束（不通过火焰）。两束光通过时间交替的方式进入单色器（非空间会合），经分光后交替投射至同一检测器。检测器分别测量两束光的强度，信号处理器通过计算两束光的强度比（$I_{参比}/I_{样品}$），依据朗伯-比尔定律转换为吸光度$A=\lg(I_0/I)$，最终在显示屏上显示吸光度数值。该类型仪器的核心优势在于实时校正光源波动和环境干扰，显著提升长期测量的稳定性，适用于高精度痕量分析。

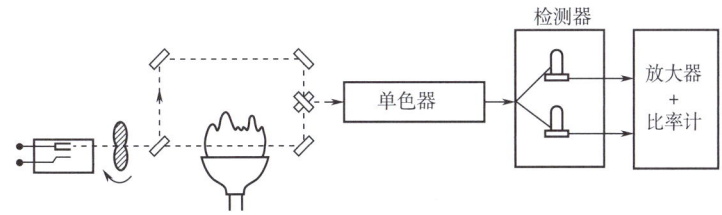

图4-11　双光束型原子吸收分光光度计示意图

思考与练习

1. 原子吸收分光光度计的基本组成有哪些？
2. 原子吸收分光光度计常采用哪几种火焰，其主要应用在哪些方面？
3. 原子吸收分光光度计的主要类型有哪些？

项目四　知识点二　课堂互动

知识点三

原子吸收光谱分析技术的定量分析

在仪器分析领域，原子吸收光谱技术凭借其高灵敏度、高选择性及广泛适用性，已成为金属元素定量分析的核心手段。原子吸收光谱定量分析流程，涵盖样品前处理、试样制备、仪器参数优化、数据分析与校准四大模块。在原子吸收光谱分析中，定量分析的准确性高度依赖于样品的前处理和试样制备的规范性。样品前处理是整个分析流程的基础环节，其目的是消除干扰、均质化样品并保护目标元素，从而确保后续分析的可靠性和数据的准确性。

原子吸收分析技术
定量案例分析
（微课视频）

一、样品前处理

原子吸收光谱定量分析的准确性高度依赖于样品的代表性及分析形态的完整性。在实际检测中，原始样品（如土壤、生物组织、工业材料等）通常需经过系统的前处理，以消除基体干扰并转化为适于原子化分析的形态。其主要流程与原则如下。

1. 前处理的核心目标

消除干扰：去除有机物、盐类等干扰物质（如蛋白质、硅酸盐）。

均质化：将固体或复杂基体样品转化为均匀溶液。

目标元素保护：防止待测元素挥发或吸附损失（如 Hg 需避光保存，As 需控制氧化条件）。

2. 常用前处理方法

湿法消解：使用混合酸（HNO_3—$HClO_4$、HNO_3—HF）加热分解有机物及无机基体，适用于大多数金属元素。

干法灰化：高温灼烧去除有机物（如食品灰化温度 500~600℃），避免酸污染但可能损失挥发性元素（Cd、Pb）。

微波消解：密闭罐中高压酸解，高效快速且试剂用量少，适用于痕量分析。

3. 方法选择依据

样品类型：生物样品（湿法消解）、高硅材料（HF 酸解）。

元素特性：易挥发元素（Hg、As）需低温消解（如微波辅助）。

设备条件：实验室配备微波消解仪可优先选择密闭消解法。

4. 前处理与试样制备的衔接

在完成样品前处理后，需进一步通过稀释、过滤或基体改进等步骤完成试样的制备，使待测液满足原子吸收仪器的进样要求（如酸度<5%、悬浮颗粒<0.45μm）。此过程需注意以下两点。

酸度控制：过量酸会腐蚀雾化器，建议终溶液 HNO_3 浓度控制在 2%~5%。

基体匹配：标准溶液与待测液的基体（酸种类、盐浓度）需一致，避免电离干扰。

二、试样的制备

(一) 制样要求

样品制备的总原则：

(1) 保护目标组分完整性　在制备过程中，需最大限度减少待测组分的损失（如挥发、吸附），同时严格避免引入外源性待测组分污染（如使用高纯度试剂、避免交叉污染）。

(2) 消除共存干扰　通过消解、掩蔽、分离等手段降低基体干扰（如使用 APDC 络合消除 Fe^{3+} 对 Cd 测定的干扰）。

(3) 浓度适配检测需求　根据仪器线性范围（如 Cu，$0.2\sim5.0\mu g/mL$）调整称样量及定容体积，确保被测元素浓度处于最佳检测区间。

(4) 尽可能减少成本　根据实际情况，在结果精密度、测试方法、时耗、物耗、人力消耗之间综合平衡，决定样品处理的具体方法。

(二) 制样方法

1. 样品的制备

(1) 样品前处理前必须确保采集的分析试样具有统计学意义的代表性，即其化学组成与空间分布需真实反映原始物料的整体特性。若试样缺乏代表性，测试数据将无法准确表征目标分析体系，导致检测结果失去应用价值。

(2) 样品破碎，研磨成粉末，然后烘干除去样品表面的吸附水。

(3) 称样。称样量要合适。称样量可根据以往测试经验，估计待测元素在各种不同样品中含量来决定。也可称取一定样品量进行测试。各种元素都有其标准曲线线性好的部分，配制的溶液浓度在线性好的浓度范围内，测得的结果准确。调整样品溶液浓度，可通过改变称样量和样品试液的体积来实现。一般来说，吸光度在 $0.01\sim0.7$，线性关系会比较好一些。

(4) 样品处理（溶解）成澄清的溶液。样品消解是通过化学或物理方法将固体样品转化为澄清溶液的过程。常规酸溶法（如 HNO_3、HNO_3-HClO_4 混合酸）适用于大多数金属元素提取；若酸法消解不完全，可采用梯度消解策略：包括高温灰化（$500\sim600$℃）、密闭高压消解（Teflon 罐）或微波辅助消解（高频热解）。消解后的待测溶液需为澄清均相溶液，进样分析前需经 $0.45\mu m$ 滤膜过滤，以消除悬浮物引起的背景干扰并防止雾化器堵塞。样品消解质量直接影响检测结果的准确性与可靠性。

2. 系列标准溶液的配制

用高纯物质的高浓度贮藏液（通常为 1000mg/mL 浓度），来配制所需浓度的标准溶液，以备制作校正曲线，然后才能测试待测试样溶液浓度。

注意：所有标准溶液、空白溶液和样品溶液，制备的方法应当一样，并且都应当酸化。

三、标准溶液的配制

标准样品的组成要尽可能接近未知试样的组成。配制标准溶液通常使用各元素组成合适的盐类来配制，或将高纯（99.99%）金属丝、棒、片溶解于合适的溶剂中，然后稀释成所需浓度范围的标准溶液，但不能使用海绵状金属或金属粉末来配制。金属在溶解之前，要磨光并用稀酸清洗，以除去表面氧化层。

非水标准溶液可将金属有机物溶于适宜的有机溶剂中配制（或将金属离子转变成可萃取的化合物），用合适的溶剂萃取，通过测定水相中的金属离子含量间接加以标定。

所需标准溶液的浓度低于 0.1mg/mL 时，应先配成比使用浓度高 1~3 个数量级的浓溶液（大于 1mg/mL）作为贮备液，然后经稀释配成。贮备液配制时一般要维持一定酸度，以免器皿表面吸附。配好的贮备液应储于聚四氟乙烯、聚乙烯或硬质玻璃容器中。浓度小于 1μg/mL 的标准溶液不稳定，使用的时间不应超过 2d。

标准溶液的浓度下限取决于检出限，从测定精度的观点出发，合适的浓度范围应该是在能生产 0.2~0.8 单位吸光度或 15%~65% 透射比的浓度。

四、测定条件的选择

1. 分析线的选择

每种元素都有几条可供选择使用的吸收线。一般选待测元素的共振线作为分析线，可以得到最高的灵敏度。在测量高含量元素时，也可选次灵敏线。

2. 单色器光谱通带的选择（调节狭缝宽度）

光谱通带的选择以排除光谱干扰和具有一定透光强度为原则。无邻近干扰线（如测碱及碱土金属）时，选较大的通带，以提高信噪比和测量精密度，降低检出限；反之（如测过渡及稀土金属），宜选较小通带，以提高仪器的分辨率，改善线性范围，提高灵敏度。

3. 空心阴极灯电流的选择

在保证有稳定和足够的辐射光通量的情况下，尽量选较低的灯电流。实际工作中，通过绘制吸光度-灯电流曲线选择最佳灯电流。一般空心阴极灯上标有允许使用的最大工作电流，多为 1~6mA，需预热 10~30min。

4. 火焰的选择

在原子吸收光谱分析中，火焰原子化器的性能直接受燃气与助燃气组合的影响。火焰的温度和氧化还原特性是选择火焰类型的关键参数，需根据待测元素的物理化学性质（如电离电位、氧化物稳定性）进行匹配。

（1）火焰的类型　火焰型原子化器的性能与所用火焰的类型密切相关。常见的火焰包括乙炔-空气火焰、乙炔-氧化亚氮（N_2O）火焰和其他火焰。这些火焰的选择主要取决于分析灵敏度、安全性、操作简便性和稳定性等因素。不同火焰适用于不同的元素分析。

①乙炔-空气火焰

温度范围：2100~2400℃（具体温度取决于燃气/助燃气比例）。

火焰特性：

a. 贫燃火焰（乙炔较少）。氧化性强，燃烧完全，背景干扰低，适合测定低电离电位、易原子化的元素（如碱金属：Na、K）。

b. 化学计量火焰（比例均衡）。温度最高（2300~2400℃），适用于多数金属（如 Cu、Zn、Fe、Pb）。

c. 富燃火焰（乙炔过量）。还原性氛围，含未燃碳碎片，可抑制金属氧化物的形成，适合易生成稳定氧化物的元素（如 Cr、Mo、Sn、Al）。

适用元素：广泛用于中低温原子化元素（如过渡金属、碱土金属）。

优点：燃烧稳定、操作简便、成本低。

缺点：对高温难熔元素（如稀土、V、Ti）原子化效率不足。

②乙炔-氧化亚氮（N_2O）火焰

温度范围：2700~3000℃（显著高于乙炔-空气火焰）。

火焰特性：

a. 强还原性。高温下氧化亚氮分解生成活性氮原子（N），与乙炔形成富碳环境，有效还原难熔金属氧化物。

b. 燃烧速度较慢。需配合专用燃烧头以防止回火。

适用元素：高温难熔元素及易形成稳定氧化物的元素（如 Al、Ba、Be、Ti、稀土元素）。

优点：扩展了原子吸收法的应用范围，显著提升难熔元素的灵敏度。

缺点：操作复杂、安全性要求高（需严格防爆措施），运行成本较高。

③其他火焰类型

氢气-空气火焰：温度较低（约2000℃），氧化性强，适用于近紫外区元素（如 As、Se）。

丙烷-空气火焰：温度约1900℃，经济但应用较少。

（2）选择火焰的关键因素

①元素特性：优先根据待测元素的挥发性、氧化物稳定性选择火焰类型（如铝需乙炔-氧化亚氮）。②温度需求：高温元素（如钡、钨）需乙炔-氧化亚氮火焰。③氧化还原环境：易氧化元素需富燃火焰，碱金属可用贫燃火焰。④安全性：乙炔-氧化亚氮需严格操作，避免爆炸风险。

（3）火焰选择的试验步骤

①元素特性分析：查阅元素电离电位、氧化物熔点（如 Al_2O_3 熔点2054℃，需高温火焰）。判断是否存在基体干扰（如高盐样品需高温灰化）。

②初步选择火焰类型：

易挥发元素（如 Cd、Pb）→ 乙炔-空气火焰（富燃/化学计量）。

难熔元素（如 V、Mo）→ 乙炔-氧化亚氮火焰。

③优化燃气比例：调节乙炔流量，观察吸光度变化，选择信号稳定的比例。

通过合理选择火焰类型和调节条件，可显著提升原子化效率和分析灵敏度，满足多样化元素检测需求。应用建议：a. 常规分析。首选乙炔-空气火焰（经济、安全），通过调节燃气比例优化灵敏度。b. 难熔元素。切换至乙炔-氧化亚氮火焰，并确保仪器兼容性。c. 干扰控制。富燃火焰可减少氧化物干扰，但需注意碳沉积对光路的污染。

（4）火焰使用的注意事项

①安全操作：乙炔-氧化亚氮火焰需严格检查气路密封性，防止回火爆炸。

切换燃气类型前，彻底吹扫管路残留气体。

②干扰控制：高浓度盐类样品可能堵塞燃烧头，需稀释或采用基体改进剂。

使用背景校正技术（氘灯/塞曼）消除分子吸收干扰。

(5) 典型应用实例

试样类型	目标元素	推荐火焰类型	选择依据
饮用水	铅（Pb）	乙炔-空气（富燃）	抑制 PbO 形成，提升原子化效率
合金材料	钛（Ti）	乙炔-氧化亚氮	高温还原环境分解 TiO_2
生物组织	锌（Zn）	乙炔-空气（化学计量）	平衡温度与电离干扰

5. 观测高度

调节观测高度（燃烧器高度），可使元素通过自由原子浓度最大的火焰区，得到较高的灵敏度，观测稳定性也较好。

五、原子吸收的干扰及其消除

（一）干扰效应

干扰效应按其性质和产生的原因，可分为 4 类：化学干扰、电离干扰、物理干扰和光谱干扰。

1. 化学干扰

化学干扰与被测元素本身的性质和在火焰中引起的化学反应有关。产生化学干扰的主要原因是被测元素不能全部从化合物中解离出来，使参与锐线吸收的基态原子数目减少，影响测定结果的准确性。产生化学干扰的因素多种多样，消除干扰的方法要视具体情况而定，常用的方法有以下几种。

（1）改变火焰温度　对于生成难熔、难解离化合物的干扰，可以通过改变火焰的种类、提高火焰的温度来消除。如在空气-乙炔火焰的 PO_4^{3-} 对测定有干扰，当改用氧化二氮-乙炔火焰后，提高火焰温度，消除此类干扰。

（2）加入释放剂　向试样中加入一种试剂，使干扰元素与之生成更稳定、更难解离的化合物，从而将待测元素释放出来。如测 Mg^{2+} 时铝盐会与镁生成 $MgAl_2O_4$ 难熔晶体，使镁难以原子化而干扰测定。若在试液中加入释放剂 $SrCl_2$，可与铝结合成稳定的 $SrAl_2O_4$ 而将镁释放出来。PO_4^{3-} 会与钙生成难解离化合物而干扰钙的测定，若加入释放剂 $LaCl_3$，则由于生成更难离解的 $LaPO_4$ 而将钙释放出来。

（3）加入保护络合剂　保护络合剂可与待测元素生成稳定的络合物，使待测元素不再与干扰元素生成难解离的化合物。如 PO_4^{3-} 干扰钙的测定，当加入络合剂 EDTA 后，钙与 EDTA 生成稳定的螯合物，消除了 PO_4^{3-} 的干扰。

（4）加入缓冲剂　即向试样中加入过量的干扰成分，使干扰趋于稳定状态，此含干扰成分的试剂称为缓冲剂。如用氧化二氮-乙炔测定钛时，铝有干扰，难以获准结果，向试样中加入铝盐使铝的浓度达到 200μg/mL 时，铝对钛的干扰就不再随溶液中铝含量的变化而改变，从而可以准确测定钛。但这种方法不很理想，它会大大降低测定灵敏度。

2. 电离干扰

电离干扰是指待测元素在火焰中吸收能量后，除进行原子化外，还是部分原子电离，从而降低了火焰中基态原子的浓度，使待测元素的吸光度降低，造成结果偏低。火焰温度越高，电离干扰越显著。当分析电离电位较低的元素（如 Be、Sr、Ba、Al），为抑制电离干扰，除采用降低火焰温度的方法外，还可以向试液中加入消电离剂，如 1% CsCl（或 KCl、RbCl）溶液，CsCl 在火焰中电离产生大量自由电子（Cs→Cs$^+$+e$^-$），通过提高电子浓度，使电离平衡（M⟷M$^+$+e$^-$）逆向移动，从而抑制待测元素的电离，消除吸光度降低的干扰。

3. 物理干扰

物理干扰是指试样在转移、蒸发和原子化的过程中，由于物理的特性（如黏度、表面张力、密度等）的变化引起吸收强度下降的效应。采用调节雾化器参数来改变进样量的大小、采用标准加入法（配制与被测样品相似组成的标准样品）或稀释来消除物理干扰。

4. 光谱干扰

光谱干扰包括谱线重叠、光谱通带内存在吸收线、原子化池内的直流发射、分子吸收、光散射等。当采用锐性光源和交流调制技术时，前 3 种因素一般可以不予考虑，主要考虑分子吸收和光散射，它们是形成光谱背景干扰的主要因素。

分子吸收是指在原子化过程中生成的分子对辐射的吸收，分子吸收是带状光谱，会在一定波长范围内形成干扰。

光散射是在原子化过程中产生的微小固体颗粒使光产生散射，造成透光率减小，吸收度增加。表现为增加表观吸光度，使测定结果偏高。

（二）背景干扰的校正技术

（1）连续光源背景校正法（氘灯校正）　连续光源采用氘灯在紫外区，碘钨灯在可见光区背景校正。切光器可使锐线光源与氘灯连续光源交替进入原子化器。将锐线光源吸光度减去连续光源吸光度，即为校正背景后的被测元素的吸光度。

氘灯校正法灵敏度高，应用广泛。非常适合火焰校正，在火焰和石墨炉共用的机型中，采用氘灯校正法是最折中的方法，虽然在石墨炉中氘灯校正法不及塞曼效应背景校正理想，氘灯校正法在火焰分析中优于塞曼效应校正法，原因是火焰中产生的光散射（由未完全原子化的颗粒或分子引起）会干扰塞曼效应的磁场分裂机制，导致背景校正失效。而氘灯通过测量连续光谱背景吸收，可有效扣除此类干扰。

氘灯校正法的缺点是采用两种不同的光源，需较高技术调整光路平衡。

（2）塞曼效应背景校正　当仅使用石墨炉进行原子化时，最理想是利用塞曼效应进行背景校正。塞曼效应是指光通过加在石墨炉上的强磁场时，引起光谱线发生分裂的现象。塞曼效应的检测灵敏度低于氘灯校正法。

（3）邻近非共振线校正背景　用分析线测量原子吸收和背景吸收的总吸光度，因非共振线不产生原子吸收，用它来测量背景吸收的吸光度，两次测量值相减即得到背景之后的原子吸收的吸光度。

背景吸收随波长而改变，因此，非共振线校正背景法的准确度较差，这种方法只适用于分析线附近背景分布比较均匀的场合。

（三）最佳实验条件的选择

原子吸收光谱分析中影响测量条件的可变因素多，在测量同种样品的各种测量条件不同时，对测定结果的准确度和灵敏度影响很大。通过优化工作条件（如灯电流、狭缝宽度、原子化温度等），可有效抑制干扰因素，实现在检测灵敏度、方法精密度与抗干扰能力之间的最优平衡，确保分析结果的准确性与可靠性。

测量条件的选择：

1. 吸收波长（分析线）的选择

通常选用共振吸收线为分析线，测量高含量元素时，可选用灵敏度较低的非共振线为分析线。如测 Zn 时常选用最灵敏的 213.9nm 波长，但当 Zn 的含量高时，为保证工作曲线的线性范围，可改用次灵敏线 307.5nm 波长进行测量。测 Hg 时由于共振线 184.9nm 会被空气强烈吸收，只能改用次灵敏线 253.7nm 波长测定。

2. 光路准直

在分析之前，必须调整空心阴极灯光的发射与检测器的接受位置为最佳状态，保证提供最大的测量能量。

3. 狭缝宽度的选择

狭缝宽度影响光谱通带宽度与检测器接受的能量。调节不同的狭缝宽度，测定吸光度随狭缝宽度而变化。对于谱线简单的元素，如碱金属、碱土金属可采用较宽的狭缝以减少灯电流和光电倍增管高压来提高信噪比，增加稳定性。对谱线复杂的元素如铁、钴、镍等，需选择较小的狭缝，防止非吸收线进入检测器，来提高灵敏度，改善标准曲线的线性关系。

4. 燃烧器的高度及与光轴的角度

锐线光源的光束通过火焰的不同部位时对测定的灵敏度和稳定性有一定影响，为保证测定的灵敏度高应使光源发出的锐线光通过火焰中基态原子密度最大的"中间薄层区"。这个区的火焰比较稳定，干扰也少，位于燃烧器狭缝口上方 20~30mm。当欲测试样浓度高时，可转动燃烧器至适当角度以减少吸收的长度来降低灵敏度。

5. 空心阴极灯工作条件的选择

（1）预热时间　灯点燃后，由于阴极受热蒸发产生原子蒸汽，其辐射的锐线光经过灯内原子蒸汽再由石英窗射出。通常对于单光束仪器，灯预热时间应在 30min 以上，才能达到辐射的锐性光稳定。对双光束仪器，由于参比光束和测量光束的强度同时变化，其比值恒定，能使基线很快稳定。空心阴极灯使用前，若在施加 1/3 工作电流的情况下预热 0.5~1.0h，并定期活化，可增加使用寿命。

（2）工作电流　元素灯本身质量好坏直接影响测量的灵敏度，及标准曲线的线性。有的灯背景过大而不能正常使用。背景读数不应大于 5%，较好的灯，此值应小于 1%。所以选择灯电流前应检查一下灯的质量。

灯工作电流的大小直接影响灯放电的稳定性和锐性光的输出强度。空心阴极灯上都标有最大使用电流（额定电流，5~10mA），对大多数元素，日常分析的工作电流应保持额定电流的 40%~60% 较为合适，可保证稳定、合适的锐线光强输出。通常对于高熔点的镍、钴、钛、锆等的空心阴极灯使用电流可大些，对于低熔点易溅射的铋、钾、钠、铷、锗、镓等的空心阴极灯，使用电流以小为宜。

6. 测器光电倍增管工作条件的选择

日常分析中光电倍增管的工作电压一定选择在最大工作电压的 1/3~2/3 范围内。增加负高压能提高灵敏度，噪声增大，稳定性差；降低负高压，会使灵敏度降低，提高信噪比，改善测定的稳定性，并能延长光电倍增管的使用寿命。

7. 火焰燃烧器操作条件的选择

（1）进样量　选择可调进样量雾化器，可根据样品的黏度选择进样量，提高测量的灵敏度。进样量小，吸收信号弱，不便于测量；进样量过大，在火焰原子化法中，对火焰产生冷却效应，在石墨炉原子化法中，会增加除残的困难。在实际工作中，应测定吸光度随进样量的变化，达到最满意的吸光度的进样量，即为应选择的进样量。

（2）原子化条件的选择

①火焰原子化法。在火焰原子化法中，火焰类型和性质是影响原子化效率的主要因素。

火焰类型的选择原则：

对低、中温元素（易电离、易挥发），如碱金属和部分碱土金属及易于硫化合的元素（如 Cu、Ag、Pb、Cd、Zn、Sn、Se 等）可使用低温火焰（如空气-乙炔火焰）。

对高温元素（难挥发和易生成氧化物的元素）如 Al、Si、V、Ti、W、B 等，使用氧化二氮-乙炔高温火焰。

对氧化物不十分稳定的元素如 Cu、Mg、Fe、Co、Ni 等用化学计量火焰（燃气与助燃气比例与它们之间化学反应计量相近）或氧化性火焰（燃气量小于化学计量）。

②石墨炉原子化法。在石墨炉原子化法中，合理选择干燥、灰化、原子化及除残温度与时间是十分重要的。干燥应在稍低于溶剂沸点的温度下进行，以防止试剂飞溅。灰化的目的是除去基体和局外组分，在保证被测元素没有损失的前提下尽可能使用较高的灰化温度。原子化温度的选择原则是，选用达到最大吸收信号的最低温度作为原子化温度。原子化时间的选择，应以保证完全原子化为准，最佳原子化时间如图 4-12 所示。

原子化时常采用氩气和氮气作为保护气，氩气比氮气更好。氩气作为载气通入石墨管中，一方面将已汽化的样品带走，另一方面可保护石墨管不致因高温灼烧被氧化。通常仪器都采用石墨管内、外单独供气，管外供气连续的且流量大，管内供气小并可在原子化期间中断。

干燥时间常选择 100℃，时间为 60s。灰化阶段为除去基体组分，以减少共存元素的干扰，通过绘制吸光度 A 与灰化温度 t 的关系来确定最佳灰化温度（图 4-13）。在低温下吸光度 A 保持不变，当吸光度 A 下降时对应的较高温度即为最佳灰化温度，灰化时间约为 30s。原子化阶段的最佳温度也可通过绘制吸光度 A 与原子化温度 t 的关系来确定，对多数元素来讲，当曲线进入平台区（吸光度随温度升高趋于稳定）时，对应最大吸光度 A 的温度即为最佳原子化温度。在每个样品测定结束后，可在短时间内使石墨炉的温度上升至最高，空烧一次石墨管，燃尽残留样品，以实现高温净化。

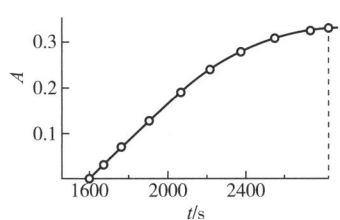

图 4-12　最佳原子化时间

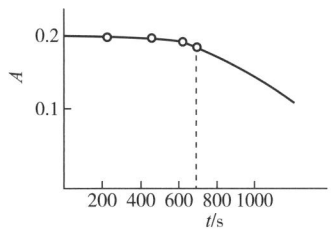

图 4-13　最佳灰化温度

六、测定方法

原子吸收定量分析方法目前主要包括标准曲线法、标准加入法和内标法。

（一）标准曲线法

先配制基体匹配的含有不同浓度待测元素的系列标准溶液，在选定的实验条件下分别测其吸光度，以扣除空白值之后的吸光度为纵坐标，标准溶液浓度为横坐标绘制标准曲线（图 4-14）。在同样操作条件下测定试样溶液的吸光度，从标准曲线查得试样溶液的浓度。使用该方法时应注意：配制的标准溶液浓度应在吸光度与浓度成线性的范围内；整个分析过程中操作条件应保持不变。标准曲线法虽然简单，但必须保证标准样品与试样的物理性质相同，保证不存在干扰物，对于组成尚不清楚的样品不能用标准曲线法。

使用该方法时应注意以下问题：

（1）所配制的标准系列溶液浓度应在吸光度与浓度呈线性关系的范围内。

（2）标准系列的基体组成，与待测试液尽可能一致，以减少因基体不同而产生的误差。

（3）整个分析过程中操作条件应保持不变。

（4）由于燃气和助燃气流量变化会引起工作曲线变化，因此每次分析时应重新绘制标准曲线。

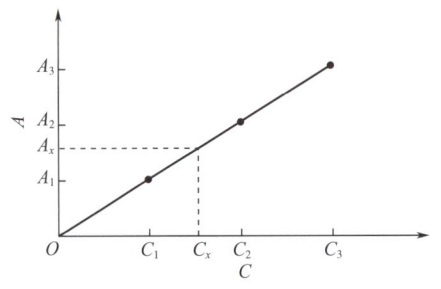

原子吸收分光
光度计的基本操作
（微课视频）

图 4-14　标准曲线法 $A\text{-}C$ 曲线

（二）标准加入法

标准加入法适用于以下两类情况：一是当试样基体组成复杂（如生物体液、合金）时，基体干扰显著，导致标准曲线法与实际样品响应差异较大；二是当待测元素含量极低（如环境水样中 10^{-9} 级 Pb、Cd）时，需要通过梯度加标来提升信噪比与分析准确性。在使用标准加入法时，需满足以下操作前提：首先，标准曲线在加标浓度范围内应保持良好的线性关系，相关系数 R^2 需达到 0.995 以上；其次，加标后的总浓度不得超过仪器的线性上限，以避免因饱和失真导致的测量误差。通过上述方法和前提条件的严格控制，标准加入法能够有效消除基体效应的影响，提高痕量分析的准确性和可靠性。

适用于试样的基体组成复杂且对测定有明显干扰时，但在标准曲线呈线性关系的浓度范围内的样品。取 4 份相同体积的试样溶液，从第二份起按比例加入不同量的待测元素的标准溶液，稀释至一定体积。分别测定加入标准溶液后样品的吸光度。以吸光度与加入的待测元素的浓度作图，得到一条不通过原点的直线，外延此直线与横坐标的交点即为试样溶液中待测元素的浓度。为得到较为准确的外推结果，应最少用 4 个点来作外推曲线。需要注意的是，该方法只能消除基体效应的影响，而不能消除背景吸收的影响，故应扣除背景值。当试样组成复杂，待测元素含量很低时，应采用标准加入法进行定量分析。使用该方法时应注意以下问题：

（1）标准加入法只适用于浓度与吸光度呈线性关系的范围。

（2）加入每一份标准溶液的浓度，与试样溶液的浓度应当接近，以免曲线的斜率过大、过小，给测定结果带来较大的误差。

（3）为了保证能得到较为准确的外推结果，至少要用 4 个点制作校准曲线。

（4）该法只能消除基体干扰，不能消除背景吸收等的影响。

取若干份体积相同的试液（C_X），依次按比例加入不同量的待测物的标准溶液（C_s）：

浓度	C_X	C_X+C_s	C_X+2C_s	C_X+3C_s	C_X+4C_s
吸光度	A_X	A_1	A_2	A_3	A_4

直线外推法：以 A 对浓度 C 作图得一直线，图中 C_X 点即待测溶液浓度（图 4-15）。

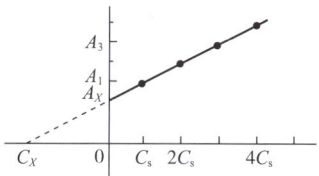

图 4-15　标准加入法 A-C 曲线

（三）内标法

内标法（Internal Standard Method）是相对强度法，是在标准试样和被分析试样中分别加入一定量的内标元素，在标准条件下测定分析元素和内标元素的吸光度比 A_i/A_n，以 A_i/A_n 对 c_i（$i=1$，2，3，4…）建立校正曲线，在同样条件下，测定试样中被测元素和内标元素的吸光度比 A_x/A_n，根据所测得的吸光度比值从校正曲线求得试样中被测元素含量 C_X。内标法最大的优点是可以减少实验条件变动所引起的随机误差，提高了测定的精密度。

内标元素与分析线对（被测元素的谱线为分析线，内标元素的谱线为内标线，两者组成分析线对）的选择：

（1）内标元素与被测元素在光源作用下应有相近的蒸发性质。

（2）内标元素若是外加的，必须是试样中不含有或含量极少可以忽略的。

（3）分析线对选择要匹配。或两条都是原子线，或两条都是离子线，尽量避免一条是原子线一条是离子线。

（4）分析线对两条谱线的激发电位应有相近。若内标元素与被测元素的电离电位相近，分析线对激发电位也相近，这样的分析线对称为"均匀线对"。

（5）分析线对波长应尽量接近。分析线对两条谱线应没有自吸或自吸很小，并不受其他谱对的干扰。

思考与练习

1. 原子吸收分光光度法定量测定有哪些方法？
2. 原子吸收分光光度法定量测定，标准加入法有哪些注意事项？
3. 原子吸收分光光度法定量测定时，标准曲线法和内标法的主要区别有哪些？

项目四 知识点三
课堂互动

课程思政

党的二十大报告提出在全社会弘扬劳动精神、奋斗精神、奉献精神、创造精神、勤俭节约精神，培育时代新风新貌。作为食品质量检测工作者，务必秉承吃苦耐劳精神，兢兢业业、脚踏实地做好每一件事，做新时代的实干奋斗者，注重知识的更新，做好时代的答卷人。

一、原子吸收光谱的历史

1. 第一阶段：原子吸收现象的发现与科学解释

早在1802年，伍朗斯顿（W. H. Wollaston）在研究太阳连续光谱时，就发现了太阳连续光谱中出现的暗线。1817年，弗劳霍费（J. Fraunhofer）在研究太阳连续光谱时，再次发现了这些暗线，由于当时尚不了解产生这些暗线的原因，于是就将这些暗线称为弗劳霍费线。1859年，克希荷夫（G. Kirchhoff）与本生（R. Bunson）在研究碱金属和碱土金属的火焰光谱时，发现钠蒸气发出的光通过温度较低的钠蒸气时，会引起钠光的吸收，并且根据钠发射线与暗线在光谱中位置相同这一事实，断定太阳连续光谱中的暗线，正是太阳外围大气圈中的钠原子对太阳光谱中的钠辐射吸收的结果。

2. 第二阶段：原子吸收光谱仪器的产生

原子吸收光谱作为一种实用的分析方法是从1955年开始的。这一年澳大利亚的瓦尔西（A. Walsh）发表了他的著名论文"原子吸收光谱在化学分析中的应用"奠定了原子吸收光谱法的基础。20世纪50年代末和60年代初，Hilger，Varian Techtron 及 Perkin-Elmer 公司先后推出了原子吸收光谱商品仪器，发展了瓦尔西的设计思想。到了20世纪60年代中期，原子吸收光谱开始进入迅速发展的时期。

3. 第三阶段：电热原子吸收光谱仪器的产生

1959年，苏联里沃夫发表了电热原子化技术的第一篇论文。电热原子吸收光谱法的绝对灵敏度可达 $10^{-14} \sim 10^{-12}$ g，使原子吸收光谱法向前发展了一步。近年来，塞曼效应和自吸效应扣除背景技术的发展，使在很高的背景下亦可顺利地实现原子吸收测定。基体改进技术的应用、平台及探针技术的应用，以及在此基础上发展起来的稳定温度平台石墨炉技术（STPF）的应用，可以对许多复杂组成的试样有效地实现原子吸收测定。

4. 第四阶段：原子吸收分析仪器的发展

随着原子吸收技术的发展，推动了原子吸收仪器的不断更新和发展，而其他科学技术的进步，为原子吸收仪器的不断更新和发展提供了技术和物质基础。近年来，使用连续光源和中阶梯光栅，结合使用光导摄像管、二极管阵列多元素分析检测器，设计出了微机控制的原子吸收分光光度计，为解决多元素同时测定开辟了新的前景。微机控制的原子吸收光谱系统简化了仪器结构，提高了仪器的自动化程度，改善了测定准确度，使原子吸收光谱法的技术发生了重大的变化。色谱-原子吸收联用，不仅在解决元素的化学形态分析方面，而且在测定有机化合物的复杂混合物方面，都有着重要的用途，是一个很有前景的发展方向。

二、原子荧光分光光度计

原子荧光分光光度计是利用原子荧光谱线的波长和强度，确定被测元素含量的仪器。它主要由辐射源、原子化器、分光系统和检测系统组成。原子荧光谱线与火焰热原子吸收光谱法比较，具有灵敏度高、干扰少、线性范围宽、读数方便等优点。它可进行多种元素的同时测定，并可进行价态分析。在地质、农业、生物、医学等领域的研究工作中，都广泛应用原子荧光光谱法进行元素分析。在地质领域中，对岩石中稀土元素，特别是轻稀土元素的测定，多采用原子荧光光谱法。

原子荧光分光光度计的操作（仿真动画）

三、分子荧光光度计

分子荧光光度计是一种用于测定物质荧光特性的仪器，能够测量样品中分子的荧光强度及其变化。通过分析荧光信号的强度、波长等参数，可以实现对物质的定性分析和定量分析。

工作原理：当某种物质受到光照后，会吸收光能，并且以光的形式将吸收的能量释放出来，这就产生了荧光。与此同时，一些物质在吸收能量后，发射的荧光不再随入射光的停止而消失，即其受激发后发射荧光的过程与照射光无关，也就是说物质发射的荧光信号能够"记忆"并积累所吸收的能量。因此，测量样品在一定激发光源照射下所发射的荧光强度，便可以测定样品中相关物质的含量。

主要用途：分子荧光光度计可广泛应用于化学、化工、食品、制药、冶金、地质、钢铁分析、商检及环保等领域，可精确地分析含量在 $0.1 \sim 1000 \mu g/g$ 间的各类物质的含量。

项目实施

任务七 葡萄酒中铜元素含量的测定

任务目标

1. 了解原子吸收光谱法的工作原理，能对样品进行正确的预处理。

2. 熟练绘制曲线图，掌握样品中铜的测定方法。

3. 能正确处理试验数据，根据标准曲线计算试样中铜元素的浓度并规范表述结果。

葡萄酒中铜的测定（微课视频）

任务分析

铜是葡萄酒中含量最丰富的重金属元素之一。葡萄从土壤中吸收的铜、果实表面黏附的含铜农药、铜制葡萄酒酿造设备以及酿造过程中为去除硫化氢、硫醇等带来的还原性气味，而常添加的硫酸铜、柠檬酸铜都会将铜引入葡萄酒。

葡萄酒中铜含量通常很低，不足 0.10~0.30mg/L。因为在发酵过程中，过多的铜沉淀将吸附在酵母细胞表面，由此可降低铜浓度 40%~89%。高浓度铜离子可使酒酚类物质的氧化反应。由于铜浓度大于 9mg/L 将产生有毒代谢物，并阻止或延长发酵过程。当浓度大于 1mg/L 将影响酒的色泽和口感。因此，检测未发酵酒和葡萄酒中铜离子浓度尤为重要。

依据 GB/T 15038—2006《葡萄酒、果酒通用分析方法》，将处理后的试样导入原子吸收分光光度计中，在乙炔-空气火焰中样品中的铜被原子化，基态原子吸收特征波长（324.7nm）的光，其吸收量的大小与试样中铜的含量成正比，测其吸光度，求得铜含量。

▌任务准备

1. 仪器与材料

原子吸收分光光度计（配有铜元素空心阴极灯），空气压缩机，乙炔钢瓶，50mL 容量瓶，5mL、10mL 吸量管等。

注意：所有玻璃器皿均以硝酸溶液（1+5）浸泡 24h 以上，用水反复冲洗，最后用去离子水冲洗晾干后，方可使用。

2. 试剂

（1）硝酸溶液（1+200）（用去离子水稀释定容至刻度）。
（2）浓度为 100μg/mL 铜标准贮备液。
（3）再将贮备液稀释成浓度为 10μg/mL 铜标准使用液。

3. 试液制备

用硝酸溶液准确将样品稀释至 5~10 倍，摇匀，备用。确定待测样品需要检测的元素（铜元素），然后用稀硝酸稀释至刻度。

4. 标准溶液配制

吸取铜标准使用液 0，0.50，1.00，2.00，4.00，6.00mL 分别置于 6 个 50mL 容量瓶中，用硝酸溶液稀释至刻度，摇匀。该系列用于标准工作曲线的绘制。

▌任务实施

一、仪器条件参数的设定

1. 软件操作

本节以北京普析通用有限公司原子吸收软件的铜元素测定为例。严格按《火焰原子吸收分光光度计的操作与使用》来进行，将仪器调至最佳工作状态。

2. 试验条件检查

检查乙炔气瓶是否能够维持正常使用，打开水路，条件不齐备测试不能继续进行。

3. 仪器初始化

开启计算机，使计算机进入 Windows 操作系统，双击桌面上 AAWin 图标，启动仪器分析测试程序。此时计算机进入以下界面（图 4-16），接下来，将弹出进行模式对话框，如图 4-17 所示，在运行模式下拉框中选择联机，点击"确定"按钮，仪器进入初始化阶段。

图 4-16 开启界面

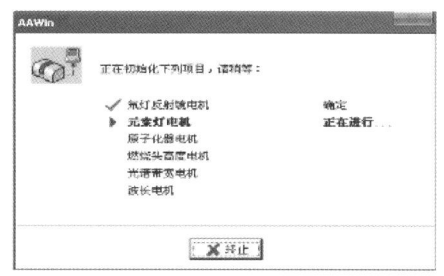

图 4-17 初始化界面

初始化成功的标记为"√",否则标记为"×",如果有一项失败,则系统的初始化没有成功。

4. 选择元素灯

初始化成功后,系统将出现元素灯选择窗口,此窗口提供对元素灯及元素相关参数的设置。通过以下界面(图 4-18)选择工作灯的位置及类型。

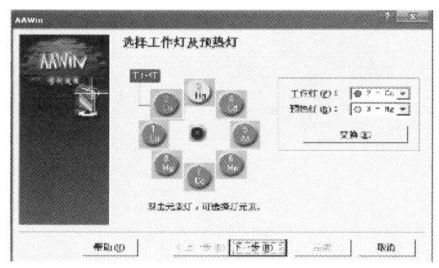
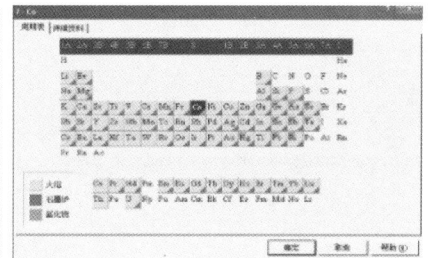

图 4-18 元素灯选择界面

5. 灯电流的选择

灯电流低谱线变宽,无自吸收,但强度弱;灯电流高谱线轮廓变坏,灵敏度降低。因此必须选择合适的灯电流。喷雾适当浓度的待测元素溶液,改变灯电流,绘制吸光度-灯电流曲线。每测定一个数值后,仪器必须用试剂空白重新调零。

6. 元素参数的设定(默认的测量方式为火焰法)

元素选择完毕后,将出现元素参数设定界面(图 4-19),调整完毕后,点击"下一步",将会对参数进行调整,然后再对选定元素灯的特征波长进行寻峰操作,在下拉菜单中选择元素的特征波长,单击"寻峰",即可进入寻峰界面(图 4-20)。

完成寻峰后,即进入系统测试界面(图 4-21)。

7. 燃烧高度的选择

上下移动燃烧器的位置,选择合适的高度,应使光束通过火焰中原子浓度高的区域。在点燃火焰的情况下,喷雾待测元素标准溶液,绘制吸光度-燃烧器高度曲线。

8. 光谱通带的选择

一般元素的通带为 0.4~0.5,在这个范围内可将共振线与非共振线分开。选择通带除应分开最靠近的非共振线外,适当放宽狭缝,可以提高信噪比和测定的稳定性。

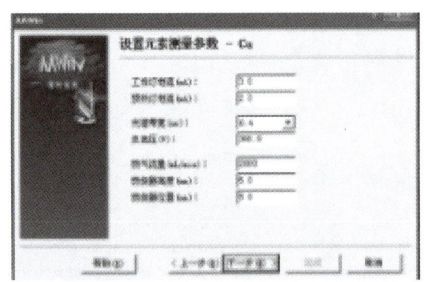
图 4-19 元素参数设定界面

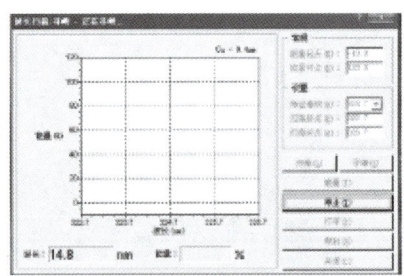
图 4-20 寻峰界面

9. 样品参数的设定

选择主菜单"设置"→"样品设置向导"(或单击工具按钮"样品"),即可打开样品设置向导,依次点击"下一步"分别对样品进行设置(图 4-22)。

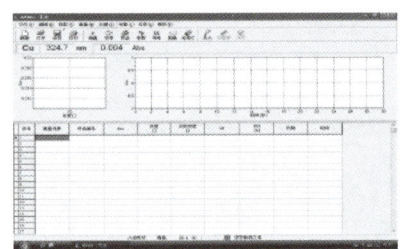
图 4-21 系统测试界面

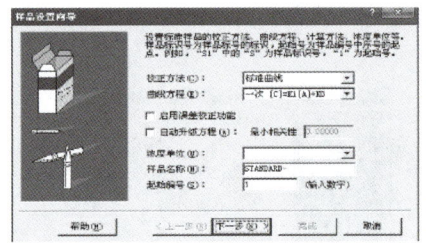
图 4-22 样品设置界面

10. 火焰法测量的设置

(1) 选择主菜单"仪器"→"点火"(或单击工具按钮"点火") 将火焰点燃。

(2) 选择主菜单"测量"→"开始"(或单击工具按钮"测量") 即可打开测量窗口,测量谱图中将开始绘制测量曲线。

(3) 单击测量窗口"开始"按钮进行采样。(在测量参数中可以设置测量方式→手动或自动)。

二、标准曲线的制作

1. 标准溶液的配制

根据试验要求,配制一系列不同浓度的铜标准溶液(例如:0,5,10,15,20μg/mL)。所有标准溶液均应使用二次蒸馏水配制,并定容至 50mL 容量瓶中,确保浓度准确。

2. 仪器参数的设置

波长选择:根据铜元素的特征谱线,选择波长为 324.8nm。

光谱带宽:设置为 0.2nm 或 0.5nm(根据仪器性能选择)。

灯电流:选择适合的空心阴极灯电流(通常为 3~5mA)。

燃烧器高度:调整至最佳位置,使吸光度读数稳定。

3. 调零

用二次蒸馏水调零,确保仪器的零点准确。

调零时，将燃烧器火焰置于空气–乙炔火焰中，待火焰稳定后，测量空白溶液的吸光度并记录。

4. 标准溶液的测定

按照浓度由低到高的顺序依次测定各标准溶液的吸光度。每个标准溶液测定 3 次，取平均值作为最终吸光度。测定完成后，记录各标准溶液的浓度及其对应的平均吸光度。

5. 数据处理

以标准溶液的浓度为横坐标（x 轴），吸光度为纵坐标（y 轴），绘制标准曲线。使用线性回归法计算标准曲线的斜率（b）和截距（a），并计算相关系数（R^2），以评估线性关系的优劣。

标准曲线的线性范围应满足实验要求，通常要求 $R^2 \geqslant 0.999$。

三、试样的测定

试样提取量在 3~6mL/min 时，具有最佳灵敏度。

依次对标准样品和未知样品进行采样，样品与样品之间喷入空白样品，单击"校零"按钮进行校零。采样结束后，系统会将测量结果显示在测量窗口中，并在第 3 次重复采样时，开始显示 SD 和 RSD 值。测量窗口中除了显示吸光度外，还显示"AA"值与"BG"（背景）值，同时在测量谱图中出现 AA 曲线和吸光度曲线。

当完成了全部样品的测量，即可关闭测量窗口。如需要保存测量结果，可单击主菜单"文件"→"保存"（或单击工具按钮"保存"）即可。如需要打印测量数据，可单击"文件"→"打印数据"或单击工具按钮"打印"即可。

四、数据记录与处理

序号	测量对象	样品编号	吸光度	体积/mL	实际浓度/（μg/mL）	SD	RSD/%
1	标准样品	Cu_1					
2	标准样品	Cu_2					
3	标准样品	Cu_3					
4	标准样品	Cu_4					
5	标准样品	Cu_5					
6	标准样品	Cu_6					
7	样品	Cu_x					

由标准曲线可得，样品中铜的含量为_____μg/mL。

五、石墨炉法测量（选做）

（1）初始化过程及参数设定过程完成后，点击主菜单"仪器"→"测量方法"，在出现的对话框中选择"石墨炉"即可,系统将自动完成从"火焰法"向"石墨炉"的转换。

注意:在转换之前,应将隔板拿开,以免损坏石墨炉。

(2) 如果是第一次测量,需要对加热程序进行设置。(包括对温度—保持时间—原子化器参数—内气流量)完成后点击"确定"。

(3) 选择主菜单"测量"→"开始",系统将进入测量窗口。

(4) 用微量进样器将样品准确加入石墨管中,单击"开始",系统开始对石墨炉加热。此时测量曲线出现在谱图中,并在测量窗口中显示当前的石墨炉温度、加热步骤以及单步的倒计时。

(5) 测量完毕后,将弹出冷却倒计时窗口,显示石墨炉冷却时间。此时,不能进行其他操作,必须等到冷却结束,才可继续测量。

六、关闭系统

依次选择主菜单"文件"→"退出",将 AAWin 系统关闭,在关闭之前,系统将弹出提示,请严格按照正确的关机顺序进行系统的关闭。关闭软件后,请立即将仪器关闭,并将相应的水、气及电路关闭,防止出现意外。

■ 任务评价

葡萄酒中铜含量的测定评价表

序号	工作任务	评价标准	分值	得分
1	仪器操作	1. 能正确操作原子吸收分光光度计,完成基线校准及样品测定	10	
		2. 能根据样品性质选择合适的光源、波长及火焰类型	10	
2	标准曲线绘制	1. 会配制系列标准溶液并测定吸光度	10	
		2. 能利用数据软件绘制标准曲线,计算回归方程及相关系数	10	
3	样品分析	1. 能根据标准曲线正确计算未知样品浓度	10	
		2. 会分析光谱数据异常原因并提出解决方案	10	
4	仪器维护	1. 试验后能正确关闭仪器	10	
		2. 能做好日常维护检查,燃烧室窗口是否清洁,燃烧头是否堵塞,管路是否泄漏,废液管是否通畅	10	
5	综合素养	1. 遵守实验室安全规范,正确处理废液	10	
		2. 数据记录完整、规范;团队协作高效;具有创新意识	10	
		总分	100	

任务八　茶叶中铅的测定

■ 任务目标

1. 了解原子吸收光谱法的工作原理，能正确做好制备茶叶样品的预处理工作。
2. 熟悉绘制标准溶液的曲线图，掌握样品中铅的测定方法。
3. 能正确处理试验数据，根据标准曲线计算试样中铜元素的浓度并规范表述结果。

茶叶中铅的测定
（微课视频）

■ 任务分析

茶叶中铅超标有多方面原因。从已有的研究结果来看，主要来自以下三方面：一是环境污染，如汽车尾气、工厂降尘等；二是茶园土壤富铅，如铅矿地区茶园；三是制茶机具，如炒茶锅含铅量过高。值得注意的是，茶叶中的铅元素来源也存在人为主观的因素。有个别不良商家，为了茶叶的成色更好看，人工添加工业色素——铅铬绿。而根据国家标准，绿茶不得着色，不得添加任何非茶类物质。

根据 GB 5009.12—2023《食品安全国家标准　食品中铅的测定》，食品中铅的测定方法有石墨炉原子吸收光谱法、电感耦合等离子体质谱法、火焰原子吸收光谱法和二硫腙比色法。本任务采用石墨炉原子吸收光谱法，它的主要原理是试样消解处理后，经石墨炉原子化，在 283.3nm 处测定吸光度。在一定浓度范围内铅的吸光度与铅含量成正比，与标准系列比较定量。

■ 任务准备

一、仪器与材料

注：所有玻璃器皿及聚四氟乙烯消解内罐均需硝酸溶液（1∶5）浸泡过夜，用自来水反复冲洗，最后用水冲洗干净。

（1）原子吸收光谱仪：配石墨炉原子化器，附铅空心阴极灯。
（2）分析天平：感量 0.1mg 和 1mg。
（3）可调式电热炉。
（4）可调式电热板。
（5）微波消解系统：配聚四氟乙烯消解内罐。
（6）恒温干燥箱。
（7）压力消解罐：配聚四氟乙烯消解内罐。

二、试剂

非另有说明，本方法所用试剂均为优级纯，水为 GB/T 6682——2008《分析实验室用水规格和试验方法》规定的二级水。

（1）硝酸（HNO_3）。

(2) 高氯酸（$HClO_4$）。

(3) 磷酸二氢铵（$NH_4H_2PO_4$）。

(4) 硝酸钯[$Pd(NO_3)_2$]。

(5) 硝酸溶液（5∶95）：量取 50mL 硝酸，缓慢加入 950mL 水中，混匀。

(6) 硝酸溶液（1∶9）：量取 50mL 硝酸，缓慢加入 450mL 水中，混匀。

(7) 磷酸二氢铵-硝酸钯溶液：称取 0.02g 硝酸钯，加少量硝酸溶液（1∶9）溶解后，再加入 2g 磷酸二氢铵，溶解后用硝酸溶液（5∶95）定容至 100mL，混匀。

三、标准溶液配制

(1) 铅标准贮备液（1000mg/L）：准确称取 1.5985g（精确至 0.0001g）硝酸铅，用少量硝酸溶液（1∶9）溶解，移入 1000mL 容量瓶，加水至刻度，混匀。

(2) 铅标准中间液（1.00mg/L）：准确吸取铅标准贮备液（1000mg/L）1.00mL 于 1000mL 容量瓶中，加硝酸溶液（5∶95）至刻度，混匀。

(3) 铅标准系列溶液：分别吸取铅标准中间液（1.00mg/L）0，0.500，1.00，2.00，3.00 和 4.00mL 于 100mL 容量瓶中，加硝酸溶液（5∶95）至刻度，混匀。此铅标准系列溶液的质量浓度分别为 0，5.00，10.0，20.0，30.0 和 40.0μg/L。

注：可根据仪器的灵敏度及样品中铅的实际含量确定标准系列溶液中铅的质量浓度。

四、试样的前处理

1. 试样预处理

将茶叶挑去杂物，磨碎，过 20 目筛，储于塑料瓶中，备用。

2. 试样消解

可根据实验室条件选择下列 3 种方法中的一种方法消解。

GB 5009.12—2023
《食品安全国家标准 食品中铅的测定》第三法 火焰原子吸收光谱法
（仿真动画）

(1) 湿法消解 称取 0.5~1.0g（精确至 0.01g）的样品于洁净的锥形瓶，加入 10mL 浓硝酸浸泡过夜，在加热板或可调式电热炉上先低温消解至冒白烟，后升温到 220℃ 消解样品至消化液 1mL 左右时补加 5mL 浓硝酸和 0.5mL 高氯酸加热至近干，白烟冒尽。再加入 20mL 水加热直到液体 1mL 左右时取下（可重复一次），冷却后用水定容至 25mL，混匀备用。同时做试剂空白试验。

(2) 微波消解 称取固体试样 0.2~0.8g（精确至 0.001g）或准确移取液体试样 0.500~3.00mL 于微波消解罐中，加入 5mL 硝酸，按照微波消解的操作步骤消解试样，消解条件参考 GB 5009.12—2023《食品安全国家标准 食品中铅的测定》附录 A。冷却后取出消解罐，在电热板上于 140~160℃ 赶酸至 1mL 左右。消解罐放冷后，将消化液转移至 10mL 容量瓶中，用少量水洗涤消解罐 2~3 次，合并洗涤液于容量瓶中并用水定容至刻度，混匀备用。同时做试剂空白试验。

(3) 压力罐消解 称取 0.2~1g（精确至 0.01g）试样于消解内罐中，加入 5mL 硝酸。盖好内盖，旋紧不锈钢外套，放入恒温干燥箱，于 140~160℃ 下保持 4~5h。冷却后缓慢旋松外罐，取出消解内罐，放在可调式电热板上于 140~160℃ 赶酸至 1mL 左右。冷却后将消化液转移至 10mL 容量瓶中，用少量水洗涤内罐和内盖 2~3 次，合并洗涤液于容量瓶中并用水定容至刻度，混匀备用。同时做试剂空白试验。

任务实施

1. 仪器条件参数的设定

石墨炉原子吸收光谱法仪器参考条件

元素	波长/nm	狭缝/nm	灯电流/mA	干燥	灰化	原子化
铅	283.3	0.5	8~12	85~120℃；40~50s	750℃；20~30s	2300℃；4~5s

2. 标准曲线的制作

按质量浓度由低到高的顺序分别将 10μL 铅标准系列溶液和 5μL 磷酸二氢铵-硝酸钯溶液（可根据所使用的仪器确定最佳进样量）同时注入石墨炉，原子化后测其吸光度，以质量浓度为横坐标，吸光度为纵坐标，制作标准曲线。

3. 试样溶液的测定

在与测定标准溶液相同的实验条件下，将 10μL 空白溶液或试样溶液与 5μL 磷酸二氢铵-硝酸钯溶液（可根据所使用的仪器确定最佳进样量）同时注入石墨炉，原子化后测其吸光度，与标准系列比较定量。

4. 数据记录与处理

序号	测量对象	样品编号	Abs	体积/mL	实际浓度/(μg/mL)	SD	RSD/%
1	标准样品	Pb_1					
2	标准样品	Pb_2					
3	标准样品	Pb_3					
4	标准样品	Pb_4					
5	标准样品	Pb_5					
6	标准样品	Pb_6					
7	样品	Pb_x					

试样中铅的含量按下式计算：

$$X = \frac{(\rho - \rho_0) \times V}{m \times 1000}$$

式中　X——试样中铅的含量，mg/kg 或 mg/L；
　　　ρ——试样溶液中铅的质量浓度，μg/L；
　　　ρ_0——空白溶液中铅的质量浓度，μg/L；
　　　V——试样消化液的定容体积，mL；
　　　m——试样称样量或移取体积，g 或 mL；
　　1000——换算系数。

当铅含量≥1.00mg/kg（或 mg/L）时，计算结果保留 3 位有效数字；当铅含量<1.00mg/kg（或 mg/L）时，计算结果保留两位有效数字。

任务评价

茶叶中铅含量的测定评价表

序号	工作任务	评价标准	分值	得分
1	仪器操作	1. 能正确操作原子吸收分光光度计，完成基线校准及样品测定	10	
		2. 能根据样品性质选择合适的光源、波长及火焰类型	10	
2	标准曲线绘制	1. 会配制系列标准溶液并测定吸光度	10	
		2. 能利用数据软件绘制标准曲线，计算回归方程及相关系数	10	
3	样品分析	1. 能根据标准曲线计算未知样品浓度	10	
		2. 会分析光谱数据异常原因并提出解决方案	10	
4	仪器维护	1. 试验后能正确关闭仪器	10	
		2. 能做好日常维护检查，燃烧室窗口是否清洁，燃烧头是否堵塞，管路是否泄漏，废液管是否通畅	10	
5	综合素养	1. 遵守实验室安全规范，正确处理废液	10	
		2. 数据记录完整、规范；团队协作高效；具有创新意识	10	
		总分	100	

乳粉中钙的测定
（微课视频）

项目五

气相色谱分析技术

学习目标

▍知识目标

1. 理解并掌握气相色谱法的分离原理及气相色谱分析基本理论。
2. 认识气相色谱仪,熟悉气相色谱仪的基本结构及主要部件的工作原理。
3. 熟悉分离操作条件的选择。

▍技能目标

1. 熟练掌握气相色谱仪的操作以及仪器日常维护和保养方法。
2. 能依据气相色谱定性、定量方法进行数据处理。

▍素质目标

1. 培养认真负责、务实严谨的工作态度。
2. 在仪器操作过程中提高自己分析问题、解决问题的能力。
3. 分组实验过程中,培养团队合作的精神。

项目导入

党的二十大报告指出,采取更多惠民生、暖民心举措,着力解决好人民群众急难愁盼问题。食品安全关系到千家万户。在食品的加工、生产过程中,为改善食品品质和色、香、味,以及为防腐保鲜和加工工艺的需要,大多数商家都会使用食品添加剂。然而部分商家会超标甚至违规使用食品添加剂,导致食品安全事故频发。

在农业种植过程中,需要使用农药来防治农作物病虫害、控制杂草的生长,部分种植者为了追求效果而过度使用农药,造成粮农产品中农药残留超标。农药通常由有毒化合物组成,如敌敌畏、滴

气相色谱分析技术
(仿真动画)

滴涕、百草枯等具有致癌、致突变等作用。痕量的农药残留通过富集作用蓄积在人体中，会对人体健康产生潜在危害，威胁消费者的生命健康。

为保障人民安全，我国制定了多项不同种类产品关于食品添加剂、农药残留检测的国家标准。检测方法中应用最广泛的就是气相色谱法，那什么是气相色谱？如何利用气相色谱进行物质检测？

知识点一

色谱分析技术的基本概念与特点

一、色谱法的基本概念

色谱法又称色层法或层析法，是一种利用物质的物理或化学性质对混合物进行分离、分析的方法。1906年，俄国植物学家茨维特（M. Tswett）在研究植物色素分离时首次提出色谱法概念。他在研究植物叶中的色素时，用石油醚浸提植物色素，然后将浸提液注入一根填有碳酸钙的直立玻璃管的顶端，最后加入纯石油醚进行淋洗，使玻璃管内植物色素被分离成具有不同颜色的谱带，他把这种分离方法称为色谱法。玻璃管称为色谱柱，管内填充物是固定不动的，称为固定相，淋洗剂是携带混合物流过固定相的流体，称为流动相。现在的色谱法早已不局限于色素的分离，更多的是用于分离分析无色物质。色谱法自创立到现在经历了一个多世纪的发展，目前已经发展成为最重要的分离分析化学方法，是分析领域中最活跃、发展最快、应用最广的分析方法之一。色谱分析能够连续对样品依次进行浓缩、分离、提纯与测定，凭借这一系列优势，它已成为被广大分析工作者普遍采用的分析检测手段，广泛应用于石油、化工、食品、医药、卫生、冶金、地质、农业、环境保护等各领域。

色谱法与光谱法的主要区别是色谱法具有分离和在线分析的功能，而光谱法只具有分析功能。目前，色谱法是分离混合物的最有力的手段，除分析外还被用来制备纯品，但对物质的定性不如光谱法。

二、色谱法的分类

色谱法有多种类型，从不同的角度可以有不同的分类方法。通常是按照下述3种方法进行分类的。

（一）按两相所处的状态分类

按照流动相的状态，色谱法可以分为气相色谱法（GC）、液相色谱法（LC）和超临界流体色谱法（SFC）。

1. 气相色谱法

以气体作为流动相的色谱分离技术，称为气相色谱法。根据固定相是固体吸附剂还是固定液（附着在惰性载体上的一薄层有机化合物液体），又可分为气-固色谱（GSC）和气-液色谱（GLC）。

2. 液相色谱法

以液体为流动相的色谱分离技术，称为液相色谱法。同理，当固定相为固体吸附剂时，为液-固色谱（LSC），当固定相为涂在固体载体上的液体时，为液-液色谱（LLC）。

3. 超临界流体色谱法

以超临界流体为流动相的色谱分离技术，称为超临界流体色谱法。超临界流体是指处于临界温度和临界压力以上，具有气体和液体的双重性质的流体物质。目前研究较多是CO_2超临界流体色谱法。

（二）按分离原理分类

按照分离原理的不同，可将色谱法分为吸附色谱法、分配色谱法、离子交换色谱法、排阻色谱法和亲和色谱法等。

1. 吸附色谱法

吸附色谱法指根据吸附剂表面对不同组分物理吸附能力的强弱差异进行分离的方法，如气-固色谱法、液-固色谱法。

2. 分配色谱法

分配色谱法指根据不同组分在固定相中的溶解能力和在两相间分配系数的差异进行分离的方法，如气-液色谱法、液-液色谱法。

3. 离子交换色谱法

离子交换色谱法指根据不同组分离子对固定相亲和力的差异进行分离的方法。

4. 排阻色谱法

排阻色谱法又称凝胶色谱法，根据不同组分的分子体积大小的差异进行分离的方法。

5. 亲和色谱法

亲和色谱法指利用不同组分与固定相共价键合的高专属反应进行分离的方法。

（三）按操作形式分类

色谱法按操作形式可分为柱色谱和平面色谱。将固定相装于柱管内的色谱分离技术，称为柱色谱，又分为填充柱色谱和毛细管柱色谱。将固定相装于玻璃管或金属管内的色谱分离技术，称为填充柱色谱。将固定液直接涂渍在毛细管内壁或采用交联引发剂在高温处理下将固定液交联到毛细管内壁上的色谱分离技术，称为毛细管柱色谱。固定相呈平板状的色谱分离技术，称为平面色谱，分为纸色谱和薄层色谱。以多孔滤纸为固定相的色谱分离技术，称为纸色谱。它是采用适当的溶剂使样品在滤纸上展开进行分离的。固定相压成或涂成薄膜的色谱分离技术，称为薄层色谱。操作方法同纸色谱。

三、色谱图及常用术语

（一）色谱图

在色谱法中，当样品加入后，样品中各组分随着流动相的不断向前移动而在两相间反复进行溶解、挥发，或吸附、脱附。如果各组分在固定相中的分配系数（表示溶解或吸附的能力）不同，就有可能达到分离。

分配系数小的组分滞留在固定相中的时间短，在柱内移动速度快，先流出柱子；分配系数大的组分滞留在固定相中的时间长，在柱内移动速度慢，后流出柱子。分离后的各组分经检测器转换成电信号而记录下来，得到一条信号随时间变化的曲线（或由检测器输出的电信号强度对时间作图所得的曲线），称为色谱流出曲线，又称色谱图。曲线上突起部分就是色谱峰，如图 5-1 所示。色谱图上有一组色谱峰，每个峰代表样品中的一个组分。理想的色谱流出曲线应该是正态分布曲线。

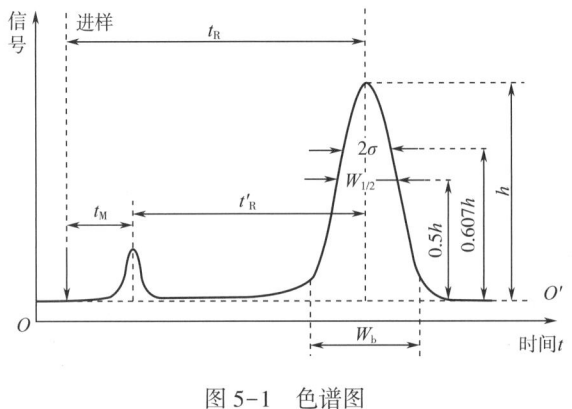

图 5-1　色谱图

（二）基本术语

1. 基线

在正常操作条件下，没有样品，仅有流动相通过色谱柱时，检测器的响应信号随时间变化的曲线，称为基线。它反映检测系统噪声随时间变化的情况，稳定的基线应是一条水平直线。

2. 基线漂移

基线随时间定向的缓慢变化称为基线漂移。

3. 噪声

噪声指由各种因素所引起的基线起伏，分为短噪声和长噪声两种形式。短噪声俗称毛刺，使基线呈绒毛状。长噪声可能是有规律的波动，基线呈波浪形，也可能是无规律的波动。

4. 色谱峰

色谱流出曲线的突出部分称为色谱峰。如完全分离，每个色谱峰代表一种组分，色谱峰的大小一般和样品组分的含量（质量或者浓度）成正比。因此，根据色谱峰的位置可以定性分析；根据色谱峰的大小可以定量分析。理论上讲，色谱峰应该是对称的，符合高斯正态分布，实际上一般情况下的色谱峰都是非对称的色谱峰，主要有以下几种：前伸峰、拖尾峰、分叉峰、馒头峰等。

5. 峰高和峰面积

峰高（h）是指峰顶到基线的垂直距离。峰面积是指每个组分的流出曲线与基线间所包围的面积。峰高或峰面积的大小和每个组分在样品中的含量相关，因此色谱峰的峰高或峰面积是气相色谱进行定量分析的主要依据。

6. 峰宽

通过色谱峰两侧的拐点作切线，切线与基线交点间的距离为峰宽（W_b）。

7. 半峰宽

峰高一半处的色谱峰宽度称为半峰宽（$W_{1/2}$）。

8. 标准偏差（σ）

标准偏差为 0.607 倍峰高处色谱峰宽度的一半。

9. 死时间

死时间指从进样开始到惰性组分（指不被固定相吸附或溶解的空气）从柱中流出，呈现浓度极大值时所需要的时间（t_M）。反映了色谱柱中未被固定相填充的柱内死体积和检测器死体积的大小，与被测组分的性质无关。

10. 保留时间

保留时间指组分从进样开始到出现待测组分信号极大值所需要的时间（t_R）。

11. 调整保留时间

调整保留时间指样品组分被固定相滞留的时间，即保留时间与死时间的差值。

12. 死体积（V_M），保留体积（V_R），和调整保留体积（V_R'）

保留时间受载气流速的影响，为了消除这一影响，保留值也可以用从进样开始到出现峰（空气或甲烷峰，组分峰）极大值所流过的载气体积来表示，即用保留时间乘以载气平均流速。

死体积　　　　　　　　　　　$V_M = t_M F_c$

保留体积　　　　　　　　　　$V_R = t_R F_c$

调整保留体积　　　　　　　　$V_R' = t_R' F_c$

式中　F_c——操作条件下柱内载气的平均流速。

13. 分配系数（K）

分配系数指平衡状态时，组分在固定相与流动相中的浓度比。K 与组分、固定相、流动相的性质及温度等有关。

$$K = \frac{\text{组分在固定相中的浓度}(c_s)}{\text{组分在流动相中的浓度}(c_m)}$$

14. 容量因子（k）

容量因子又称分配比、容量比，指组分在固定相和流动相中分配量（质量、体积、物质的量）之比。

$$k = \frac{\text{组分在固定相中的质量}}{\text{组分在流动相中的质量}}$$

15. 选择因子（α）

相邻两组分调整保留值之比称为选择因子，也称相对保留值，以 α 表示。α 数值的大小反映了色谱柱对难分离物质混合物的分离选择性。α 越大，相邻两组分色谱峰相距越远，色谱柱的分离选择性越高。当 α 接近或等于 1 时，说明相邻两组分色谱峰重叠未能分开。

从色谱流出曲线可以看到色谱峰的数目代表样品中单组分的最少个数。峰宽（W）、半峰宽（$W_{1/2}$）、标准偏差（σ）是区域宽度，反映了色谱柱的分离效能，其值越小柱效越高。保留时间（t_R）、调整保留时间（t_R'）等是色谱定性的依据。色谱峰高或峰面积是定量的依据。

> **思考与练习**
>
> 1. 按照分离原理可以将色谱法分为哪几种？
> 2. 在色谱系统中，各组分流出色谱柱的先后顺序与什么有关？

项目五 知识点一
课堂互动

知识点二

气相色谱分析技术的基本原理

一、气相色谱法的分离原理

色谱分离的基本原理是试样组分通过色谱柱时与填料之间发生相互作用，这种相互作用大小的差异使各组分在色谱柱中的移动速度不同，从而按先后顺序流出实现分离。

（一）气-固色谱

气-固色谱的固定相是固体吸附剂，试样气体由载气携带进入色谱柱，与吸附剂接触时，很快被吸附剂吸附。随着载气的不断通入，被吸附的组分又从固定相中洗脱下来（这种现象称为脱附），脱附下来的组分随着载气向前移动时又再次被固定相吸附。这样，随着载气的流动，组分吸附脱附的过程反复进行。由于组分性质的差异，固定相对它们的吸附能力有所不同。易被吸附的组分，脱附较难，在柱内移动速度慢，停留的时间长；反之，不易被吸附的组分在柱内移动速度快，停留时间短。所以，经过一定的时间间隔（一定柱长）后，性质不同的组分便达到了彼此分离。

气相色谱法分离原理（微课视频）

（二）气-液色谱

气-液色谱的固定相是涂在载体表面的固定液，试样气体由载气携带进入色谱柱，与固定液接触时，气相中各组分就溶解到固定液中。随着载气的不断通入，被溶解的组分又从固定液中挥发出来，挥发出的组分随着载气向前移动时又再次被固定液溶解。随着载气的流动，溶解挥发的过程反复进行。由于组分性质差异，固定液对它们的溶解能力有所不同。易被溶解的组分，挥发较难，在柱内移动的速度慢，停留时间长；反之，不易被溶解的组分，挥发快，随载气移动的速度快，因而在柱内停留时间短。经一定的时间间隔（一定柱长）后，性质不同的组分便达到了彼此分离。

物质在固定相和流动相之间发生的吸附脱附和溶解挥发的过程，称为分配过程。分配系数或分配比相同的两组分，它们的色谱峰永远重合；分配系数或分配比的值差别越大，则相应的色谱峰距离越远，分离越好。总的来说，分配系数小的物质先出峰，分配系数大的物质后出峰。

色谱工作者对高度复杂的色谱过程进行了大量的研究工作，提出了几种理论用于解释色谱分离过程中的各种柱现象和描述色谱流出曲线的形状以及评价柱子的有关参数。下面简单介绍色谱分离理论中最常见的塔板理论和速率理论。

二、塔板理论

（一）理论塔板高度和理论塔板数

塔板理论是1941年由马丁（Martin）和辛格（Synge）提出的半经验式理论，他们将色谱分离技术比拟作一个蒸馏过程，即将连续

气相色谱基本理论（微课视频）

的色谱过程看作是许多小段平衡过程的重复。

1. 塔板理论的基本假设

塔板理论把色谱柱比作一个分馏塔，这样色谱柱可由许多假想的塔板组成（即色谱柱可分成许多个小段），在每一小段（塔板）内，一部分空间为涂在载体上的液相占据，另一部分空间充满载气（气相），载气占据的空间称为板体积 V_D。当欲分离的组分随载气进入色谱柱后，就在两相间进行分配。由于流动相在不停地移动，组分就在这些塔板间隔的气-液两相间不断地达到分配平衡。塔板理论假设如下。

（1）每一小段间隔内，气相平均组成与液相平均组成可以很快达到分配平衡。

（2）载气进入色谱柱，不是连续的而是脉动式的，每次进气为一个板体积。

（3）试样开始时都加在 0 号塔板上，且试样沿色谱柱方向的扩散（纵向扩散）可忽略不计。

（4）分配系数在各塔板上是常数。

这样，单一组分进入色谱柱，在固定相和流动相之间经过多次分配平衡，流出色谱柱时便可得到一趋于正态分布的色谱峰，色谱峰上组分的最大浓度处所对应的流出时间或载气板体积即为该组分的保留时间或保留体积。若试样为多组分混合物，则经过很多次的平衡后，如果各组分的分配系数有差异，则在柱出口处出现最大浓度时所需的载气板体积数亦将不同。由于色谱柱的塔板数相当多，因此不同组分的分配系数只要有微小差异，仍然可能得到很好的分离效果。

2. 理论塔板数 n

在塔板理论中，把每一块塔板的高度，即组分在柱内达成一次分配平衡所需要的柱长称为理论塔板高度，简称板高，用 H 表示。假设整个色谱柱是直的，则当色谱柱长为 L 时，所得理论塔板数 n 为：

$$n = \frac{L}{H}$$

显然，当色谱柱长 L 固定时，每次分配平衡需要的理论塔板高度 H 越小，则柱内理论塔板数 n 越多，组分在该柱内被分配于两相的次数就越多，柱效能就越高。

理论塔板数的经验式为：

$$n = 5.54\left(\frac{t_R}{W_{1/2}}\right)^2 = 16\left(\frac{t_R}{W_b}\right)^2$$

式中　　n——理论塔板数；

$\quad\quad t_R$——组分的保留时间；

$\quad\quad W_{1/2}$——以时间为单位的半峰宽；

$\quad\quad W_b$——以时间为单位的峰底宽。

由上式可以看出，组分的保留时间越长，峰形越窄，理论塔板数 n 越大。

（二）有效塔板高度和有效塔板数

在实际应用中，常常出现计算出的值很大，但色谱柱的实际分离效能并不高的现象。这是由于保留时间 t_R 中包括了死时间 t_M，而 t_M 不参加柱内的分配，即理论塔板数还未能真实地反映色谱柱的实际分离效能。为此，提出了以 t_R' 代替 t_R 计算所得到的有效理论塔板数 $n_{有效}$ 来衡量色谱柱的柱效能。计算公式如下：

$$n_{有效} = \frac{L}{H_{有效}} = 5.54\left(\frac{t_R'}{W_{1/2}}\right)^2 = 16\left(\frac{t_R'}{W_b}\right)^2$$

式中　$n_{有效}$——有效理论塔板数；

　　　$H_{有效}$——有效理论塔板高度；

　　　t_R'——组分调整保留时间；

　　　$W_{1/2}$——以时间为单位的半峰宽；

　　　W_b——以时间为单位的峰底宽。

由于同一根色谱柱对不同组分的柱效能是不一样的，因此在使用有效塔板数或有效塔板高度表示柱效能时，除了应说明色谱条件外，还必须说明对什么组分而言。在比较不同色谱柱的柱效能时，应在同一色谱操作条件下，以同一种组分通过不同色谱柱，测定并计算不同色谱柱的有效塔板高度和有效塔板数，然后再进行比较。

三、速率理论

由于塔板理论的某些假设是不合理的，如分配平衡是瞬间完成的，溶质在色谱柱内运行是理想的（即不考虑扩散现象）等，以致塔板理论无法说明影响塔板高度的物理因素是什么，也不能解释为什么在不同的流速下测得不同的理论塔板数这一实验事实。但塔板理论提出的"塔板"概念是形象的，"理论塔板高度"的计算也是简便的，所得到的色谱流出曲线方程式是符合实验事实的。速率理论是在塔板理论的基础上得到发展的。它阐明了影响色谱峰展宽的物理化学因素，并指明了提高与改进色谱柱效率的方向。它为毛细管色谱柱的发展、高效液相色谱的发展起着指导性的作用。

1956年荷兰学者范第姆特（Van Deemter）等在研究气-液色谱时，提出了色谱过程动力学理论——速率理论。他们吸收了塔板理论中板高的概念，并充分考虑了组分在两相间的扩散和传质过程。提出了速率方程，也称范第姆特方程式：

$$H = A + B/u + Cu$$

式中　H——理论塔板高度；

　　　u——载气的线速度，cm/s；

　　　A——涡流扩散项；

　　　B/u——分子扩散项；

　　　Cu——传质阻力项。

（一）涡流扩散项

在填充色谱柱中，气流碰到填充物颗粒时，不断改变方向，使试样组分在气相中形成紊乱的类似涡流的流动。从而导致同一组分分子所通行路途的长短不同，因此它们在柱中停留的时间也不相同，它们是分别在一个时间间隔内到达柱尾，故因扩散而引起色谱峰的扩张。这种扩散称为涡流扩散（Eddy Diffusion），A称为涡流扩散项，它与填充物的平均颗粒直径（d_p）大小和填充物的均匀性（λ）有关。$A = 2\lambda d_p$，说明涡流扩散项所引起的峰形变宽与固定相颗粒平均直径和固定相的填充不均匀因子（λ）有关。显然，使用直径小、粒度均匀的固定相，并尽量填充均匀，可以减小涡流扩散，降低塔板高度，提高柱效。

（二）分子扩散项

分子扩散又称为纵向扩散（Longitudinal Diffusion），由于组分在色谱柱中的分布存浓度梯度，浓的部分有向两侧较稀的区域扩散的倾向，因此运动着的分子形成纵向扩散。B/u 为分子扩散项，分子扩散项与载气的线速（u）成反比，载气流速越小，组分在气相中停留时间越长，分子扩散越严重，由于分子扩散引起的峰扩张也越大。为了减小峰扩张，可以采用较高的载气流速，通常为 0.01~1.0cm/s。B 称为分子扩散系数，与组分在载气中的扩散系数有关。

$$B = 2\gamma D_g$$

式中　γ——弯曲因子，它反映了固定相对分子扩散的阻碍程度，填充柱的 $\gamma<1$，空心柱 $\gamma=1$；

D_g——组分在气相中的扩散系数，随载气和组分的性质、温度、压力而变化。

（三）传质阻力项

Cu 项为传质阻力项，其中 C 为传质阻力系数。该系数为气相传质阻力系数（C_g）和液相传质阻力系数（C_L）之和。气相传质阻力是组分从气相到气液界面间进行质量交换所受到的阻力，这个阻力会使柱横断面上的浓度分配不均匀。阻力越大，所需时间越长，浓度分配就越不均匀，峰扩散就越严重。实际过程中若采用小颗粒的固定相，以 D_g 较大的 H_2 或 He 作载气，可以减少传质阻力提高柱效。液相传质阻力是试样组分从固定相的气液界面移到液相内部，并发生质量交换，达到分配平衡，然后又返回到气液界面的传质过程。若这过程需要的时间长，表明液相传质阻力就越大，就会引起色谱峰的扩张。显然这个传质过程需要时间，而且在流动状态下分配平衡不能瞬间达到，其结果是进入液相的组分分子，因其在液相里有一定的停留时间，当它回到气相时，必然落后于原在气相中随载气向柱出口方向运动的分子，这样势必造成色谱峰扩张。实际过程中若采用液膜薄的固定液，则有利于液相传质，但不宜过薄，否则会减少样品的容量，降低柱的寿命。组分在液相中的扩散系数 D_l 大，也有利于传质，减少峰扩张。

速率理论指出了影响柱效能的因素，为色谱分离操作条件的选择提供了理论指导。由范特姆特方程可以看出许多影响柱效能的因素彼此以对立关系存在，如流速加大，分子扩散项影响减少，传质阻力项影响增大；温度升高有利于传质，但又加剧分子扩散的影响等。如何平衡这些矛盾的影响因素，使柱效能得以提高，必须选择合适的色谱分离操作条件。

四、分离度

色谱峰的分离情况主要有 4 种，如图 5-2 所示。

根据塔板理论，有效理论塔板数（$n_{有效}$）是衡量柱效能的指标，表示组分在柱内进行分配的次数，但样品中各组分，特别是难分离物质对（即物理常数相近、结构类似的相邻组分）在一根柱内能否得到分离，取决于各组分在固定相中分配系数的差异，也就是取决于固定相的选择性，而不是由分配次数的多少来确定。因而柱效能不能说明难分离物质对的实际分离效果，而选择性却无法说明柱效率的高低。因此，必须引入一个既能反映柱效能，又能反映柱选择性的指标，作为色谱柱的总分离效能指标，来判断难分离物质对在柱中的实际分离情况。这一指标就是分离度，用 R 表示，指相邻两组分色谱峰的保留时间之差与两组分平均峰宽的比值。计算公式如下：

（1）柱效较高，组分分配系数相差较大，完全分离

（2）分配系数相差不是很大，柱效较高，峰较窄，基本上完全分离

（3）柱效较低，分配系数较大，但分离的不好

（4）分配系数小，柱效低，分离效果更差

图 5-2 色谱峰的分离情况

$$R = \frac{2(t_{R_2} - t_{R_1})}{W_1 + W_2}$$

式中　t_{R_2}——相邻两峰中后峰的保留时间；

　　　t_{R_1}——相邻两峰中前峰的保留时间；

W_1、W_2——此相邻两峰的峰宽。

分离程度判定如下：

$R<1$ 时，两峰有部分重叠，两个组分分离不开；

$R=1.0$ 时，分离度可达 98%，两个组分尚未完全分离；

$R=1.5$ 时，分离度可达 99.7%。

分离度越大，色谱柱的分离效率越高，两个峰分离得越好。除另有规定外，用气相色谱法分离时，通常要求 $R>1.5$。

由于分离度总括了实现组分分离的热力学和动力学（即峰间距和峰宽）两方面的因素，定量地描述了混合物中相邻两组分实际分离的程度，因而用它作色谱柱的总分离效能指标。分离度与柱效能（$n_{有效}$）和选择性因子三者的关系可用下式表示：

$$n_{有效} = 16R^2\left(\frac{\alpha_{21}}{\alpha_{21}-1}\right)^2$$

式中　$n_{有效}$——柱效能；

　　　R——分离度；

　　　α_{21}——选择因子，即相邻两峰调整保留时间之比。

思考与练习

1. 简述色谱法的分离原理。
2. 简要说明塔板理论的假设有哪些。

项目五 知识点二
课堂互动

知识点三

气相色谱仪

一、气相色谱仪的基本结构

气相色谱仪的型号种类繁多,但它们的基本结构是一致的,都由气路系统、进样系统、分离系统、检测系统、温度控制系统和数据处理系统六大部分组成(图 5-3)。

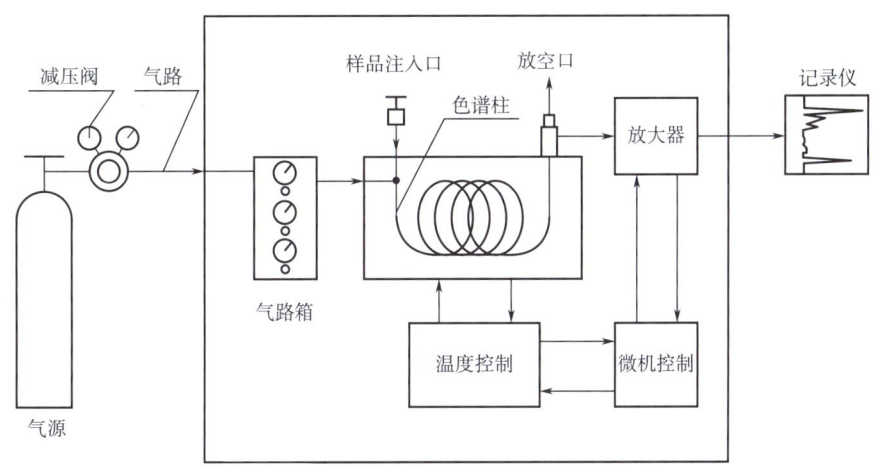

图 5-3 气相色谱仪基本结构示意图

(一)气路系统

气相色谱仪中的气路是一个载气连续运行的密闭管路系统。从气源出来的气体需经减压阀、稳压阀、稳流阀(载气)、调流阀(辅助气)、气体净化器、气体流速控制和测量装置,然后进入色谱柱,由检测器排出,形成气路系统。整个气路系统要求载气纯净、密闭性好、流速稳定及流速测量准确。

气相色谱的载气是载送样品进行分离的惰性气体,是气相色谱的流动相。常用的载气为氮气、氢气(在使用氢火焰离子化检测器时作燃气,在使用热导检测器时常作为载气)、氩气(氦、氩由于价格高,应用较少)。

气相色谱仪的基本结构(一)(微课视频)

气路系统主要部件如下:

(1)气体钢瓶和减压阀 载气一般可由高压气体钢瓶或气体发生器来提供。实验室一般使用气体钢瓶较好,因为气体厂生产的气体既能保证质量,成本也不高。由于气相色谱仪使用的各种气体压力为 0.2~0.4MPa,因此需要通过减压阀使钢瓶气源的输出压力下降。

气瓶的使用(虚拟仿真)

(2) 净化管　气体钢瓶供给的气体经减压阀后，必须经净化管净化处理，以除去水分和杂质。净化管通常为内径 50mm、长 200~250mm 的金属管。

净化管在使用前应该清洗烘干，方法为：用热的 100g/L NaOH 溶液浸泡 30min，而后用自来水冲洗干净，用蒸馏水荡洗后，烘干。净化管内可以装填 5A 分子筛和变色硅胶，以吸附气源中的微量水和低分子质量的有机杂质，有时还可以在净化管中装入一些活性炭，以吸附气源中相对分子质量较大的有机杂质。具体装填什么物质取决于载气纯度的要求。净化管的出口和入口应加上标志，出口应当用少量纱布或脱脂棉轻轻塞上，严防净化剂粉尘流出净化管进入色谱仪。当硅胶变色时，应重新活化分子筛和硅胶后，再装入使用。

(3) 稳压阀　由于气相色谱分析中所用气体流量较小，所以单靠减压阀来控制气体流速是比较困难的。因此，通常在减压阀输出气体的管线中还要串联稳压阀，用于稳定载气（或燃气）的压力，常用的是波纹管双腔式稳压阀。

使用这种稳压阀时，气源压力应高于输出压力 0.05MPa，进气口压力不得超过 0.6MPa，出气口压力一般在 0.1~0.3MPa 时稳压效果最好。稳压阀不工作时，应顺时针转动放松调节手柄，使阀关闭，以防止波纹管、压簧长期受力疲劳而失效。使用时进气口和出气口不要接反，以免损坏波纹管。所用气源应干燥，无腐蚀性、无机械杂质。

(4) 针形阀　针形阀可以用来调节载气流量，也可以用来控制燃气和空气的流量。由于针形阀结构简单，当进口压力发生变化时，处于同一位置的阀针，其出口的流量也发生变化，所以用针形阀不能精确地调节流量。针形阀常安装于空气的气路中，用于调节空气的流量。当针形阀不工作时，应使针形阀全开（此点和稳压阀相反），以防止阀形针密封圈粘在阀门入口处，也可防止压簧长期受压而失效。

(5) 稳流阀　当用程序升温进行色谱分析时，由于色谱柱柱温不断升高引起色谱柱阻力不断增加，也会使载气流量发生变化。为了在气体阻力发生变化时，也能维持载气流速的稳定，需要使用稳流阀来自动控制载气的稳定流速。

稳流阀的输入压力为 0.03~0.3MPa，输出压力为 0.01~0.25MPa，输出流量为 5~400mL/min。当柱温从 50℃升至 300℃时，若流量为 40mL/min，此时的流量变化可小于±1%。

使用稳流阀时，应使其针形阀处于"开"的状态，从大流量调至小流量。气体的进、出口不要反接，以免损坏流量控制器。

(6) 管路连接　气相色谱仪的管路多数采用内径为 3mm 的不锈钢管，靠螺母、压环和 O 形密封圈进行连接。有的也采用成本较低、连接方便的尼龙管或聚四氟乙烯管，但效果不如金属管好。特别是在使用电子捕获检测器时，为了防止空气中的氧气通过管壁渗透到仪器系统造成事故，最好使用不锈钢管或紫铜管。连接管道时，要求既要能保证气密性，又不会损坏接头。

(7) 检漏　气相色谱仪的气路要认真仔细地进行检漏，气路不密封将会使以后的实验出现异常现象，造成数据不准确。用氢气作载气时，氢气若从柱接口漏进恒温箱，可能会发生爆炸事故。

气路检漏常用的方法有两种：

一种是皂膜检漏法，即用毛笔蘸上肥皂水涂在各接头上检漏，若接口处有气泡，则表明该处漏气，应重新拧紧，直到不漏气为止。检漏完毕应使用干布将皂液擦净。

另一种是堵气观察法，即用橡皮塞堵住出口处，转子流量计流量为 0，同时关闭稳压阀，压力表压力不下降，则表明不漏气；反之，若转子流量计流量指示不为 0，或压力表压力缓慢下降（在 30min 内，仪器上压力表指示的压力下降大于 0.005MPa），则表明该处漏气，应重新拧紧各接头以至不漏气为止。

（8）载气流量的测定　载气流量是气相色谱分析的一个重要的操作条件，正确选择载气流量，可以提高色谱柱的分离效能，缩短分析时间。由于气相色谱分析中，所用气体流量较小，一般采用转子流量计和皂膜流量计进行测量。

转子流量计由一个上宽下窄的锥形玻璃管和一个能在管内自由旋转的转子组成，其上、下接口处用橡胶圈密封。当气体自下端进入转子流量计又从上端流出时，转子随气体流动方向而上升，转子上浮高度和气体流量有关，因此根据转子的位置就可以确定气体流速的大小。对于一定的气体，气体的流速和转子的高度并不呈直线关系，转子流量计上的刻度只是等距离的标记而不是流量数值。因此实际使用时必须先用皂膜流量计来标定，绘出气体的体积流速与转子高度的关系曲线图（不同压力、不同气体流速与转子位置关系不一样）。

皂膜流量计是目前用于测量气体流速的标准方法。它由一根带有气体进口的量气管和橡皮滴头组成，使用时先向橡皮滴头中注入肥皂水，挤动橡皮滴头就有皂膜进入量气管。当气体自流量计底部进入时，就顶着皂膜沿着管壁自下而上移动。用秒表测定皂膜移动一定体积时所需时间就可以算出气体流速测量精度达 1%。

（二）进样系统

要想获得良好的气相色谱分析结果，首先要将样品定量引入色谱系统，并使样品有效地汽化，然后用载气将样品快速"扫入"色谱柱。气相色谱仪的进样系统包括进样器和汽化室。进样量、进样时间的长短、试样的汽化速度等都会影响色谱柱的分离以及分析结果的准确性和重现性。

（1）进样器　进样器有手动和自动两种。液体样品的进样一般采用尖头微量注射器，常用规格有 0.5、1、5、10 和 50μL。

（2）汽化室　汽化室的作用是将液体样品瞬间汽化为蒸气。它实际上是一个加热器，通常采用金属块作加热体为消除金属表面的催化作用，在汽化室内有石英或玻璃衬管，便于清洗。衬管有分流和不分流之分。进样口类型主要有以下几种：①分流/不分流进样口（SSI）；②隔垫吹扫填充柱进样口（PPI）；③冷柱头进样口；④程序升温汽化进样口（PTV）；⑤顶空进样；⑥固相微萃取进样。当用注射器针头直接将样品注入热区时，样品瞬间汽化，然后由预热过的载气（载气先经过沿加热的汽化器载气管路），在汽化室前部将汽化了的样品迅速带入色谱柱内。气相色谱分析要求汽化室热容量要大，温度要足够高，汽化室体积尽量小，无死角，以防止样品扩散，减小死体积，提高柱效。

（三）分离系统

分离系统主要由柱箱和色谱柱组成，色谱柱是色谱仪的核心部件，它的主要作用是将多组分样品分离为单一组分的样品。

1. 柱箱

在分离系统中，柱箱其实相当于一个精密的恒温箱。柱箱的基本参数有两个：一个是柱箱的尺寸；另一个是柱箱的控温参数。

柱箱的尺寸主要关系到是否能安装多根色谱柱，以及操作是否方便。尺寸大一些是有利的，但太大了会增加能耗，同时增大仪器体积。目前商品气相色谱仪柱箱的体积一般不超过 $15dm^3$。

柱箱的操作温度范围一般在室温至 450℃，且均带有多阶程序升温设计，能满足色谱优化分离的需要。部分气相色谱仪带有低温功能，低温一般用液氮或液态 CO_2 来实现的，主要用于冷柱上进样。

2. 色谱柱的类型

色谱柱一般可分为填充柱和毛细管柱。

（1）填充柱　填充柱是指在柱内均匀、紧密填充固定相颗粒的色谱柱。柱长一般为 1~5m，内径一般为 2~4mm。依据内径大小的不同，填充柱又可分为经典型填充柱、微型填充柱和制备型填充柱。填充柱的柱材料多为不锈钢和玻璃，其形状有 U 形和螺旋形，使用 U 形柱时，柱效较高。

（2）毛细管柱　毛细管柱又称空心柱，内径一般为 0.1~0.5mm，柱长一般为 25~100m，通常弯成螺旋状。它比填充柱在分离效率上有较大的提高，可解决复杂的、填充柱难以解决的分析问题。常用的毛细管柱为涂壁空心柱（WCOT），其内壁直接涂渍固定液，柱材料大多用熔融石英，即所谓弹性石英柱。毛细管柱具有渗透性好，传质快，柱效高，分析速度快等优点。但柱容量小，允许进样量小，制备方法较复杂，价格较贵。

（四）检测系统

检测系统主要是指检测器，是色谱仪的"眼睛"。气相色谱检测器的作用是将经色谱柱分离后按顺序流出的化学组分的信息转变为便于记录的电信号，然后对被分离物质的组成和含量进行鉴定和测量。优良的检测器应灵敏度高，检出限低，死体积小，响应迅速，选择性好，线性范围宽和稳定性好。

气相色谱仪
的基本结构（二）
（微课视频）

1. 检测器的性能指标

（1）噪声和漂移　在没有样品进入检测器的情况下，仅由于检测器本身及其他操作条件（如柱内固定液流失，橡胶隔垫流失、载气、温度、电压的波动、漏气等因素）使基线在短时间内发生起伏的信号，称为噪声，单位为 mV。噪声是检测器的本底信号。使基线在一定时间内对原点产生的偏离，称为漂移。良好的检测器的噪声与漂移都应该很小，它们表明检测器的稳定状况。

（2）检测器的线性与线性范围　检测器的线性是指检测器内载气中组分浓度与响应信号成正比的关系。线性范围是被测物质的量与检测器响应信号呈线性关系的范围，以最大允许进样量与最小允许进样量的比值表示。良好的检测器其线性接近于 1。检测器的线性范围越宽越好。

（3）检测器的灵敏度　灵敏度（Sensitivity，S）又称响应值或应答值，是指单位数量的物质进入检测器所产生信号的大小。一定浓度组分（Q）进入检测器产生一定的响应信号（R），将不同的物质量与相应的响应信号作图，得到一条通过原点的直线，其中直线的斜率就是检测器的灵敏度。即：$S = \Delta R / \Delta Q$。

对于浓度型检测器，ΔR 单位是 mV，ΔQ 单位为 mg/mL，灵敏度的单位是 mV·mL/mg，

即每 1mL 载气中有 1mg 样品在检测器上产生的信号值。对于质量型检测器，ΔR 单位是 g/s，灵敏度 S 的单位是 mV·s/g。即每秒钟 1g 组分进入检测器后产生的信号值。在实际工作中，通常从色谱图上测量峰的面积计算检测器的灵敏度。不同的检测器，计算灵敏度的公式不同。

检测器的灵敏度的测定方法是：在一定实验条件下，将一定量的纯物质（常用苯）进样，测量其峰面积，应用灵敏度的计算公式，即可求得相应灵敏度。

（4）检测器的检测限　在灵敏度计算中没有明确噪声大小，因而操作者误认为可以将检测器的输出信号，通过放大器放到足够大，从而使灵敏度提高。显然这种办法是不妥的，因为必须考虑到噪声这一参数。通常将产生 2 倍噪声信号时，单位体积的载气或单位时间内进入检测器的组分量称为检测限（D），亦称敏感度。

灵敏度和检测限是从两个不同角度表示检测器对物质敏感程度的指标。灵敏度越大，检测限越小，则表明检测器性能越好。

（5）检测器的响应时间　气相色谱检测器的响应时间是指进入检测器的组分输出达 63% 所需的时间，一般小于 1s。检测器的响应时间越短，表明检测器性能越好。

2. 气相色谱常用检测器

目前，可用于气相色谱分析法的检测器已有几十种，其中最常用的是热导检测器（TCD）、氢火焰离子化检测器（FID）。普及型的仪器大都配有这两种检测器。此外电子捕获检测器（ECD）、热离子化检测器（NPD）及火焰光度检测器（FPD）等也用得比较多。检测器按原理分为浓度型和质量型两种。浓度型检测器测量的是载气中组分浓度的瞬间变化，即检测器的响应值正比于组分的浓度，如 TCD、ECD；质量型检测器测量的是载气中组分进入检测器的质量流速变化，即检测器的响应信号正比于单位时间内组分进入检测器的质量，如 FID 和 FPD。几种常用气相色谱仪检测器的特点和技术指标见表 5-1。

表 5-1　　　　　　　　　　常用气相色谱仪检测器的特点和技术指标

检测器	类型	最低检测限	线性范围	主要用途
氢火焰离子化检测器（FID）	质量型、准通用型	10^{-13} g/mL	10^7	各种有机化合物分析，对碳氢化合物的灵敏度高
热导检测器（TCD）	浓度型、通用型	10^{-8} g/s	10^5	适用于各种无机气体和有机物的分析，多用于永久性气体的分析
电子捕获检测器（ECD）	浓度型、选择性	5×10^{-14} g/mL	5×10^4	适合分析含电负性元素或基团的有机化合物，多用于分析含卤素化合物
火焰光度检测器（FPD）	浓度型、选择性	3×10^{-13} g/mL	10^5	适合于含硫、含磷和含氮化合物的分析
热离子化检测器（NPD）	浓度型、选择性	10^{-15} g/s	10^5	有机氮、有机磷化合物

（1）热导检测器　热导检测器（TCD）是利用被测组分和载气的热导率不同而响应的浓度型检测器，亦称热导池检测器。热导池由池体和热敏元件构成。热敏元件为热丝，如钨丝、铂丝、铼丝，并由热丝组成电桥。热导检测器的工作原理是基于不同气体具有不同

的热导率。当有一恒定直流电通过热导池时，热丝被加热。由于载气的热传导作用使热丝的一部分热量被载气带走，一部分传给池体。当热丝产生的热量与散失热量达到平衡时，热丝温度就稳定在一定数值。此时，热丝阻值也稳定在一定数值。由于参比池和测量池通入的都是纯载气，同一种载气有相同的热导率，因此两臂的电阻值相同，电桥平衡，无信号输出，记录系统记录的是一条直线。当有试样进入检测器时，纯载气流经参比池，载气携带着组分气流经测量池，由于载气和待测量组分二元混合气体的热导率和纯载气的热导率不同，测量池中散热情况因而发生变化，使参比池和测量池孔中热丝电阻值之间产生了差异，电桥失去平衡，检测器有电压信号输出，记录仪画出相应组分的色谱峰。载气中待测组分的浓度越大，测量池中气体热导率改变就越显著，温度和电阻值改变也越显著，电压信号就越强。此时输出的电压信号与样品的浓度成正比，这正是热导检测器的定量基础。

使用注意事项：首先尽量采用高纯气源；载气与样品气中应无腐蚀性物质、机械性杂质或其他污染物。其次，载气至少通入 30min，保证将气路中的空气赶走后，方可通电，以防热丝元件的氧化，未通载气严禁加载桥电流。另外，在灵敏度符合要求的条件下，桥电流尽可能选择低电流，一般控制在 100~200mA。最后，热导池高温分析时如果停机，除首先切断桥电流外，最好等检测室温度低于 100℃时，再关闭气源，这样可以延长热丝元件的使用寿命。

(2) 氢火焰离子化检测器　氢火焰离子化检测器（FID）是典型的破坏性、质量型检测器，是以氢气和空气燃烧生成的火焰为能源，当有机化合物进入以氢气和氧气燃烧的火焰，在高温下产生化学电离，电离产生比基流高几个数量级的离子，在高压电场的定向作用下，形成离子流，微弱的离子流（10^{-12}~10^{-8}A）经过高电阻（10^6~10^{11}Ω）放大，成为与进入火焰的有机化合物的量成正比的电信号，因此可以根据信号的大小对有机物进行定量分析。FID 的特点是灵敏度高，比 TCD 的灵敏度高 10^3 倍；检出限低，可达到 10~12g/s；线性范围宽，可达 10^7；FID 结构简单，死体积一般小于 1μL，响应时间仅为 1ms，既可以与填充柱联用，也可以直接与毛细管柱联用；FID 对能在火焰中燃烧电离的有机化合物都有响应，可以直接进行定量分析，是应用最为广泛的气相色谱检测器之一。FID 的主要缺点是不能检测永久性气体、水、一氧化碳、二氧化碳、氮的氧化物、硫化氢等物质。

使用注意事项：FID 对载气纯度要求较高，尽量使用高纯气源，空气必须经过 5A 分子筛充分地净化；色谱柱必须经过严格的老化处理；长期使用会使喷嘴堵塞，因而造成火焰不稳、基线不准等故障，所以实际操作过程中应经常对喷嘴进行清洗。

(3) 电子捕获检测器　电子捕获检测器（ECD）是目前气相色谱中常用的一种高灵敏度、高选择性检测器。

ECD 只对具有电负性的物质，如含 S、P、卤素的化合物、金属有机物及含羰基、硝基、共轭双键的化合物有输出信号，而对电负性很小的化合物，如烃类化合物等，只有很小或没有输出信号。电子捕获检测器以 ^{63}Ni 或 ^{3}H 作放射源，当载气（如 N_2）通过检测器时，因受放射源放射粒子激发而电离，产生一定数量的电子和正离子，在一定强度电场作用下形成一个背景电流（基流）。电负性组分进入检测器时捕捉电子，生成带负电的分子离子并与载气电离产生的正离子复合成中性化合物，从而基流减小，产生负信号形成倒峰。信号强度与组分浓度呈一定关系。

ECD 对那些电子系数大的物质的检测限可达 $10^{-14} \sim 10^{-12}$ g，所以特别适合于分析痕量电负性化合物。虽然 ECD 的线性范围较窄，仅为 10^4 左右，但 ECD 仍然被广泛用于生物、医药、食品、农药、环保、金属螯合物及气象追踪等领域。

使用注意事项：载气必须严格纯化，彻底除去水和氧，最好纯度在 99.999% 以上。若载气中含有氧、水等会使基流大大降低，灵敏度降低。使用耐高温的隔垫和洁净样品，使用流失小的耐高温的隔垫，汽化室洁净，柱流失少；当样品浓度过大时，应当适当稀释后再进样，试剂要除水。

（4）火焰光度检测器　火焰光度检测器（FPD）又名硫磷检测器，是高选择性和高灵敏度的检测器。适宜于分析含硫、磷的农药及环境分析中监测含微量硫、磷的有机污染物。

（5）热离子化检测器　热离子化检测器是专门测定有机氮和有机磷的选择性检测器，故又称氮磷检测器（NPD），属于质量性检测器。热离子化检测器是在火焰离子化检测器的喷嘴上附加一个碱金属盐圈，当试样分子含氮、磷、硫、卤素时，则将增大碱盐的挥发度和化学电离，从而使收集到的离子流和所得到的信号大为增加。

（五）温度控制系统

温度是气相色谱法最重要的操作条件，直接影响柱的选择性和分离效能，并影响检测器的灵敏度和稳定性。控制温度主要指对色谱柱、汽化室、检测器三处的温度进行控制，尤其是对色谱柱的控温精度要求很高。为了适应在不同温度下使用色谱柱的要求，通常把色谱柱放在一个恒温箱中，以提供可以改变的、均匀的恒定温度。恒温箱使用温度为室温至450℃，要求箱内上下温度差在3℃以内，控制点的控温精度在±（0.1~0.5）℃。

控温方式分为恒温和程序升温两种。当分析沸点范围很宽的混合物时，用等温的方法就很难完成分离的任务，此时就要采用程序升温的方法来完成分析任务。所谓程序升温就是指在一个分析周期里，色谱柱的温度连续地随分析时间的增加从低温升到高温。这样可改善宽沸程样品的分离度并缩短分析时间。

（六）数据处理系统

数据处理系统是气相色谱分析必不可少的一部分，虽然对分离和检测没有直接的贡献，但分离效果的好坏，检测器性能的好坏，都要通过数据处理系统所收集显示的数据反映出来。所以，数据处理系统最基本的功能便是将检测器输出的模拟信号随时间的变化曲线，即将色谱图画出来。根据色谱图，在人工辅助下，最后由计算机完成定性、定量工作。

二、气相色谱仪的分析流程

载气由高压钢瓶或气体发生器中流出，经减压阀降到所需压力后，通过净化干燥管使载气净化，再经稳压阀和转子流量计后，以稳定的压力、恒定的速度流经汽化室与汽化的样品混合，将样品气体代入色谱柱中进行分离。分离后的各组分随着载气先后流入检测器，然后载气放空。检测器将物质的浓度或质量的变化转变为一定的电信号，经放大后在记录仪上记录下来，就得到色谱流出曲线。根据色谱流出曲线上得到的每个峰的保留时间，可以进行定性分析，根据峰面积或峰高的大小，可以进行定量分析。分析过程如

图 5-4 所示。

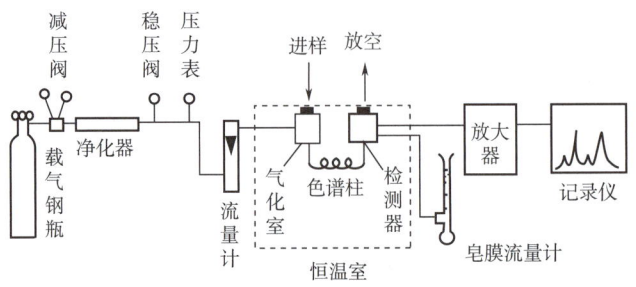

图 5-4　气相色谱分析过程示意图

三、气相色谱仪的使用及注意事项

（一）气相色谱仪的使用

1. 气相色谱仪简单操作流程

（1）打开气体发生器开关，或者逆时针方向开启载气钢瓶阀门。

（2）开启主机电源总开关。打开与气相色谱仪连接的电脑，并运行气相色谱仪工作软件，待工作站软件与仪器连接并自检通过后，进行下一步。

（3）根据所测样品所需要的条件，在气相色谱仪工作软件里分别设定载气流量、检测器温度、进样口的温度，柱箱的初始温度及升温程序等色谱参数。设定完后，各区温度开始升高，当温度达到设定值时，设备准备就绪。开启氢气钢瓶总阀、空气压缩机总阀（或打开氢气/空气发生器开关），同载气操作。

气相色谱仪的操作
（仿真动画）

（4）将玻片置检测器气体出口处检查，有水雾，表明已点火。查看仪器基线是否平稳，待基线平直后，即可进样采集图谱。

（5）试样谱图采集完毕后，关闭检测器电源，关闭燃气，再停止加热，待色谱柱、进样口的温度降至40℃以下时，依次关闭色谱仪电源开关，计算机电源，最后关闭载气阀门。

（6）登记仪器使用情况，做好实验室的整理和清洁工作，并检查好安全后，方可离开。

（7）数据处理。

2. 测定条件的设定

根据化合物的性质选择合适的色谱柱。一般情况下，极性化合物选择极性柱，非极性化合物选择非极性柱。色谱柱柱温的设定要同时兼顾高低沸点或熔点化合物，对于宽沸程的混合物一般采用程序升温法。有标准检测方法的可以依照标准检测方法设定检测条件，没有标准检测方法可参考类似化合物的检测方法。

（二）气相色谱仪使用的注意事项

注意事项有以下几点：

（1）操作过程中，一定要先通载气再加热，以防损坏检测器。

（2）在使用微量注射器取样时要注意不可将注射器的针芯完全拔出，以防损坏注射器。

（3）检测器温度不能低于进样口温度，否则会污染检测器。进样口温度应高于柱温的最高值，同时化合物在此温度下不分解。

（4）含酸、碱、盐、水、金属离子的化合物不能分析，要经过处理方可进行。

（5）注射器取样前用溶剂反复洗净，将针筒抽干，再用待分析的样品至少洗 2~5 次以避免样品间的相互干扰；所取样品要避免带有气泡以保证进样重现性。

（6）检测结束后，最后关闭载气。

四、气相色谱仪的保养维护

（1）保证汽化室密封垫的气密性　进样口的硅橡胶垫的寿命与汽化室的温度有关，一般可以用数十次，硅橡胶垫漏气时会引起基线的波动，分析的重现性变差。注射器穿刺过多，可使硅橡胶垫碎屑进入汽化室，高温时会影响基线的稳定，或者形成鬼峰。因此需经常更换密封垫和经常检查汽化室的气密性。

（2）经常清洗汽化室或衬管　由于长期使用，汽化室和衬管内常聚集大量的高沸点物质，如遇某次分析高沸点物质时就会逸出多余的峰，给分析带来影响，因此要经常用有机溶剂清洗汽化室和衬管。汽化室的清洗方法：卸掉色谱柱，在加热和通气的情况下，由进样口注入无水乙醇或丙酮，反复几次，最后加热通气干燥。

（3）经常检漏气路系统　在使用过程中如发现灵敏度降低、保留时间延长、出现波浪状的基线等，应检漏，尤其是氢气气路更应该经常性检漏，以免发生危险。试漏液最好使用十二烷基硫酸钠的稀溶液，不可用碱性较强的普通肥皂水，以免腐蚀零件。

（4）色谱柱的保养　用后及时冲洗，不用时两端密塞好保存；柱子老化时，不要接检测器。

（5）检测器定期清洗　不同的检测器需要根据仪器说明书选用不同的清洗方法；各操作温度未平衡前，要关闭氢气、空气源。

▍思考与练习

1. 简要说明气相色谱的分析流程。
2. 简述气相色谱仪的日常维护保养。

项目五 知识点三
课堂互动

知识点四

气相色谱定性和定量分析

一、气相色谱定性分析

气相色谱定性分析的目的是确定混合样品中试样组分的构成，也就是确定每个色谱峰各自代表的是什么物质,而定性分析的理论依据是建立在一定固定相和一定操作条件下,混合试样中每种组分都有各自确定的保留值或确定的色谱数据,并且不受其他组分的影响。也就是说,保留值具有各自独立性,互不干扰性。虽然说每种组分都是独立存在的,但是在同一色谱条件下,不同物质也可能具有相似或相同的保留值,这些物质是极为相似的,现有色谱条件下很难做到绝对的区分,即保留值并非是专属的。因此对于一个完全未知的混合样品单靠色谱法定性比较困难,往往需要采用多种方法综合解决,例如与质谱仪、红外光谱仪等进行联合检测。实际工作中一般所遇到的分析任务,绝大多数其成分大体是已知的,或者可以根据样品来源、生产工艺、用途等信息推测出样品的组成或可能存在的组分,在这种情况下,只需利用简单的气相色谱定性方法便能解决问题。

气相色谱定性分析
(微课视频)

(一) 保留值定性

保留值定性最基本的原理就是不同的组分物质在同一色谱条件下,应具备相同或相似的保留值。反过来不一定就是对的,即在相同色谱条件下,具有相同保留值的两种组分并不一定是同一种物质。也就是说这可能是两种相似的物质,只不过现有条件下无法做到绝对的独立,我们自然也就看不出来。在气相色谱分析中,利用保留值定性是最基本的定性方法。但是,基于以上依据,我们需要冷静地去使用保留值定性的方法,更要做到对呈现出的组分物质,具有一定的判断分析能力。

利用已知标准物质直接对照定性是一种最简单的定性方法,要求必须在具有已知标准物的情况下,方能使用本法。具体方法是:将未知物和已知标准物质用同一根色谱柱,在相同的色谱操作条件下进行分析,作出色谱图后进行对照比较。如图 5-5 中将未知试样 (1) 与已知标准物质 (2) 在同样的色谱条件下得到的色谱图直接进行比较。可以推测未知样品中峰 2 可能是甲醇,峰 3 可能是乙醇,峰 4 可能是正丙醇,峰 7 可能是正丁醇,峰 9 可能是正戊醇,虽然可以简单地判定,但是这样的推测只能是初步的,并不能够完全定性地分析出混合样中的物质就是那显示出来的组分。若想要得到准确可靠的结论,可再用另一根极性完全不同的色谱柱,做同样的对照比较试验去验证,如果得出的图谱与上述一致,就可以判定上述结

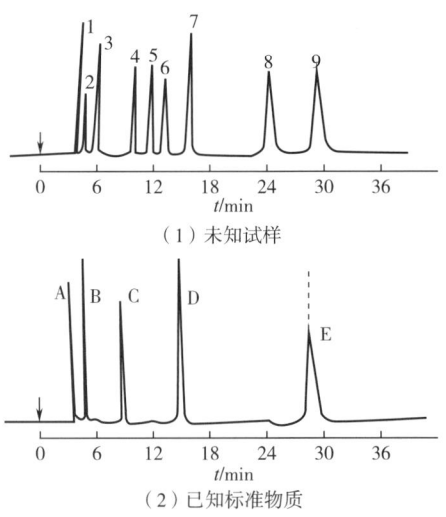

图 5-5 利用已知标准物质直接对照定性
已知标准物质:A—甲醇 B—乙醇
C—正丙醇 D—正丁醇 E—正戊醇

论是正确的,否则就可能存在误差。当然,假如对这个结论还是持有不确定的态度,则只能用其他的定性方法去佐证,这种色谱分析只针对限定条件下得出的一组峰值,其他的定性方法比如与红外光谱仪或质谱仪联用,组合判定,能够使结论更加准确。

在实际操作的过程中，利用已知纯物质作为对照组直接进行定性时，主要基本原理是利用保留时间（t_R）进行比对，这时要求载气的流速、载气的温度和柱温一定要恒定，不能发生波动，无论是载气流速发生了微小波动，还是载气温度和柱温发生微小变化，都会导致保留时间（t_R）发生变化，数据发生偏差，从而对定性结果产生影响。为了避免这个问题，有时利用保留体积（V_R）定性，不过，保留体积的直接测量是很困难的，因此，一般都是利用载气流速和保留时间来计算保留体积的数值。

然而在实际操作过程中，经常会利用以下两种方式去完成整个试验过程，从而可以有效避免因载气流速、载气温度和柱温发生的微小变化而引起的保留时间的变化，从而确保定性结果的准确性。

（1）用相对保留值定性　相对保留值只受柱温和固定相性质的影响，而柱长、固定相的填充情况和载气的流速均不影响相对保留值的大小。所以在柱温和固定相一定时，相对保留值为一定值，用它定性可得到较可靠的结果。

（2）用已知标准物增加峰高法定性　在得到未知样品的色谱图后，在未知样品中加入一定量的已知标准物质，然后在同样的色谱条件下，作已知标准物质的未知样品的色谱图。对比这两张色谱图，哪个峰增高了，则说明该峰就是加入的已知纯物质的色谱峰。这一方法既可避免因载气流速的微小变化对保留时间的影响而影响定性分析的结果，又可避免色谱图图形复杂时准确测定保留时间的困难。本法是在确认某一复杂样品中是否含有某一组分的最佳方法。

（二）选择性检测器定性

选择性检测器只对某类或某几类化合物有响应，因此，可以利用这一特点对未知物进行类别的定性。比如，FID 对有机物响应，对某些无机物不产生信号（水、硫化氢）；ECD 对含卤及氧、氮化合物有响应；FPD 对硫、磷化合物有响应等。

（三）联机技术定性

将色谱仪和定性能力强的质谱仪、红外光谱仪、核磁共振等联用，可以提高色谱定性的准确性。

二、气相色谱定量分析

定量分析就是要确定样品中某一组分的准确含量。气相色谱定量分析与绝大部分的仪器定量分析一样，是一种相对的定量方法，而不是绝对的定量方法。定量的依据是：在一定操作条件下，试样中组分的含量与其峰面积（或峰高）成正比。因此，色谱定量分析的基本公式为：

$$m_i = f_i A_i$$
$$c_i = f_i h_i$$

气相色谱定量分析
（微课视频）

式中　m_i——组分的质量；
　　　c_i——组分的浓度；
　　　f_i——组分的校正因子；
　　　A_i——组分 i 的峰面积；

h_i——组分 i 的峰高。

在色谱定量分析中，什么时候采用 A_i，什么时候采用 h_i，将视具体情况而定。一般来说，对浓度敏感型检测器，常用峰高定量；对质量敏感型检测器，常用峰面积定量。因此，气相色谱的定量分析实质上就是如何测定色谱峰面积，并在确定定量校正因子的基础上选择合适的定量计算方法。

（一）定量校正因子

1. 绝对校正因子

色谱定量分析是基于被测物质的量与其峰面积（或峰高）成正比关系。但是由于同一检测器对不同物质具有不同的响应值，当相同质量的不同物质通过检测器时，产生的峰面积（或峰高）不一定相等。所以不能用峰面积直接计算物质的量。为了使检测器产生的响应信号能真实地反映物质的含量，需要引入"定量校正因子"对响应值进行校正。定量校正因子分为绝对校正因子（f_i）和相对校正因子（$f'_{i/s}$）。

气相色谱法定量校正
因子的测定及归一化
法芳香族混合物
含量的测定
（仿真动画）

绝对校正因子是指单位峰面积或单位峰高所代表的组分的量，即：

$$f_i = \frac{m_i}{A_i}$$

或

$$f_{i(h)} = \frac{m_i}{h_i}$$

式中　m_i——组分质量（或物质的量，或体积）；
　　　A_i——峰面积；
　　　h_i——峰高。

峰高定量校正因子 $f_{i(h)}$ 受操作条件影响大，因而在用峰高定量时，一般不直接引用文献值，必须在实际操作条件下用标准纯物质测定。显然要准确求出各组分的绝对校正因子，一方面要准确知道进入检测器的组分的量 m_i，另一方面要准确测量出峰面积或峰高，并要求严格控制色谱操作条件，这在实际工作中有一定困难。因此，实际测量中通常不采用绝对校正因子，而采用相对校正因子。

2. 相对校正因子

相对校正因子是指某一组分 i 与另一标准物质 s 的绝对校正因子之比，用 $f'_{i/s}$ 表示。

$$f'_{i/s} = \frac{f_i}{f_s} = \frac{m_i A_s}{m_s A_i}$$

或

$$f'_{i/s} = \frac{f_i}{f_s} = \frac{c_i h_s}{c_s h_i}$$

式中　$f'_{i/s}$——相对校正因子；
　　　f_i——物质 i 的绝对校正因子；
　　　f_s——基准物质的绝对校正因子；
　　　m_i——物质 i 的质量；
　　　c_i——物质的浓度；

A_i——物质 i 的峰面积；

h_i——物质 i 的峰高；

m_s——基准物质的质量；

c_s——基准物质的浓度；

A_s——基准物质的峰面积；

h_s——基准物质的峰高。

常用的基准物质对不同检测器是不同的，热导检测器常用苯作基准物质，氢火焰离子化检测器常用正庚烷作基准物质。

通常将相对校正因子简称为校正因子，它是一个量纲为1的量，数值与所用的计量单位有关。根据物质量的表示方法不同，校正因子可分为相对质量校正因子、相对摩尔校正因子和相对体积校正因子。

（二）常用定量方法

根据标准样品在色谱定量过程中的使用情况，色谱定量分析方法可以分为外标法、内标法、归一化法三大类。对于一些特殊样品的分析，可能综合使用其中的2种或3种，形成更复杂的定量方法，如内加法等。

1. 外标法

用待测组分的纯品做对照物质，单独进样，以对照物质和样品中待测组分峰面积相比较进行定量的方法称为外标法，又称为标准曲线法或直接比较法。外标法的优点是操作简单，不需要前处理。缺点是要求精确进样，进样量的差异直接导致分析误差的产生。

（1）单点校正法　先配制一个和待测组分含量相近的已知浓度的标准溶液，在相同的色谱条件下，分别将待测样品溶液和标准样品溶液等体积进样，作出色谱图，测量待测组分和标准样品的峰面积或峰高，然后由下式直接计算样品溶液中待测组分的含量：

$$w_i = \frac{w_s}{A_s} A_i$$

$$w_i = \frac{w_s}{h_s} h_i$$

式中　w_s——标准样品溶液的质量分数；

w_i——样品溶液中待测组分的质量分数；

A_s、h_s——标准样品的峰面积（峰高）；

A_i、h_i——样品中组分的峰面积（峰高）。

（2）多点校正法　又称标准曲线法。是用待测组分的标准物质配制一系列浓度的溶液进行色谱分析，测量各峰的峰面积或峰高，用峰面积或峰高对样品浓度绘制标准曲线，此标准曲线应是通过原点的直线。若标准曲线不通过原点，则说明存在系统误差。在完全相同的条件下，准确进样与标准物质溶液相同体积的样品溶液，根据待测组分的峰面积，从标准曲线上查出其浓度，或用回归方程计算。

2. 内标法

若试样中所有组分不能全部出峰，或只要求测定试样中某个或某几个组分的含量时，可以采用内标法进行定量。所谓内标法即在准确称量的样品 m 中加入一定量（m_s）的某种纯物质作为内标物，根据样品中待测组分和内标物的质量比及其相应峰面积之比，即可求出待测组分在样品中的质量分数。

$$w_i = \frac{m_i}{m} \times 100\% = \frac{f_i A_i}{f_s A_s} \cdot \frac{m_s}{m} \times 100\%$$

式中　w_i——待测组分质量分数；

　　　m——样品的质量；

　　　m_i——待测组分的质量；

　　　m_s——纯物质的质量；

　　　f_i——待测组分校正因子；

　　　f_s——纯物质校正因子；

　　　A_i——待测组分峰面积；

　　　A_s——纯物质峰面积。

内标法的关键是选择合适的内标物，对于内标物的要求如下：

（1）内标物须为样品中不含的纯物质。

（2）内标物的性质应与待测组分性质相近，以使内标物的色谱峰与待测组分色谱峰靠近，并与待测组分的色谱峰完全分离（一般 $R>1.5$）。

（3）内标物与样品应完全互溶，但不能发生化学反应。

（4）内标物加入量应接近待测组分含量，其峰面积与被测组分的峰面积不能相差太大。

内标法的优点是：进样量的变化、色谱条件的微小变化对内标法定量结果的影响小，特别是在样品前处理（如浓缩、萃取、衍生化等）前加入内标物，然后再进行前处理时，可部分补偿欲测组分在样品前处理时的损失。若要获得很高精度的结果，可以加入数种内标物，以提高定量分析的精度。

内标法的缺点是：选择合适的内标物比较困难，内标物的称量要准确，操作较复杂。

3. 归一化法

当试样中所有组分均能流出色谱柱，并在检测器上都能产生信号时，可用归一化法计算组分含量。所谓归一化法就是以样品中被测组分经校正过的峰面积（或峰高）占样品中各组分经校正过的峰面积（或峰高）的总和的比例来表示样品中各组分含量的定量方法。其特点是不需要标准物，只需要一次进样即可完成分析。

归一化法兼具内标和外标两种方法的优点，不需要精确控制进样量，也不需要样品的前处理；缺点在于要求样品中所有组分都出峰，并且在检测器的响应程度相同，即各组分的绝对校正因子都相等。

若试样中含有 n 个组分，且各组分均流出色谱峰，试样中所有组分之和定为100%，则其中某个组分 i 的质量分数可按下式计算。

$$w_i = \frac{f_i A_i}{\sum_{i=1}^{n} f_i A_i} \times 100\%$$

式中　w_i——待测组分质量分数；

　　　f_i——待测组分校正因子；

　　　A_i——待测组分峰面积。

必须先知道各组分的校正因子。若对同系物（校正因子近似相等）进行定量分析，则可不用校正因子，用峰面积归一化法计算含量，如下式所示：

$$w_i = \frac{A_i}{\sum_{i=1}^{n} A_i} \times 100\%$$

该方法通常用于粗略考察样品中的各出峰成分含量。该方法操作简便，定量较准确；是一种相对测量法，操作条件（如进样量、流速等）变化对测定结果影响小。但所有组分必须在一个分析周期内流出色谱峰，归一化法不适合微量组分的测定。样品中某些组分不能流出色谱柱；样品中某些组分在检测器上无信号或者样品中某些组分在柱内分解时，不能采用归一化法。

■ **思考与练习**

1. 保留值定性最基本的原理是什么？
2. 选择内标物的条件是什么？

■ **课程思政**

项目五 知识点四
课堂互动

仪器分析为乡村振兴、建设农业强国提供支撑

2023 年 2 月 13 日，新华社受权发布《中共中央、国务院关于做好 2023 年全面推进乡村振兴重点工作的意见》，这是新世纪以来中央连续出台的第 20 个指导"三农"工作的中央一号文件。全文共 9 个部分，包括抓紧抓好粮食和重要农产品稳产保供、加强农业基础设施建设、强化农业科技和装备支撑、巩固拓展脱贫攻坚成果、推动乡村产业高质量发展、拓宽农民增收致富渠道、扎实推进宜居宜业和美乡村建设、健全党组织领导的乡村治理体系、强化政策保障和体制机制创新。其中在推进农业绿色发展中提到，加强农用地土壤镉等重金属污染源头防治，强化受污染耕地安全利用和风险管控。这就离不开科学仪器的使用。

仪器的发展，极大地提高了土地中各类重金属、食品中农药残留的检测效率，为建立美丽乡村、推动乡村发展、保障食品安全提供了坚实的基础。作为仪器分析试验人员，我们需要秉着科学严谨的态度，发挥开拓进取的科研精神，不断摸索出更多更快更好的检测方法，为早日完成乡村振兴、建设农业强国贡献自己的一份力量。

■ **项目实施**

● **任务九** 食品中甲醇含量的测定

GB 5009.266—2016
《食品安全国家标准 食品中甲醇的测定》
（仿真动画）

醇系物的气相色谱分析
（仿真动画）

■ **任务目标**

1. 掌握内标法测定待测组分的含量。

2. 熟悉气相色谱仪的基本结构和操作方法。
3. 了解气相色谱仪的保养维护知识。

■ 任务分析

我国作为酿酒大国，有着悠久的历史。在检验过程中发现，在大多数酒样中，以淀粉类原料居多，淀粉类原料又分粮谷类和薯类。粮谷类原料有玉米、高粱、大米、糯米、大麦、小麦与荞麦等；薯类原料有红薯、木薯、马铃薯等。有些酿酒作坊因生产工艺比较简陋，生产的粮食酿酒中的甲醇含量往往超过国家标准。酿酒原料中的果胶质是甲醇生成的基础，它主要集中在原料的表皮，如薯类的表皮、米麦的表面、谷糠麸皮的内表面等。以红薯酒为例，构成薯皮的细胞壁中存在着大量果胶质，果胶质在高温条件下，被分解为果胶酸和甲醇，酒中的大部分甲醇就是在这一过程中产生的。参考 GB 5009.266—2016《食品安全国家标准 食品中甲醇的测定》，采用聚乙二醇石英毛细管柱子为固定相，氢火焰离子化检测器，气相色谱法测定白酒中的甲醇含量。蒸馏酒加入内标叔戊醇，经气相色谱分离，甲醇、乙醇、叔戊醇按照极性由小至大顺序流出色谱柱。方法检出限为 7.5mg/L，定量限为 25mg/L。

■ 任务准备

1. 仪器与试剂

(1) 仪器 气相色谱仪（配氢火焰离子化检测器），气体发生器（氮气、氢气、空气），分析天平（感量0.1mg），容量瓶（25，100mL），刻度吸管（5，10mL），进样器。

(2) 试剂 超纯水，乙醇（色谱纯），甲醇标准品（纯度≥99%），叔戊醇标准品（纯度≥99%）。

2. 试液制备

(1) 乙醇溶液（40%，体积分数） 量取40mL乙醇，用水定容至100mL，混匀。

(2) 叔戊醇标准溶液（20g/L） 准确称取2.0g（精确至0.001g）叔戊醇至100mL容量瓶中，用乙醇溶液定容至100mL，混匀，0~4℃低温冰箱密封保存。

(3) 甲醇标准贮备液（5g/L） 准确称取0.5g（精确至0.001g）甲醇至100mL容量瓶中，用乙醇溶液定容至刻度，混匀，0~4℃低温冰箱密封保存。

(4) 甲醇系列标准工作液 分别吸取0.5，1.0，2.0，4.0，5.0mL 甲醇标准贮备液，于5个25mL容量瓶中，用乙醇溶液定容至刻度，依次配制成甲醇含量为100，200，400，800，1000mg/L系列标准溶液，现配现用。

3. 试样制备

吸取试样白酒（蒸馏酒）10.0mL于试管中，加入0.10mL叔戊醇标准溶液，混匀，备用。当试样颜色较深时，需要将样品中不挥发物质蒸馏去除，收集蒸馏液并用二级水定容恢复至原有体积。具体方法：吸取100mL试样于500mL蒸馏瓶中，并加入100mL水，加几颗沸石（或玻璃珠），连接冷凝管，用100mL容量瓶作为接收器（外加冰浴），并开启冷却水，缓慢加热蒸馏，收集馏出液，当接近刻度时，取下容量瓶，待溶液冷却到室温后，用水定容至刻度，混匀。

任务实施

1. 色谱条件设定

色谱柱：聚乙二醇石英毛细管柱，柱长 60m，内径 0.25mm，膜厚 0.25μm，或等效柱；

色谱柱温度：初温 40℃，保持 1min，以 4.0℃/min 升到 130℃，以 20℃/min 升到 200℃，保持 5min；

检测器温度：250℃；

进样口温度：250℃；

载气流量：1.0mL/min；

进样量：1.0μL；

分流比：20∶1；

检测器：氢火焰离子化检测器（FID）。

2. 标准曲线的绘制

分别吸取 10mL 甲醇系列标准工作液于 5 个试管中，然后加入 0.10mL 叔戊醇标准溶液，混匀，测定甲醇和内标叔戊醇色谱峰面积，以甲醇系列标准工作液的浓度为横坐标，以甲醇和叔戊醇色谱峰面积的比值为纵坐标，绘制标准曲线。

3. 试样测定

吸取试样溶液 1.0μL 注入气相色谱仪，以保留时间定性，同时记录甲醇和叔戊醇色谱峰面积的比值，根据标准曲线得到待测液中甲醇的浓度。试样中甲醇的含量计算：

$$X = \rho$$

式中 X——试样中甲醇的含量，mg/L；

ρ——从标准曲线得到的试样溶液中甲醇的浓度，mg/L。

计算结果保留三位有效数字。

4. 数据记录与处理

以色谱峰高为纵坐标，甲醇标准系列溶液的浓度为横坐标，绘制标准曲线。并根据试样溶液色谱图中甲醇峰峰高，计算试样溶液中甲醇的含量，并填写下列检测报告单。

样品名称					检测项目		
检测方法					检测依据	GB 5009.266—2016《食品安全国家标准 食品中甲醇的测定》	
色谱条件	色谱柱：聚乙二醇石英毛细管柱，柱长 60m，内径 0.25mm，膜厚 0.25μm，或等效柱；色谱柱温度：初温（ ），保持（ ）min，以 4.0℃/min 升到（ ），以（ ）升到 200℃，保持 5min；检测器温度：（ ）；进样口温度：250℃；载气流量：（ ）；进样量：1.0μL；分流比：（ ）；检测器：（ ）。						
进样		甲醇标准品				样品	
浓度/(mg/L)	100	200	400	800	1000		
甲醇峰面积 A_i							
叔戊醇峰面积 A_s							
A_i/A_s							

续表

回归方程	
检测结果/(mg/L)	

试验人：
日　期：

■任务评价

食品中甲醇含量的测定评价表

序号	工作任务	评价标准	分值	得分
1	任务准备	仪器、试剂准备充分，标准溶液的贮备液配制准确	5	
2	标准曲线绘制	1. 会配置系列标准溶液，溶液浓度能覆盖样品中甲醇可能的含量范围，并正确进样	10	
		2. 能利用数据软件绘制标准曲线，计算回归方程，相关系数大于0.99	10	
3	仪器操作	1. 会正确操作气相色谱仪，能根据样品类型选择合适的色谱柱及检测器	10	
		2. 仪器条件的设置准确，会设置样品进样并对样品进行检测	10	
4	样品分析	1. 能根据标准曲线正确地进行数据处理，并计算出样品中的甲醇含量	10	
		2. 能完整并准确完成检测报告单的填写	10	
5	仪器维护	1. 试验结束后，能正确关闭气相色谱仪	10	
		2. 能做好日常维护检查，检查汽化室密封垫的气密性、会对色谱柱进行保养，收好色谱柱	10	
6	综合素养	1. 遵守实验室安全规范，做好仪器设备使用登记；态度认真、操作规范有序，试验结果准确	10	
		2. 注重团队合作，实验室清理和打扫得干净整洁	5	
		总分	100	

任务十　食品中环己基氨基磺酸钠（甜蜜素）的测定

■任务目标

1. 掌握气相色谱外标定量法。
2. 掌握色谱工作站的应用。
3. 熟练掌握微量注射器进样技术。

■任务分析

环己基氨基磺酸钠，又名甜蜜素，是常用的甜味剂之一，其甜度是蔗糖的30~40倍。

根据 GB 2760—2024《食品安全国家标准 食品添加剂使用标准》，环己基氨基磺酸钠可应用于多种食物品类中。并且根据国标要求，不同种类的食品，限量要求不同。我国虽然已经明确规定了甜蜜素的使用范围和最大使用量，但超范围、超限量的使用情况仍屡见不鲜。长期摄入甜蜜素超标的食品，可能会对人体的肝脏和神经系统造成一定危害。本次任务是利用气相色谱法进行食品中环己基氨基磺酸钠含量的测定。食品中的环己基氨基磺酸钠用水提取，在硫酸介质中环己基氨基磺酸钠与亚硝酸反应，生成环己醇亚硝酸酯，利用气相色谱氢火焰离子化检测器进行分离及分析，保留时间定性，外标法定量。

■ **任务准备**

1. 仪器与试剂

（1）仪器 气相色谱仪配有氢火焰离子化检测器（FID）、毛细管柱，离心机：转速≥4000r/min，超声波振荡器，样品粉碎机，10μL 微量注射器，恒温水浴锅，天平：0.1mg。

（2）试剂 正庚烷，氯化钠，石油醚，氢氧化钠，硫酸，亚铁氰化钾，硫酸锌，亚硝酸钠，环己基氨基磺酸钠标准品（$C_6H_{12}NSO_3Na$）：纯度≥99%。

2. 试液制备

（1）环己基氨基磺酸标准贮备液（5.00mg/mL） 精确称取 0.5612g 环己基氨基磺酸钠标准品，用水溶解并定容至 100mL，混匀，此溶液 1.00mL 相当于环己基氨基磺酸 5.00mg（环己基氨基磺酸钠与环己基氨基磺酸的换算系数为 0.8909）。置于 1~4℃冰箱保存，可保存 12 个月。

（2）环己基氨基磺酸标准使用液（1.00mg/mL） 准确移取 20.0mL 环己基氨基磺酸标准贮备液用水稀释并定容至 100mL，混匀。置于 1~4℃冰箱保存，可保存 6 个月。

（3）试样溶液的制备 依据试样的形态选择合适的方法，详见 GB 5009.97—2023《食品安全国家标准 食品中环己基氨基磺酸盐的测定》。

（4）试样溶液的衍生化 准确移取处理过的试样溶液 10.0mL 于 50mL 带盖离心管中。离心管置试管架上冰浴中 5min 后，准确加入 5.00mL 正庚烷，加入 2.5mL 亚硝酸钠溶液，2.5mL 硫酸溶液，盖紧离心管盖，摇匀，在冰浴中放置 30min，其间振摇 3~5 次；加入 2.5g 氯化钠，盖上盖后置涡旋混合器上振动 1min（或振摇 60~80 次），低温离心（3000r/min）10min 分层或低温静置 20min 至澄清分层后取上清液放置 1~4℃冰箱冷藏保存以备进样用。

（5）标准系列溶液的制备及衍生化 准确移取 1.00mg/mL 环己基氨基磺酸标准溶液 0.50，1.00，2.50，5.00，10.0，25.0mL 于 50mL 容量瓶中，加水定容。配成标准系列溶液浓度为：0.01，0.02，0.05，0.10，0.20，0.50mg/mL。临用时配制以备衍生化使用。

准确移取标准系列溶液 10.0mL 同试样溶液衍生化。

■ **任务实施**

1. 色谱条件设定

色谱柱：弱极性石英毛细管柱（内涂 5%苯基甲基聚硅氧烷，30m×0.53mm×1.0μm）或等效柱。

柱温升温程序：初温55℃保持3min，10℃/min 升温至90℃保持0.5min，20℃/min 升温至200℃保持3min。

进样口：温度230℃；进样量1μL，不分流/分流进样，分流比1：5（分流比及方式可根据色谱仪器条件调整）。

检测器：氢火焰离子化检测器（FID），温度260℃。

载气：高纯氮气，流量12.0mL/min，尾吹20mL/min。

氢气：30mL/min；空气330mL/min（载气、氢气、空气流量大小可根据仪器条件进行调整）。

2. 标准曲线的绘制

分别吸取1μL经衍生化处理的标准系列各浓度溶液上清液，注入气相色谱仪中，可测得不同浓度被测物的响应值峰面积，以浓度为横坐标，以环己醇亚硝酸酯和环己醇两峰面积之和为纵坐标，绘制标准曲线。

3. 试样测定

在完全相同的条件下进样1μL经衍生化处理的试样待测液上清液，保留时间定性，测得峰面积，根据标准曲线得到样液中的组分浓度；试样上清液响应值若超出线性范围，应用正庚烷稀释后再进样分析。平行测定次数不少于2次。

4. 数据记录与处理

试样中环己基氨基磺酸含量如下公式计算：

$$X_1 = \frac{c}{m} \times V$$

式中　X_1——试样中环己基氨基磺酸的含量，g/kg；
　　　c——由标准曲线计算出定容样液中环己基氨基磺酸的浓度，mg/mL；
　　　m——试样质量，g；
　　　V——试样的最后定容体积，mL。

计算结果以重复性条件下获得的两次独立测定结果的算术平均值表示，结果保留三位有效数字。

样品名称		检测项目	
检测方法		检测依据	GB 5009.97—2023《食品安全国家标准　食品中环己基氨基磺酸盐的测定》
色谱条件	\multicolumn{3}{l	}{色谱柱：弱极性石英毛细管柱（内涂5%苯基甲基聚硅氧烷，30m×0.53mm×1.0μm）或等效柱。 柱温升温程序：初温（　）保持3min，10℃/min 升温至（　）保持0.5min，（　）升温至200℃保持（　）。 进样口：温度230℃；进样量1μL，不分流/分流进样，分流比（　）（分流比及方式可根据色谱仪器条件调整）。 检测器：氢火焰离子化检测器（FID），温度260℃。 载气：高纯氮气，流量12.0mL/min，尾吹20mL/min。 氢气：30mL/min；空气330mL/min（载气、氢气、空气流量大小可根据仪器条件进行调整）。}

续表

进样	环己基氨基磺酸标准溶液						样品质量/g
浓度/(mg/mL)	0.01	0.02	0.05	0.10	0.20	0.50	
N，N-二氯环己胺峰面积 A_i							
回归方程							
检测结果/(g/kg)							

试验人：
日　　期：

任务评价

食品中环己基氨基磺酸钠（甜蜜素）的测定评价表

序号	工作任务	评价标准	分值	得分
1	任务准备	仪器、试剂准备充分，标准溶液的贮备液配制准确	5	
2	标准曲线绘制	1. 会配置系列标准溶液，溶液浓度能覆盖样品中甜蜜素可能的含量范围，并正确进样	10	
		2. 能利用数据软件绘制标准曲线，计算回归方程，相关系数大于0.99	10	
3	仪器操作	1. 会正确操作气相色谱仪，能根据样品类型选择合适的色谱柱及检测器	10	
		2. 仪器条件的设置准确，会设置样品进样并对样品进行检测	10	
4	样品分析	1. 能根据标准曲线正确地进行数据处理，并计算出样品中的甜蜜素含量	10	
		2. 能完整并准确完成检测报告单的填写	10	
5	仪器维护	1. 试验结束后，能正确关闭气相色谱仪	10	
		2. 能做好日常维护检查，检查汽化室密封垫的气密性、会对色谱柱进行保养，收好色谱柱	10	
6	综合素养	1. 遵守实验室安全规范，做好仪器设备使用登记；态度认真、操作规范有序，试验结果准确	10	
		2. 注重团队合作，实验室清理和打扫得干净整洁	5	
		总分	100	

项目六

高效液相色谱分析技术

学习目标

知识目标

1. 掌握高效液相色谱法的分离原理与技术特点。
2. 理解色谱柱选择、流动相配制、检测器设置等分离方法实施步骤。
3. 比较高效液相色谱与气相色谱、经典液相色谱在分离机制及应用场景的差异。
4. 描述高效液相色谱仪输液泵、进样器、色谱柱、检测器等核心部件的工作原理。
5. 阐述外标法、内标法、面积归一化法等定量分析方法的应用原理。

技能目标

1. 能根据检测需求判断正相色谱、反相色谱等仪器类型的适用性。
2. 能选择合适色谱柱与流动相组合应对不同性质样品的分离需求。
3. 能独立操作高效液相色谱仪的自动进样器并完成梯度洗脱程序的参数设置。
4. 能运用高效液相色谱工作站软件进行色谱峰识别与定量分析计算。

素质目标

1. 养成规范操作高压输液系统、安全处置有机溶剂的职业习惯。
2. 形成追踪色谱方法修订动态的持续学习意识。
3. 树立试验数据"可追溯、可复现"的全流程质量管理责任观。
4. 培养通过异常色谱峰分析排查系统故障的严谨科学态度。

项目导入

对于保健食品功效成分、营养强化剂、维生素类、蛋白质等样品检测,如果想实现分离,鉴定和定量出混合物中的每种成分,如何选择一种色谱分离方法来完成这些检测呢?请查找相关资料,掌握这些样品有什么特点?了解高效液相色谱法的应用范围。

知识点一

高效液相色谱分析法的基本概念与特点

高效液相色谱法（High Performance Liquid Chromatography，HPLC）是一种重要的分离分析技术，起源于 20 世纪 60 年代后期。当时，色谱研究者们发现采用微粒固定相是提高柱效的关键途径。随着微粒固定相的成功研制，液相色谱仪制造商在借鉴气相色谱仪研制经验的基础上，成功地制造了高压输液泵和高灵敏度检测器，从而推动液相色谱法获得了新生，并逐渐发展成为高效液相色谱法。高效液相色谱法又被称为高压液相色谱（High Pressure Liquid Chromatography）、高速液相色谱（High Speed Liquid Chromatography）、高分离度液相色谱（High Resolution Liquid Chromatography）。这些名称分别从不同角度体现了该技术的特点，如高压输液泵的使用、分离速度快以及分离度高等。高效液相色谱法是在经典液相色谱的基础上，引入了气相色谱的理论，并在技术上进行了创新和改进。它采用了高压泵、高效固定相和高灵敏度检测器等关键部件，从而具备了速度快、效率高、灵敏度高、操作自动化等特点。随着技术的不断发展和改进，高效液相色谱法已成为化学分离分析领域中极为重要的手段，广泛应用于医药、化工、食品、环境监测等多个领域。它不仅可以用于定性和定量分析，还可以用于制备纯化等工作，为科学研究和实际生产提供了有力的技术支持。

一、高效液相色谱法与经典液相（柱）色谱法比较

经典液相（柱）色谱法使用粗粒多孔固定相，装填在大口径、长玻璃柱管内，流动相仅靠重力流经色谱柱，溶质在固定相的传质、扩散速度缓慢，柱入口压力低，仅有低柱效，分析时间冗长。

高效液相色谱法使用了全多孔微粒固定相，装填在小口径、短不锈钢柱内，流动相通过高压输液泵进入高柱压的色谱柱，溶质在固定相的传质，扩散速度大大加快，从而在短的分析时间内获得高柱效和高分离能力，相关比较情况，如表 6-1 所示。

表 6-1　　　　　　　经典液相（柱）色谱法和高效液相色谱法的比较

项目	方法	
	高效液相色谱法	经典液相（柱）色谱法
色谱柱：柱长/cm 柱内径/mm	10~25 2~10	10~200 10~50
固定相粒度：粒径/μm 筛孔/目	5~50 2500~300	75~600 200~30
色谱柱入口压力/MPa	2~20	0.001~0.1
色谱柱柱效率/（理论塔板数/m）	$2\times10^3 \sim 5\times10^4$	2~50

续表

项目	方法	
	高效液相色谱法	经典液相（柱）色谱法
进样量/g	$10^{-6} \sim 10^{-2}$	$1 \sim 10$
分析时间/h	$0.05 \sim 1.0$	$1 \sim 20$

二、高效液相色谱法与气相色谱法比较

高效液相色谱法的保留值等色谱分析有关术语以及分配系数、分配比、塔板高度、分离度、选择性等方面均与气相色谱相一致；高效液相色谱所用基本理论——塔板理论与速率理论也与气相色谱一致。液相色谱与气相色谱的差别主要有以下几方面。

液相色谱的基本原理
（微课视频）

（1）应用范围不同：液相色谱非常适合分子质量较大、难汽化、不易挥发或对热敏感的物质、离子型化合物及高聚物的分离分析，占有机物的70%~80%。

（2）流动相不同：气相色谱的流动相载气是色谱惰性的永久性气体，不参与分配平衡过程，与样品分子无亲和作用，样品分子只与固定相相互作用。而在液相色谱中流动相是各种低沸点有机溶剂及水溶液。也参与样品分子相互作用，因此液相色谱流动相的作用比气相色谱大。气相色谱的载气仅数种，其性质差别也不大，对分离效果影响也不大。而液相色谱的流动相种类多，性质差别也大，对分离效果影响显著。气相色谱的流动相（载气，如氮气、氦气）为惰性气体，仅起输运样品作用，不参与分配平衡，对分离选择性影响微弱。而液相色谱的流动相（如甲醇-水、乙腈-缓冲盐）通过溶剂极性、pH、离子强度等参数调节，直接参与溶质-固定相-流动相的三相相互作用，是优化分离选择性的关键调控因素。因此，液相色谱中流动相的选择与优化是方法开发的核心步骤，其重要性远超气相色谱。液相色谱也可选用不同比例的两种或两种以上的液体作流动相，增大分离的选择性。

（3）液相色谱分离类型多，如离子交换色谱和排阻色谱。液相色谱能完成难度较高的分离工作。就其分离机制的不同，高效液相色谱可分为液-固吸附色谱、液-液分配色谱、离子交换色谱和凝胶渗透色谱等多种类型。在上述四类色谱中，应用最广泛的是液-液分配色谱。液相色谱分析时选择余地大，而气相色谱在某些复杂分离方面的能力有限。

（4）气相色谱一般都在较高的温度下进行分离分析，而液相色谱通常在室温条件下操作。

（5）柱外效应：由于液体的扩散性比气体的小10^5倍，因此，溶质在液相中的传质速率慢，高效液相色谱法的柱外效应就显得特别重要；而在气相色谱中，柱外区域扩张可以忽略不计。

（6）制备：液相色谱不仅可用于分离分析，还可用于制备纯样品。液相色谱的馏分比气相色谱易于收集。回收样品也比较容易，而且回收是定量的，适合于大量制备样品。便于为红外、核磁等方法确定化合物结构提供纯样品。

(7) 检测器：液相色谱尚缺乏高灵敏度、通用型的检测器，液相色谱柱子昂贵，要消耗大量溶剂，液相色谱仪器比较复杂，操作严格。价格也较气相色谱仪昂贵，主要是因为采用了高压泵。在实际应用中，这两种色谱技术是互相补充的，相关比较情况，如表6-2所示。

表 6-2　　　　　　　　　　　高效液相色谱法与气相色谱法的比较

类型	高效液相色谱法	气相色谱法
进样方式	样品制成溶液	样品需加热汽化
流动相	流动相可分为离子型、极性、非极性、溶液，可与被分析样品发生相互作用，能改变分离的选择性	是气体，不与被分析样品发生相互作用
固定相	分离类型多，如吸附色谱、分配色谱、离子交换色谱、排阻色谱、亲和色谱等，可供选择的固定相种类繁多	分离类型有吸附色谱、分配色谱，可供选择的固定相种类较多
检测器	通用型检测器：UVD，PDAD，FID，ECD 选择性检测器：ELSD，RID	通用型检测器：TCD，FID 选择性检测器：ECD，FPD，NPD
应用范围	可分析高沸点，高分子有机化合物；离子型无机化合物；热不稳定，具有生物活性的生物分子	可分析低分子质量、低沸点有机化合物；永久性气体；配合裂解技术可分析高聚物

注：检测器类型，紫外吸收检测器（UVD），光电二极管阵列检测器（PDAD），氢火焰离子检测器（FID），电子捕获检测器（ECD），蒸发光散射检测器（ELSD），示差折光率检测器（RID），热导检测器（TCD），火焰光度检测器（FPD），氮磷检测器（NPD）。

三、高效液相色谱法的特点

作为色谱分析法的一个分支，高效液相色谱法是在经典液相色谱法和气相色谱法的基础上，发展起来的新型分离分析技术。它应用了气相色谱的理论，在技术上，流动相改为高压输送（最高输送压力可达29.4MPa）；色谱柱是以特殊的方法用小粒径的填料填充而成，从而使柱效大大高于经典液相色谱（每米塔板数可达几万或几十万）；同时柱后连有高灵敏度的检测器，可对流出物进行连续检测。近年来，在保健食品功效成分、营养强化剂、维生素、蛋白质的分离测定等方面应用广泛。世界上约有80%的有机化合物可以用高效液相色谱法来分析测定。

从分析原理上讲，高效液相色谱治和经典液相（柱）色谱法没有本质的差别，但由于它采用了新型高压输液泵、高灵敏度检测器和高效微粒固定相，而使经典的液相色谱法焕发出新的活力。经过近30年的发展，现在高效液相色谱法在分析速度、分离效能、检测灵敏度和操作自动化方面，都达到了和气相色谱法相媲美的程度，并保持了经典液相色谱对样品适用范围广、可供选择的流动相种类多和便于用作制备色谱等优点。如今，高效液相色谱法已在生物工程、制药工业、食品工业、环境监测、石油化工等领域获得广泛的应用。

思考与练习

1. 高效液相色谱法与气相色谱法比较，有哪些不同？
2. 高效液相色谱法与经典液相（柱）色谱法比较有哪些不同？
3. 高效液相色谱法的主要检测器有哪些？它们各有哪些应用？

项目六 知识点一
课堂互动

知识点二

高效液相色谱的类型

一、液-固吸附色谱

液-固色谱法是指流动相为液体，固定相为固体的色谱方法。它的分离原理是利用被分离组分在固定相吸附力大小不同而获得分离。在液-固色谱法中，固定相的表面存在着分散的吸附中心，组分分子和流动相分子在吸附活性中心上进行竞争吸附，这种作用还存在于不同的组分分子间，以及同一组分分子中不同官能团之间。由于这些竞争作用，形成不同组分在吸附剂表面的吸附、脱附平衡吸附剂吸附能力的强弱与吸附剂的比表面积、组分分子的结构和组成以及流动相的性质等因素有关。

1. 液-固色谱法的固定相

液-固色谱用的固定相，都是一些吸附活性强弱不等的吸附剂。最常用的是硅胶，其次是氧化铝，此外还有高分子多孔微球（有机胶）、分子筛及聚酰胺等。优良的固定相填料应具备以下特性：

（1）表面具有极性活性基团即吸附位点。
（2）形状适宜，最好呈微米级微球形，且粒径分布均匀。
（3）多孔性且比表面积大，载样量大。
（4）化学性质稳定，机械强度高，价格合理。

2. 液-固色谱法的流动相

对于其流动相的基本要求是试样要能够溶于流动相中，流动相黏度较小。液-固色谱法中使用的流动相为各种有机溶剂，常用的有甲醇、乙醚、乙腈、苯、乙酸乙酯等。流动相溶剂极性越大，洗脱能力越强，溶质保留越小；流动相溶剂极性越小，洗脱能力越弱，溶质保留越大。选择的基本原则是极性大的试样要用极性强的流动相，极性小的试样宜用极性较弱的流动相。

二、液-液分配色谱

液-液分配色谱法是指流动相和固定相均为液体，使用将特定的液态物质涂于担体表面，或化学键合于担体表面而形成的固定相。它的分离原理主要是分配的样品进入色谱柱后，各组分按照它们各自的分配系数，很快在两相间达到分配平衡，这种分配平衡的结果导致各组分随流动相前进的迁移速度不同，从而实现组分的分离。它的分类主要是根据固定相和流动相的极性不同可分为正相色谱（NPC）和反相色谱（RPC）。正相色谱为流动相极性小于固定相极性的液-液分配色谱法，适用于分离中等极性和极性很强的化合物如胺类、酚类、羧酸类等。反相色谱为流动相极性大于固定相极性的液-液分配色谱法，适用于分离非极性或弱极性化合物，如芳烃、稠环芳烃及烷烃等。

1. 液-液分配色谱的固定相

液-液分配色谱的固定相为涂渍在载体上的固定液。它的载体材料主要为全多孔型或薄壳型微粒硅胶吸附剂，缺点在于易被流动相洗脱而导致柱效能下降。

2. 液-液分配色谱的流动相

一般要求液-液分配色谱的流动相与固定液性质相差很大，不混溶，对固定相的溶解度尽可能小。例如选择固定液是极性物质时，所选用的流动相通常是极性很小的溶剂或非极性溶剂。它主要适用范围在于：①液-液分配色谱法既能分离极性化合物，又能分离非极性化合物。如烷烃、芳烃、稠环等化合物。②化合物中取代基的数目或性质不同，或化合物的相对分子质量不同，均可用液-液分配色谱法进行分离。

三、化学键合相色谱

化学键合相色谱法是由液-液分配色谱法逐渐发展而来的。虽然分配色谱法分离效果不错，但在分离过程，由于机械吸附在载体上的固定液可能会发生流失，流失的固定液会给基线带来大的噪声而降低检测器的灵敏度。因此，为了解决上述问题，研究人员利用不同的有机官能团通过共价键合的方式，将其键合到硅胶（载体）表面的游离羟基上，进而形成化学键合固定相，由此而逐渐发展成化学键合相色谱法。

根据键合固定相与流动相相对极性的强弱，可将化学键合相色谱法分为反相键合色谱法和正相键合色谱法。反相键合色谱法使用共价键合在固定相颗粒上的烷基链形成疏水性固定相，该固定相对疏水性或极性较小的化合物具有更强的亲和力，而用极性（水性）溶剂作为流动相。因此，极性流动相中的疏水分子倾向于吸附在疏水固定相上，而流动相中的亲水分子则会通过色谱柱，先被洗脱。而疏水分子可以用有机溶剂（非极性）通过降低流动相的极性来洗脱，从而减少疏水相互作用。正相键合色谱法则与反相键合色谱法相反，其键合固定相的极性大于流动相的极性，更适用于分离油溶性或水溶性的极性和强极性化合物。

四、凝胶色谱

凝胶色谱法（SEC）又称空间排阻色谱法、尺寸排阻色谱法，是按分子大小顺序进行分离的一种色谱方法。它是 20 世纪 60 年代初发展起来的一种快速而又简单的分离分析技术，由于设备简单、操作方便、不需要有机溶剂、对高分子物质有很高的分离效果，被广泛应用于大分子分级，即用来分析大分子物质相对分子质量的分布。空间排阻色谱法固定相为化学惰性多孔物质——凝胶。

凝胶色谱仪的操作
（仿真动画）

1. 基本原理

分子筛效应：凝胶色谱的原理为分子筛效应，即凝胶具有区分分子大小不同的物质的能力。当含有大小分子的混合物样品加入层析柱中后，这些物质随洗脱液的流动而向前移动；相对分子质量大小不同的物质受阻滞的程度不同。相对分子质量大的物质沿凝胶颗粒间的孔隙随洗脱液移动，流程短，移动速度快，先流出层析柱；相对分子质量小的物质可通过凝胶网孔进入颗粒内部，然后再扩散出来，故流程长，移动速度慢，后流出层析柱。

2. 特点

凝胶色谱的优点：设备简单、操作方便、周期短、样品回收率高；层析后，无须对凝胶进行再生处理，减少了工作量；凝胶是一种不带电荷的惰性载体，与溶质不发生化学反应，分离效果好，重复性高；洗脱条件温和，一般采用低离子强度（0.01mol/L）的洗脱剂，有些情况下甚至可以用水，所以不易使有效成分失活变性。

凝胶色谱的缺点：分辨率不高，分离操作较慢；分离时必须严格控制流速；样品黏度不宜过高；存在非特异性吸附现象。

3. 应用

可用于分子的组别分离、分级分离及制备；测定生物大分子的相对分子质量；高效率样品脱盐，一次脱盐达95%以上；去除热源物质；吸水，分批法浓缩样品；更换样品缓冲液。

▌思考与练习

1. 高效液相色谱法中的液-固吸附色谱主要工作原理是什么？
2. 高效液相色谱法中的液-液分配色谱主要适用于哪些物质检测？

项目六 知识点二
课堂互动

知识点三

高效液相色谱仪

一、高效液相色谱仪的分析流程

典型的高效液相色谱仪是由高压输液系统、进样系统、分离系统、检测系统和色谱数据处理系统（色谱工作站）5个基本部分和相关辅助部件构成，主要部件有储液罐、高压输液泵、进样器、色谱柱、检测器、记录仪和数据处理装置。其基本的工作流程（图6-1）是储液罐中的流动相被高压泵打入系统，样品溶液经进样阀进入流动相，被流动相载入色谱柱内，由于样品溶液中的各组分在两相中具有不同的分配系数，在两相中做相对运动时，经过反复多次的吸附-解吸的分配过程，各组分在移动速度上产生较大的差别，被分离成单个组分依次从柱内流出，通过检测器时，样品浓度被转换成电信号传送到记录仪，数据以图谱形式打印出来。

高效液相色谱仪的一般分析流程如下：首先对流动相进行0.45μm滤膜过滤和超声脱气处理（或使用在线脱气机），然后安装色谱柱并设定柱温（如30℃）。启动泵，以初始流动相条件（如乙腈-水=10∶90，体积比）冲洗色谱柱至基线稳定（约30min）。通过自动进样器注入10μL样品，样品在流动相携带下进入色谱柱进行分离。分离后的组分依次

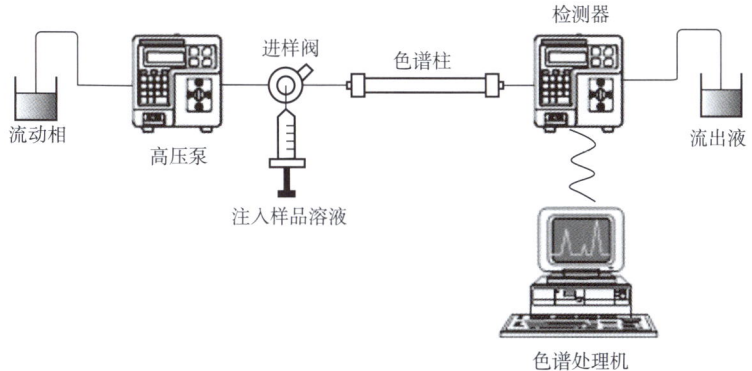

图 6-1　高效液相色谱仪工作流程示意图

流入紫外检测器（$\lambda = 254$nm），检测器将组分浓度转化为电信号，经放大后传输至工作站生成色谱图。色谱图用于定性（保留时间）、定量（峰面积）及柱效评价（理论塔板数 > 2000/m）。对于极性范围较宽的复杂样品，可通过梯度控制器编程梯度条件（如 0~20min 乙腈比例从 10% 增至 90%），优化分离效果。

二、高效液相色谱仪基本结构

（一）高压输液系统

高压输液系统由储液罐、高压输液泵、输液系统的辅助装置、梯度洗脱装置等组成，例如高效液相色谱仪 Agilent 1100 如图 6-2 所示。储液罐由玻璃、不锈钢或氟塑料等耐腐蚀材料制成。高压输液泵是高效液相色谱仪的关键部件之一，用以完成流动相的输送任务。对泵的要求是：耐腐蚀、耐高压、无脉冲、输出流量范围宽、流速恒定，且泵体易于清洗和维修。高压输液泵可分为恒压泵和恒流泵两类，常使用恒流泵（其压力随系统阻力改变而流量不变）。

高压输液泵是高效液相色谱仪最重要的部件之一。由于高效液相色谱仪所用色谱柱直径细，固定相粒度小，流动相阻力大，因此，必须借助于高压泵使流动相以较快的速度流过色谱柱。

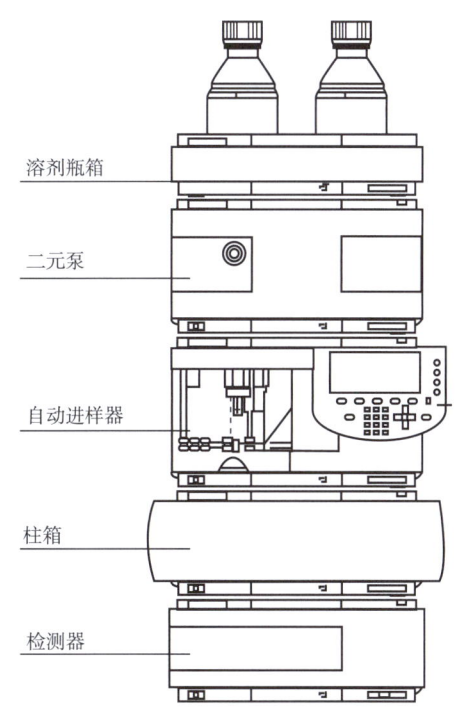

图 6-2　高效液相色谱仪 Agilent 1100 主要结构示意图

1. 储液罐

储液罐为不锈钢、玻璃或氟塑料制成的容器，容量为 1~2L，用来储存足够数量、符合要求的流动相。储液罐可以是一个普通的溶剂瓶，也可以是一个专门设计的储液器。储液器往往和泵通过管路构成循环系统以便除去溶剂中的气体。现多数使用溶剂瓶，一般采用耐腐蚀的玻璃瓶或聚四氟乙烯瓶。储液罐的放置位置要高于泵体，以保持输液静压差，使用过程应密闭，以防止因蒸发引起流动相组成改变，还可防止气体进入。

液相色谱的基本结构
（微课视频）

2. 高压输液泵

气相色谱由高压钢瓶直接提供动力，高压输液泵是高效液相色谱仪中关键部件之一，是流动相的动力源。高压输液泵功能是将溶剂储存器中的流动相以高压形式连续不断地送入液路系统，使样品在色谱柱中完成分离过程。液相色谱为了获得高柱效，所用色谱柱径较细，所填固定相粒度很小，因此，对流动相的阻力较大，为了使流动相能较快地流过色谱柱，就需要高压输液泵。

对高压输液泵的要求主要有以下几点。

（1）能在高压下连续工作，一般要求耐压 $40\sim50\mathrm{MPa\cdot cm^2}$，能 $8\sim24\mathrm{h}$ 连续工作。

（2）输出流量范围宽：分析型填充柱在 $0.1\sim10\mathrm{mL/min}$ 内连续调节，制备型填充柱要求在 100mL 以上。

（3）输出流量稳定，要求无脉冲，流量精度和重复性为 0.5% 左右。

（4）耐腐蚀，能适合各种有机溶剂、水和缓冲溶液。

（5）密封性好，泵体易于清洗和维修。

高压输液泵，按其性质可分为恒压泵和恒流泵两大类，各有特点。恒压泵是保持输出压力恒定，而流量随外界阻力变化而变化，如果系统阻力不发生变化，恒压泵就能提供恒定的流量，但其流量随色谱系统阻力而变化，故保留时间的重现性差。如果系统阻力不发生变化，恒压泵就能提供恒定的流量。恒流泵又称机械泵，主要有机械注射泵与机械往复泵两类。恒流泵特点是在一定操作条件下，输出流量保持恒定，其流量与流动相黏度和色谱柱引起阻力变化无关。

3. 输液系统的辅助装置

（1）过滤器　除掉机械杂质及固体颗粒。

（2）混合器　体积不宜大。

（3）脉动阻尼器　种类多，都有一定容积和弹性。

（4）压力测量装置　电子压力控制器流量。

（5）流量测量装置　电子流量计。

（6）脱气装置　除掉溶于流动相中的各类气体，以保证柱效能。可采用通氮脱气、超声波脱气、自动脱气机脱气等。

4. 梯度洗脱装置

在液相色谱中，当样品组成复杂时，有时会出现先出的峰分不开，后面的峰保留值又太大的现象，这时，可以采用梯度洗脱来调整混合溶剂的组成，改变溶剂强度或选择性。

梯度洗脱就是在分离过程中使两种或两种以上不同极性的溶剂按一定程序连续改变它们之间的比例，从而使流动相的强度、极性、pH 或离子强度相应地变化，达到提高分离效果，缩短分析时间的目的。

（二）进样系统

进样系统包括进样口、注射器和进样阀等，它的作用是把分析试样有效地送入色谱柱上进行分离。高效液相色谱法中对进样技术要求较严。在液相色谱中，进样方式有隔膜式注射进样器进样、进样阀方式——六通阀进样。

1. 隔膜式注射进样器进样

隔膜式注射进样器有硅橡胶隔膜，在原理上与气相色谱法完全一致。用微量注射器进样的优点可柱头进样，减小死体积，充分发挥柱的效能，简单便宜。缺点是高压进样时漏液，会产生误差，隔垫使用次数有限，进样量小，重复性差。

2. 进样阀方式——六通阀进样

一般高效液相色谱流路中为高压力工作状态，通常使用耐高压的六通阀进样装置，六通阀进样过程如图6-3所示，进样量由定量环确定。操作时先将进样器手柄置于采样位置"LOAD"，此时进样口只与定量环接通，处于常压状态，用微量注射器（体积应大于定量环体积）注入样品溶液，样品停留在定量环中。然后转动手柄至进样位置"INJECT"，使定量环接入输液管路，由高压泵输送的流动相将样品送入色谱柱中。样品定量管的容积是固定的，因此进样重复性好。缺点是不能注入小体积样品（样品体积≥1.2μL），改变注入量时要更换定量管。

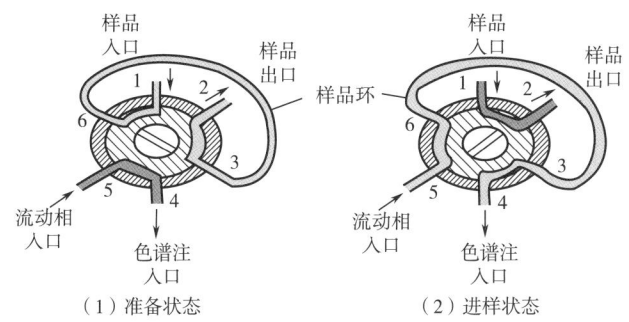

图6-3 六通阀进样过程示意图

图中标注的1、2、3、4、5、6分别代表：

1—进样口

用于连接微量注射器，将样品注入六通阀中。在"LOAD"状态时，进样口与样品环（2）接通，样品被注入样品环中。

2—样品环（定量环）

样品环是一个固定容积的部件，用于容纳样品。样品在"LOAD"状态下被注入样品环中，并在"INJECT"状态下被流动相带入色谱柱。

3—色谱柱入口

连接色谱柱的入口，在"INJECT"状态下，样品环中的样品通过流动相被带入色谱柱。

4—色谱柱出口

连接色谱柱的出口，分离后的组分从这里流出。

5—流动相入口

连接高压泵，流动相从这里进入六通阀。在"INJECT"状态下，流动相将样品环中的样品带入色谱柱。

6—废液出口

在"LOAD"状态下，废液出口与样品环（2）接通，用于排出多余的样品或废液。

六通阀的工作原理如下所述。

准备状态（LOAD）：

进样器手柄置于"LOAD"位置。

进样口（1）与样品环（2）接通，样品通过微量注射器注入样品环中。

流动相入口（5）与色谱柱入口（3）接通，流动相正常流动。

废液出口（6）与样品环（2）接通，排出多余的样品或废液。

进样状态（INJECT）：

进样器手柄转至"INJECT"位置。

样品环（2）与流动相入口（5）和色谱柱入口（3）接通，流动相将样品环中的样品带入色谱柱。

进样口（1）与废液出口（6）接通，此时进样口处于常压状态，可以进行下一次进样。

六通阀通过切换手柄位置（LOAD 和 INJECT），实现样品的加载和注入。样品环（定量环）的容积固定，确保进样量的重复性和准确性。这种设计适用于高效液相色谱仪的高压力工作环境，能够稳定地将样品送入色谱柱进行分离。

（三）分离系统

分离系统包括色谱柱、恒温器和连接管等部件。进行色谱分离的首要工作是选择性能良好的色谱柱，即选择在确定的分离条件下分离效率高和分析时间短的色谱柱。

色谱柱的选择应考虑：固定相类型的选择，主要取决于样品分离模式；柱填料的结构，主要指颗粒的形状大小、均匀性、比表面、平均孔径和孔容等；柱规格指柱内径、柱长度和填料粒度；色谱柱的牌号/厂商。色谱柱多为直形，内部充满微粒固定相。发展趋势是减小填料粒度和柱径以提高柱效。色谱柱可分为分析柱、制备柱、分析柱的保护柱。

1. 柱材料及规格

色谱柱是液相色谱的心脏部件，它包括柱管与固定相两部分。柱管材料有玻璃、不锈钢、铝、铜及内衬光滑的聚合材料的其他金属。玻璃管耐压有限，故金属管用得较多，它是由内部抛光的不锈钢管制成。一般色谱柱长 5~40cm，内径为 1~6mm，柱效达 5000~10000 块/m 理论塔板数。凝胶色谱柱内径 3~12mm。制备往内径较大，可达 25mm 以上。

2. 柱的填料

柱的填料由固定液涂在担体上而成。担体有两类：一类是表面多孔型担体；另一类是全多孔型担体。近年来又出现了全多孔型微粒担体，这种担体粒度为 5~10μm，是由 10nm 级的硅胶微粒堆积而成，又称堆积硅珠。由于颗粒小，所以柱效高，是目前最广泛使用的一种担体。

3. 保护柱

一般在分离柱前有一个前置柱，前置柱内填充物和分离柱一样，安装在分析柱前。其作用是收集、阻断来自进样器的机械和化学杂质，以保护和延长分析柱的使用寿命。一只

1cm 长的保护柱就能提供充分的保护作用。若选用较长的保护柱，虽可降低污染物进入色谱柱，但会引起谱带扩张。因此选择保护柱的原则是在满足分离要求的前提下，尽可能选择对分离样品保留低的短保护柱。

（四）检测系统

检测器实际上是一种换能装置，它将流动相中组分含量的变化，转变成可测量的电信号（通常是电压），然后输入记录器。

1. 检测器的分类

（1）按性质或应用范围分类

①总体性能检测器是响应值取决于流出物（含样品与流动相）某些物理性质的总的变化的检测器。属于这类检测器的有示差折光、电导等检测器，GC 中的热导检测器也属于这类检测器。

②溶质性能检测器是响应值取决于流动相中溶质的物理或化学特性的检测器。属于这类检测器较多，有紫外检测器、荧光检测器、化学发光检测器、安培检测器、手性检测器等。

（2）按测量信号性质分类

①浓度型检测器的响应值正比于溶质在流动相中的浓度，测量的是流动相中溶质浓度的瞬间变化，大部分液相色谱检测器属这一类检测器。当样品量一定时，检测器瞬间响应，峰高响应值与流动相流速无关；峰面积响应值与流动相流速成反比，峰面积与流速乘积为常数。

②质量型检测器的响应值正比于单位时间内通过检测器的物质的质量，峰面积与流动相流速无关，峰高响应值与流速成正比。例如，库仑检测器就是质量型检测器。

（3）按测量原理分类　可分为有热学性质检测器、光学性质检测器、电学及电化学性质检测器等。光学性质检测器是根据被测物质对光的吸收、发射和散射等性质进行检测的。

2. 常见检测器

（1）紫外吸收检测器（UVD）　紫外吸收检测器是 HPLC 中应用最广泛的检测器。

特点：灵敏度较高，噪声低，线性范围宽，受流速和温度波动影响小，不破坏样品，适用于梯度洗脱。

缺点：只能检测有紫外吸收的物质，流动相的选择受到一定限制，即流动相的截止波长应小于检测波长。

（2）光电二极管阵列检测器（DAD）　目前高效液相色谱仪中性能最好的检测器。

适用范围：色谱图用于定量，光谱图用于定性，并可判别色谱峰的纯度及分离状况。

（3）荧光检测器（FLD）　荧光检测器是一种最灵敏的高效液相色谱检测器。

适用范围：用于稠环芳烃、氨基酸、酶、维生素、色素等荧光物质的检测，进行痕量分析；非荧光物质可通过与荧光试剂反应变成荧光物质后再进行检测。

（4）示差折光率检测器（RID）　示差折光率检测器的通用性好，可以检测的化合物范围广，无紫外吸收、不发射荧光的物质。

适用范围：如糖类、脂肪烷烃类都能检测。但示差折光率检测器对温度变化敏感，且不适于梯度淋洗。

(5) 蒸发光散射检测器（ELSD） 蒸发光散射检测器是质量型通用检测器，具有比示差折光率检测器更高的灵敏度。

适用范围：适用于检测挥发性低于流动相的组分，主要用于检测糖类、高级脂肪酸、磷脂、维生素、甘油三酯及甾体等物质。

(6) 电子捕获检测器（ECD） 电子捕获检测器主要用于离子色谱的检测，其原理是基于待测物在一些介质中电离后所产生的电导变化来测量电离物质的含量。

（五）色谱工作站

色谱工作站由色谱信号采集部件和软件组成，主要有谱图采集与显示由软件系统评价、数据分析、打印编辑、质量评测等功能模块。工作站须具备检测工作所要求的数据追踪能力和数据完整性，能够采集谱图原始采样数据及相关信息，并支持按层次建立谱图目录结构，便于管理。

1. 数据采集

在数据采集过程中任一时刻进行实时动态分析，将当前数据采集过程中的数据转入"数据分析"中进行谱图的评估处理，而不终止当前采集过程。待采集完毕后再进行整体数据处理。在数据采集前可对基线进行噪声和漂移的测试，可以任意制定新建文档中的默认内容（分析环境设定、仪器参数、色谱图、定量结果、数据处理参数、报告格式等），对同类样品的分析不需再做任何设置，便于数据信息管理。

2. 数据分析

采用独有动态跟踪辨识处理技术，提高了谱峰识别能力和准确性，最大限度地减少需要设置的参数，基本实现判峰的自动处理。手工处理谱峰可自动实现数字文字的追踪记录，使离散化的操作转变为序列化的操作；能提供"校准峰和参考峰"的定位方法，可自动或手动完成谱峰的保留时间校定等功能。

3. 系统评价

要求能提供相应的检测工具：噪声测试、谱图评价、系统分析。可快捷方便地完成系统和数据文件日常稳定性和有效性的检验。它能进行谱图评价：包括谱峰对称性、统计要素、实际峰宽、容量率、拖尾因子、分离度、选择性、理论塔板数、死体积、死时间等参数的测试。它有系统分析的功能，可对多个样品高度、面积、浓度值、偏差、置信区间、回归分析进行统计。

▌思考与练习

1. 高效液相色谱法的工作流程由哪些组成？
2. 高效液相色谱仪主要部件有哪些？
3. 高效液相色谱仪常用的检测器有哪些？它们主要用于检测哪些物质？

项目六 知识点三
课堂互动

> 知识点四

高效液相色谱分析技术的应用

一、高效液相色谱仪的定性分析

（一）利用保留值定性的方法

高效液相色谱中的利用保留值定性分析的方法，是所有定性分析方法中最基本的方法，即应用色谱的一些基本理论，对有机化合物进行的效果反应，来得出有机化合物应该具有的性质。在高效液相色谱中，两个相同的物质在同一个色谱中应该具有相同的保留值，因此在高效液相色谱中的定性分析中就能够充分地应用这个原理，对未知物质采用相同的色谱进行简单的判定，该物质的成分和性质，同时相同的物质成分下，色谱上的形成的未知峰保留值也是一样的，这样就可以初步地对未知的有机化合物进行判定。在流动相不断变换的过程中，一旦发现两个保留值相同的峰，即可初步判断两种有机化合物具有相同的性质。虽然高效液相色谱的保留值定性分析方法可以判别相同的物理性质，但是不能够保证，两种具有相同保留值峰值的有机化合物是同一种物质，因此在实际应用中高效液相色谱利用保留值定性分析的方法，虽然简单、非常具有操作性，但是适用范围也比较窄，不能够适应更多的未知有机化合物的性质判定。

高效液相色谱法
定性案例分析
（微课视频）

（二）利用两谱联用定性的方法

高效液相色谱中经常应用紫外线、红外线对液相色谱进行全波长扫描。而在工业上往往会采用紫外线检测仪对高效液相色谱中的有机化合物进行扫描，通过高效液相色谱的反应来定性得出未知有机化合物的一些有价值的信息。一般会使色谱和质谱联用，这样的操作可以对未知的有机化合物进行多层次的质谱分析，增加了高效液相色谱的定性分析水平。随着技术的不断进步，串联质谱技术的应用使得现代的高效液相色谱利用两谱联用的定性分析方法在中药方面被广泛地应用，在中药品类、药品鉴定等方面技术非常成熟，同时成果也是非常的显著。在实际的高效液相色谱两谱联用的定性分析分析方法中除应用高效液相色谱和质谱联用的技术以外还应用了色谱和核磁共振联用的技术，由于这种技术对定性分析的要求不高，因此具有非常好的通用性，但是也由于色谱和核磁共振联用技术较高的使用要求使得在实际中应用的较少。

（三）其他定性的方法

在高效液相色谱的定性分析过程中存在着非常多的参数，例如熔点、沸点、折光、旋光。因此在实际的定性分析过程中，对存在的高效液相色谱参数进行测定，并且能够通过测定的结果对高效液相色谱中未知的有机化合物进行浅层的分析和处理。虽然研究高效液相色谱中的一些参数相对来说比较简单，但是实际的参数范围太广，存在的不确定性也非常的大，不利于高效液相色谱定性分析的控制。

在高效液相色谱中，定性分析常用的有下列 5 种方法。

1. 利用已知标准样定性

由于每一种化合物在特定的色谱条件下有其特定的保留值,如果在相同的色谱条件下,被测物与标样的保留值相同,则可初步认为被测物与标样相同。

2. 利用紫外和荧光光谱定性

由于不同的化合物有其不同的紫外吸收或荧光光谱,对检测池中的待检样品进行全波长(180~800nm)扫描,得到紫外可见光或荧光光谱图;再用相应标准品,按同样方法处理,也得到一个光谱图,比较这两张图谱,即可鉴别该样品是否与标准品相同。对于某些有特征光谱图的化合物,也可以与所发的标准图谱来比较以进行定性。

3. 收集柱后流出组分,再用其他化学或物理方法定性

液相色谱常用化学检测器,被测物经过检测器后不受破坏,所以可以收集各组分,然后再用红外光谱、质谱、核磁共振等方法进行鉴定。

4. 高效液相色谱指纹图谱分析法

高效液相色谱指纹图谱分析法是指纹图谱与高效液相色谱相结合的一种分析方法,目前已成为中药质量控制的首选方法,适用于中药复杂成分的分离、分析和指纹图谱的建立。在食品上主要用于天然成分的分析。被分离、分析物质预处理后用高效液相色谱测定出色谱峰,经过计算机库存信号的检索及对质谱图的解析,对所含成分做出定性鉴定。

5. 建立液相色谱定性方法

可根据以下几点,建立合理的液相色谱分析方法:选择合适的分析样品的液相色谱方法;选择合适的柱子;选择合适的 k(峰容量因子)的条件;确定良好的峰位(α);选择良好的柱条件(最佳 N 值)。

根据样品的情况,如相对分子质量是大于2000还是小于2000,样品是溶于水还是不溶于水,确定选择何种液相方法,见图6-4。

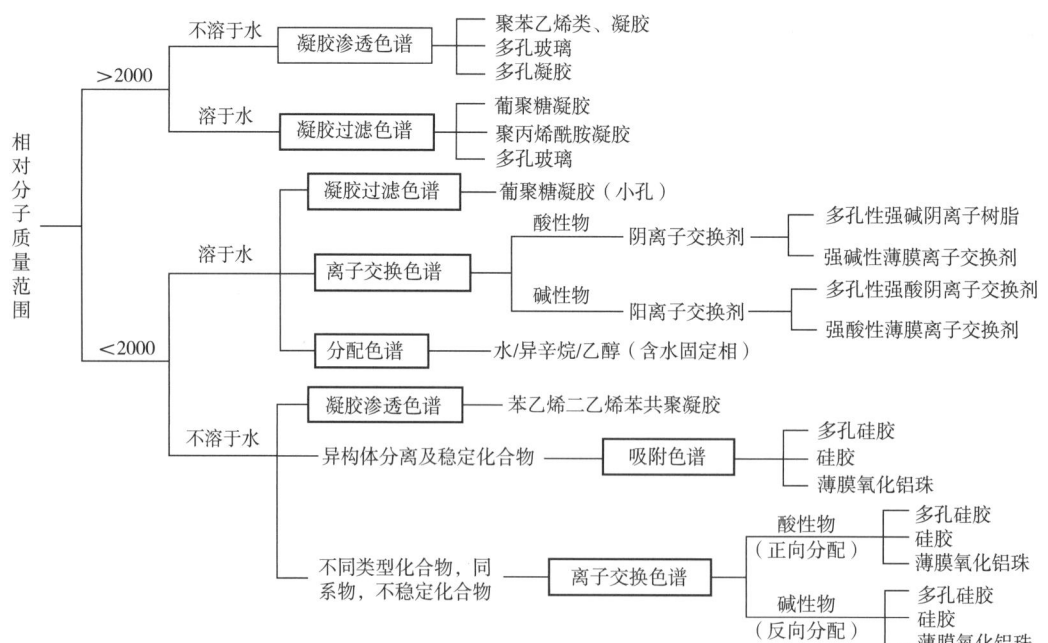

图6-4 高效液相色谱定性分析建立的方法

选择溶剂强度配成适宜的流动相,以得到理想的 k,使 k 尽量在 1~10 的范围内(特殊情况也允许 $0.5<k<20$)。溶剂的黏度也很重要,一般黏度要小于 $2×10^{-3}Pa·s$。

二、高效液相色谱仪的定量分析

(一)高效液相色谱定量分析的主要参数与气相色谱的参数比较

高效液相色谱(HPLC)与气相色谱(GC)在基础参数定义上高度一致(如保留时间、峰高、峰面积、基线等),但受仪器原理差异影响,部分参数的应用场景与影响因素需差异化表述。以下为具体对比:

参数	HPLC 与 GC 一致性	差异化要点
保留时间(t_R)	定义相同(进样至峰最大值时间)	HPLC 受流动相组成、梯度程序影响显著;GC 受柱温程序、载气流速影响显著
死时间(t_0)	定义相同(不保留组分的出峰时间)	HPLC 死时间与流动相流速、柱体积相关;GC 死时间与载气流速、柱长相关
峰高/峰面积	定义相同(定量依据)	HPLC 峰面积更常用(流动相流速稳定);GC 峰高受载气流速波动影响较大
基线漂移与噪声	定义相同	HPLC 基线漂移常见于梯度洗脱或流动相混合不均;GC 基线漂移多由柱温波动或检测器不稳定引起
谱带扩展	定义相同(纵向扩散、传质阻力导致峰展宽)	HPLC 传质阻力主要来自固定相孔结构;GC 传质阻力与载气扩散速率相关
保留体积(V_R)	定义相同(保留时间×流动相流速)	HPLC 中因流速恒定,多用保留时间;GC 中因载气流速可能变化,保留体积更少使用

高效液相色谱图的相关参数,如图 6-5 所示。

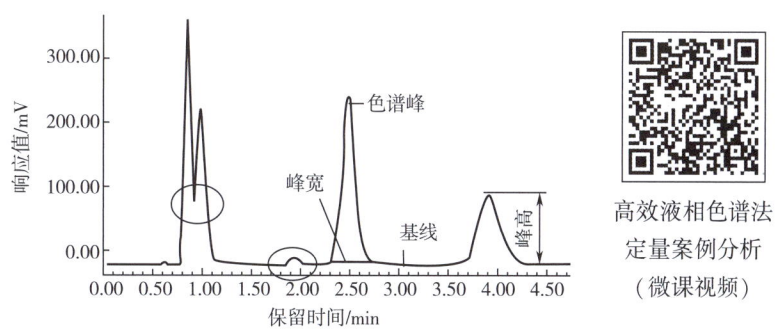

高效液相色谱法
定量案例分析
(微课视频)

图 6-5 高效液相色谱图的相关参数

1. 色谱峰

定义:样品中各组分经色谱柱分离后,在检测器上产生的响应信号随时间变化所形成的峰形曲线,即为色谱峰。图中不同时间点出现的波峰就是各个组分对应的色谱峰。

作用:通过色谱峰可以判断样品中所含组分的数量(有几个色谱峰,一般就可能有几种不同的组分），还能对各组分进行定性和定量分析。

2. 峰宽（Peak Width）

定义：色谱峰两侧拐点处所作切线与基线相交两点间的距离，一般用时间（min）或长度（mm）表示。在图中可以看到对峰宽的标注，它反映了色谱峰的宽窄程度。

作用：峰宽是衡量色谱柱分离效率的一个重要指标。峰宽越窄，说明色谱柱的分离效率越高，相邻组分越容易分开；反之，峰宽较宽可能会导致相邻色谱峰重叠，影响分离效果和定量分析的准确性。

3. 峰高（Peak Height）

定义：从色谱峰顶点到基线的垂直距离，通常用响应值（如mV）表示，如图中标注所示。

作用：在一定范围内，峰高与样品中组分的含量成正比，因此可用于定量分析。不过，峰高定量法对操作条件的稳定性要求较高，一般在峰形对称且操作条件不易变动时使用。

特点：计算简单，适合痕量、窄峰快速估算，但对流速、峰形拖尾敏感。

4. 基线（Baseline）

定义：在没有样品进入检测器时，检测器所记录到的信号-时间曲线，即图中那条几乎水平的直线。

作用：基线是计算峰高、峰面积等参数的基准。如果基线不稳定，会影响峰高、峰面积测量的准确性，进而影响定量分析结果。基线的稳定性也是衡量仪器性能和分析方法可靠性的一个重要指标。

5. 保留时间（Retention Time, t_R）

定义：保留时间是指样品组分从进样开始，到其在检测器出现浓度极大值（即色谱峰顶点）所经历的时间。单位通常是分钟（min）或秒（s）。

作用：在固定色谱条件下，每种化合物有固定t_R，如同指纹，用于确认目标物。保留时间是一个最核心、最基本的参数，主要用于定性分析，但在定量分析中也扮演着关键的支持角色。先"锁定"正确的t_R，再进行峰面积计算，避免把杂质峰当作目标峰。

色谱定量分析是基于被测物质的量与其峰面积的正比关系。但是由于同一检测器对不同的物质具有不同的响应值，所以两个相等量物质出的峰面积往往不相等，这样就不能用峰面积来直接计算物质的含量。在一定操作条件下，分析组分i的质量是与检测器的响应信号成正比的，即：

$$m_i = f_i \cdot A_i$$

式中 m_i——分析组分的质量；

f_i——分析组分的浓度；

A_i——组分峰面积。

为了使检测器产生的响应信号能真实地反映物质的含量，就要对响应值进行校正，因此引入"定量校正因子"。定量校正因子有两种：绝对校正因子和相对校正因子。

（二）高效液相色谱的定量分析方法

色谱法是根据色谱峰的面积或高度进行定量分析的。色谱定量计算方法很多，目前比较广泛应用的有归一化法、内标法和外标法。

1. 归一化法

如果试样中所有组分均能流出色谱柱并显示色谱峰，则可用归一化法计算组分含量。设试样中共有 n 个组分，各组分的量分别为 $m_1, m_2, \cdots, m_n$，则 i 种组分的百分含量为：

液相色谱仪的操作
（仿真动画）

$$W_i\% = \frac{m_i}{m_1 + m_2 + \cdots + m_n} \times 100\% = \frac{f_i A_i}{\sum_{i=1}^{n} f_i A_i} \times 100\%$$

归一化法的优点是简便、准确，进样量的多少不影响定量的准确性，操作条件的变动对结果的影响也较小，对组分的同时测定尤其显得方便。缺点是试样中所用的组分必须全部出峰，某些不需定量的组分也需测出其校正因子和峰面积，因此应用受到一些限制。

2. 内标法

内标法是在样品中加入一定量的某一物质作为内标进行的色谱分析，被测物的响应值与内标物的响应值之比是恒定的，此比值不随进样体积或操作期间所配制的溶液浓度的变化而变化，因此可得到较准确的分析结果。

当试样中所有组分不能全部出峰，或只要求测定试样中某个或几个组分时，可用此法。

准确称取 m（g）试样，加入某种纯物质 m_s（g）作为内标物，根据试样和内标物的质量比 m_s/m 及相应的色谱峰面积之比，基于下式可求组分 i 的百分含量 $W_i\%$：

因为
$$\frac{m_i}{m_s} = \frac{f_i A_i}{f_s A_s}$$

所以
$$W_i\% = \frac{m_i}{m} \times 100\% = \frac{f_i A_i m_s}{f_s A_s m} \times 100\%$$

内标物的选择条件：内标物与试样互溶且是试样中不存在的纯物质；内标物的色谱峰既处于待测组分峰附近，彼此又能很好地分开且不受其他峰干扰；加入量宜与待测组分量相近。

内标法的优点是定量准确，操作条件不必严格控制，且不像归一化法那样在使用上有所限制。缺点是必须对试样和内标物准确称重，比较费时。

3. 外标法（亦称标准曲线法）

外标法是以被测化合物的纯品或已知其含量的标样作为标准品，配成一定浓度的标准系列溶液，注入色谱仪，得到的响应值（峰高或峰面积）与进样量在一定范围内成正比。用标样浓度对响应值绘制标准曲线或计算回归方程，然后用被测物的响应值求出被测物的量。

外标法的优点是操作和计算简便，不需要知道所有组分的相对校正因子，其准确度主要取决于进样量的准确和重现性，以及操作条件的稳定性。

【例 6-1】Comixshell CARP 色谱柱对 12 种非衍生氨基酸的 HPLC 分离（图 6-6）。

[背景介绍]

高效液相色谱（HPLC）是分离和定量复杂混合物中化合物的常用技术。本案例展示了使用 Comixshell CARP 色谱柱对 12 种非衍生氨基酸进行分离和定量分析的过程。通过优化流动相组成和检测波长，可以实现对多种氨基酸的高效分离和检测。

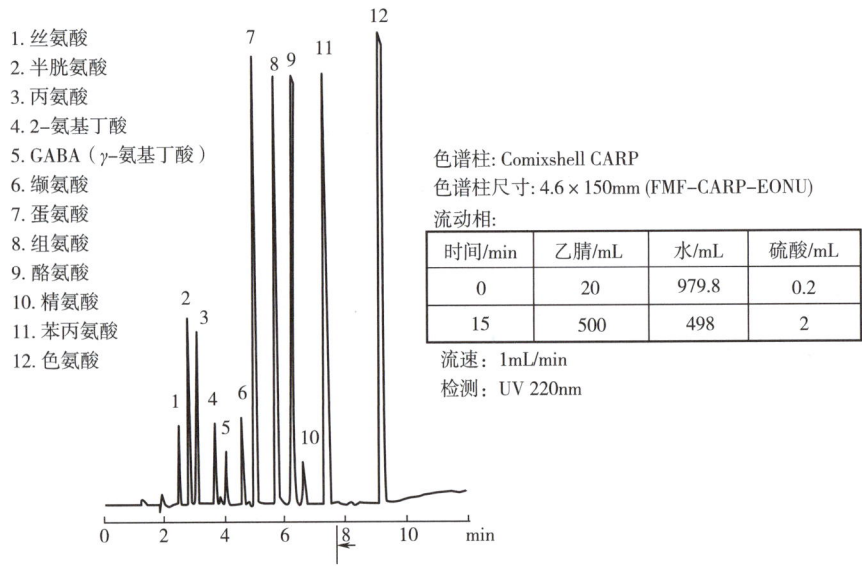

图 6-6 高效液相色谱分离氨基酸的案例

[色谱条件]

色谱柱：Comixshell CARP（4.6mm × 150mm）。

组成：乙腈-水-硫酸（梯度洗脱）。

梯度洗脱程序：

时间/min	乙腈/%	水/%	硫酸/%
0	2	97.8	0.2
15	50	49.8	0.2

流速：1mL/min。

检测波长：UV 220nm。

[色谱图解读]

色谱图中显示了12种氨基酸的分离情况，每个峰对应一种氨基酸，具体如下：

色谱峰序号	峰对应一种氨基酸	色谱峰序号	峰对应一种氨基酸
1	丝氨酸	7	蛋氨酸
2	半胱氨酸	8	组氨酸
3	丙氨酸	9	酪氨酸
4	2-氨基丁酸	10	精氨酸
5	GABA（γ-氨基丁酸）	11	苯丙氨酸
6	缬氨酸	12	色氨酸

每个峰的保留时间和峰面积可以用于定量分析。

[定量分析方法]

外标法：通过标准品的保留时间和峰面积建立标准曲线，用于样品中氨基酸的定量。

内标法：在样品中加入已知浓度的内标物，通过内标物与待测物的峰面积比值进行定量。

三、高效液相色谱定性分析方法的优化措施

1. 提高仪器的质量和效率

在进行高效液相色谱定性分析的过程中，分析人员需严格遵循仪器性能验证与维护校准规范，定期对关键参数进行校验。通过一套高质量的精密仪器，才能够保证在高效液相色谱定性分析过程中采集到更为合理的数据，并且进一步保证了高效液相色谱定性分析结构的准确性。

2. 提高对高效液相色谱的标准物的引用

保留值定性分析方法中存在一些缺点，因此在高效液相色谱保留值定性分析的过程中，可以根据现有的文献数据和对照的选用对已知标准物品进行定性分析，这样就解决了在高效液相色谱保留值定性分析中对未知物质的缺陷，从而保证了高效液相色谱定性分析方法的广泛应用。

3. 加强液相色谱的目标优化

高效液相色谱的适用范围非常的广泛，包括石油化工产品、食品、合成药品等多方面。因此对高效液相色谱的定性分析方法的掌握也是非常有必要的工作。高效液相色谱的定性分析需要在一个非常简单明了的整体目标下才能够保证得到最好的结果，因此在实际的高效液相色谱定性分析过程中加强对目标的确定和优化，拥有一个明确的目标能够让高效液相色谱的定性分析工作事半功倍。

■ 思考与练习

1. 高效液相色谱与气相色谱在色谱参数方面有哪些不同的参数？请列举并简要说明其原因。

2. 高效液相色谱中常用的定性分析方法包括归一化法、内标法和外标法。请分别说明这3种方法各自适用的情况，并简要说明原因。

3. 高效液相色谱定性分析方法的优化措施有哪些？

项目六 知识点四
课堂互动

■ 课程思政

一、我国食品安全水平不断提高

党的二十大报告系统阐述了"人民至上"的执政理念，"江山就是人民，人民就是江山""坚持人民至上、生命至上"。食品药品安全是天大的事。习近平总书记强调，要切实加强食品药品安全监管，用最严谨的标准、最严格的监管、最严厉的处罚、最严肃的问责，加快建立科学完善的食品药品安全治理体系，坚持产管并重，严把从农田到餐桌、从实验室到医院的每一道防线。有关食品分析测定方法，同学们在课前查找检测国家标准的过程中，经常会发现我们的国家标准是在不断更新的，同学们要养成勇于探索的精神、树

立科研精神和具备创新意识的职业道德和素养。

近年来，我国食品安全形势总体稳定向好，全国食品安全监督抽检合格率保持在97%以上，2024年食品评价性抽检合格率达99.2%。随着社会经济发展及生活方式不断丰富，百姓消费理念从"吃得安全"向"吃得健康""吃得绿色"转变，对食品产业提出了更高要求。当前，以新质生产力推动高质量发展，已成为食品行业共同探索的课题。从居民消费量大的粮、油、肉、蛋、乳五大类食品，到水产、蔬果、休闲零食、酒饮等各类产业，都在积极运用"数智"技术手段赋能食品安全，实现绿色转型发展。江南大学、上海海洋大学等联合发布的《中国食品安全状况研究报告（2024）》显示，五年来全国食品安全监督抽检合格率保持在97%以上的水平，呈现出稳中趋好态势。2023年，全国市场监管部门完成食品安全监督抽检6997389批次，监督抽检不合格率为2.73%，较2022年下降0.13个百分点。消费量大的粮食加工品，食用油、油脂及其制品，肉制品，蛋制品，乳制品5大类食品，监督抽检合格率分别为99.48%、99.2%、99.19%、99.86%、99.87%，高于总体抽检合格率。与上年比，餐饮食品、饼干等25大类食品抽检不合格率有所降低，但蔬菜制品、调味品等8大类食品抽检不合格率有所上升。近年来，随着《中华人民共和国食品安全法》的颁布、实施和修订，以及国务院食品安全委员会、国家食品安全风险评估中心、国家市场监督管理总局等机构的成立，我国实施了一系列旨在保障食品安全的行动计划，逐步建立了较为完善的食品安全保障体系。食品企业一定要牢固确立的两大质量观：一是产品质量安全观，合规合法、无毒无害、有益健康营养。二是企业经营质量观，质量管理不仅是控制风险、减少损失，更重要的是提升产品价值，增加企业效益，追求卓越绩效。作为食品检测的一项重要技术，薄层色谱法也在食品检测方面发挥其定性和定量优势。

二、薄层色谱的应用

1. 操作方法

薄层色谱实际上是柱色谱的一种改良，薄层板可以认为是一个开放的色谱柱。但就技术操作来看，又很类似纸色谱。一般操作依次是铺板、点样、展开、显色和计算R_f值，其操作方法概述如下。

先制备薄层板，即在大小适当的玻璃板上，均匀涂上吸附剂，厚度在1mm以内，然后在距底边1.5cm处点上样品溶液，形成一个小点，称为"原点"。再将薄层板置于盛有动相溶剂的玻缸内（此溶剂称为"展开溶剂"，玻缸称为"展开槽"）。当溶剂沿薄层扩散到距原点以上一定距离时（一般10~12cm），取出薄层板，记录展开溶剂扩展前沿距原点的距离A。然后用喷洒显色试剂或紫外光线照射的方法使被分离的化合物显色，此过程称为"显谱"。观察并记录所显斑点的中心距原点的距离。斑点在薄层板上的位置通常用比移值（R_f）表示。R_f值为斑点中心距原点的距离与溶剂展开前沿距原点距离的比值。

$$R_f = \frac{\text{斑点中心至原点的距离}}{\text{溶剂前沿至原点的距离}}$$

R_f值是与物质在两相中分配系数相关的数值，因此，在特定条件下为一常数。不同的物质由于在特定色谱条件下的两相间分配系数的差异，而有着不同的R_f值，这样就达到薄层色谱分离的目的。

例如，用硅胶和氧化铝作支持剂，其主要原理是吸附力与分配系数的不同，使混合物得以分离。当溶剂沿着吸附剂移动时，带着样品中的各组分一起移动，同时发生连续吸附与解吸作用以及反复分配作用。由于各组分在溶剂中的溶解度不同，以及吸附剂对它们的吸附能力的差异，最终将混合物分离成一系列斑点。如作为标准的化合物在层析薄板上一起展开，则可以根据这些已知化合物的 R_f 值，对各斑点的组分进行鉴定，同时也可以进一步采用某些方法加以定量。

2. 应用领域

（1）食品成分检测　食品中的营养成分是蛋白质、氨基酸、糖类、油和脂肪、维生素、食用色素等。与食品和营养有害的物质则有残留农药、致癌的黄曲霉素等。这些成分都可用薄层色谱法定性和定量。蛋白质和多肽水解为氨基酸，对不同来源的动物性和植物性蛋白水解后产生不同的氨基酸进行定性和定量，有助于解决蛋白质的结构和食品营养问题。20 多种氨基酸用硅胶 G 薄层板双向展开，一次即能分开，然后定性和定量，方法快速而简便。多糖和寡糖可水解为单糖，可用薄层色谱法进行单糖和双糖的定性和定量。文献中有每一种糖的 R_f 值和相应的展开剂。油和脂肪解为脂肪酸，脂肪酸的种类和结构中的不饱和键数，与营养和卫生有关，关于油和脂肪的薄层（硅胶、硅藻土、纤维素）分析，相关文献和综述很多。脂溶性和水溶性维生素在薄层上可方便地定性和定量，例如脂溶性维生素 A、维生素 D、维生素 E、维生素 K 及维生素 B_2、维生素 B_6、维生素 B_{12}、酶、泛酸、叶酸、维生素 C、促生素在硅胶 G 薄层上可用苯∶甲醇∶丙酮∶冰醋酸（7∶2∶0.5∶0.5）分开。用硅胶 G 薄层和丙酮∶氯仿（1∶1）以及激发波长 365 和 450nm，使用荧光法检测对黄曲霉毒素 B_1、B_2、G_1、G_2 的检测限（LOD）达到 0.1ng，方法灵敏快速。

（2）药物和药物代谢　薄层色谱法在合成药物和天然药物中的应用很广。有些文献和内容偏重合成药物、化合物及其代谢产物，有文献为在中草药分析中的应用。每一类药物，例如磺胺、巴比妥、苯骈噻嗪、甾体激素、抗生素、生物碱、强心苷、黄酮、挥发油和萜等，都包括几种或十几种化学结构和性质非常相似的化合物，可以在上述文献中找出一两种全盘的展开剂，一次即能把每一类的多种化合物很好地分开。药物代谢产物的样品一般先经预处理后用薄层分析，应用也很广，但有时因含量甚微，不如采用气相和高效液相色谱法灵敏。

（3）化学和化工　化工和化学方面的有机原料和产品都可用薄层色谱法分析。例如含各种功能基的有机物，石油产品，塑料单体，橡胶裂解产物，油漆原料，合成洗涤剂等，应用非常广泛。

（4）医学和临床　薄层色谱法的应用还渗透到医学和临床中去，例如它是一种快速的诊断方法可用于妊娠的早期诊断。方法是基于在孕妇的尿中能检出比未怀孕妇女的尿中含更多的孕二醇，把两者的尿提取后点在薄层上比较，即可作出判断。这一方法可不用动物而在 2~3h 化验出结果。

（5）毒物分析和法医化学　如前所述，经典的毒物分析有许多缺点，毒物分析和法医化学采用薄层色谱法等新的手段，对麻醉药、巴比妥、印度大麻、鸦片生物碱等均可分析。

（6）农药　十多种有机磷农药和六种有机氯农药都可在硅胶 G 薄层上分开并测定含量，可用于农药分析及其残留量分析。

项目实施

任务十一 饮料中山梨酸的测定

■ **任务目标**

1. 了解高效液相色谱法的工作原理，能正确做好制备样品预处理工作。
2. 熟悉绘制曲线图，掌握样品中山梨酸的测定方法。
3. 会正确分析试样浓度，并计算结果。

高效液相色谱仪的
基本操作
（微课视频）

■ **任务分析**

山梨酸为白色或类白色针状晶体，无味，无臭，在空气中长期放置易氧化着色，耐光耐热性好，易升华（60℃开始升华），相对密度1.2034，熔点130~135℃，沸点228℃（分解），闪点127℃，不溶于水，能溶于多种有机溶剂（如乙醇、乙醚等）。

山梨酸作为食品添加剂的一种，是国际粮农组织和卫生组织推荐的高效安全的防腐保鲜剂。在存放食品时，由于温度、湿度、环境卫生条件等因素控制不当，各种细菌微生物会不断生长繁殖，分解食品中营养成分，导致食品腐烂变质。山梨酸和山梨酸钾是国际上应用最广泛的防腐剂，具有较高的防腐性能，通过抑制微生物体内的脱氢酶系统，达到抑制微生物生长和起防腐作用，对霉菌、酵母菌和许多好气菌有抑制作用。同时山梨酸属于一种酸性防腐剂，它可以被人体的代谢系统吸收而又迅速分解，产生二氧化碳和水，因此山梨酸对人体是无害的。山梨酸及其钾盐、钠盐对食品风味无不良影响，能参与人体新陈代谢作用，生理上的安全性高，国际上被公认为最好的食品防腐剂，将取代苯甲酸，普遍应用于食品加工工业，用于焙烤食品、糖果点心、干果、蔬菜罐头、鱼肉制品、人造奶油、饮料和酒类中。

饮料中山梨酸的测定
（微课视频）

依据 GB 5009.28—2016《食品安全国家标准　食品中苯甲酸、山梨酸和糖精钠的测定》可以对食品中山梨酸的含量进行测定。

主要过程为：试样制备→试样提取→仪器参考条件→标准曲线的制作→试样溶液的测定→结果计算。首先样品经水提取，高脂肪样品经正己烷脱脂、高蛋白样品经蛋白沉淀剂沉淀蛋白，采用液相色谱分离、紫外检测器检测，外标法定量。

食品中苯甲酸、山梨酸
和糖精钠的测定-高效液
相色谱法
（仿真动画）

■ **任务准备**

1. 仪器与材料

（1）高效液相色谱仪：配紫外检测器。
（2）分析天平：感量为0.001g和0.0001g。

(3) 涡旋混合器。

(4) 离心机：转速>8000r/min。

(5) 匀浆机。

(6) 恒温水浴锅。

(7) 超声波发生器。

(8) 水相微孔滤膜：0.22μm。

(9) 塑料离心管：50mL。

2. 试剂

(1) 氨水（$NH_3 \cdot H_2O$）。

(2) 亚铁氰化钾 [$K_4Fe(CN)_6 \cdot 3H_2O$]。

(3) 乙酸锌 [$Zn(CH_3COO)_2 \cdot 2H_2O$]。

(4) 无水乙醇（CH_3CH_2OH）。

(5) 正己烷（C_6H_{14}）。

(6) 甲醇（CH_3OH）：色谱纯。

(7) 乙酸铵（CH_3COONH_4）：色谱纯。

(8) 甲酸（$HCOOH$）：色谱纯。

3. 试剂配制

(1) 氨水溶液（1:99）：取氨水1mL，加到99mL水中，混匀。

(2) 亚铁氰化钾溶液（92g/L）：称取106g亚铁氰化钾，加入适量水溶解，用水定容至1000mL。

(3) 乙酸锌溶液（183g/L）：称取220g乙酸锌溶于少量水中，加入30mL冰乙酸，用水定容至1000mL。

(4) 乙酸铵溶液（20mmol/L）：称取1.54g乙酸铵，加入适量水溶解，用水定容至1000mL，经0.22μm水相微孔滤膜过滤后备用。

(5) 甲酸-乙酸铵溶液（2mmol/L甲酸+20mmol/L乙酸铵）：称取1.54g乙酸铵，加入适量水溶解，再加入75.2μL甲酸，用水定容至1000mL，经0.22μm水相微孔滤膜过滤后备用。

4. 标准品

山梨酸钾（$C_6H_7KO_2$，CAS号：590-00-1），纯度≥99.0%；或山梨酸（$C_6H_8O_2$，CAS号：110-44-1），纯度≥99.0%，或经国家认证并授予标准物质证书的标准物质。

5. 标准溶液配制

(1) 山梨酸标准贮备液（1000mg/L）：准确称取山梨酸钾0.134g（精确到0.0001g），用水溶解定容至100mL，于4℃储存，保存期为6个月。当使用山梨酸标准品时，需要用甲醇溶解并定容。

(2) 山梨酸标准中间溶液（200mg/L）：准确吸取山梨酸标准贮备液10.0mL于50mL容量瓶中，用水定容。于4℃储存，保存期为3个月。

(3) 山梨酸标准系列工作溶液：分别准确吸取山梨酸标准中间溶液0，0.05，0.25，0.50，1.00，2.50，5.00和10.0mL，用水定容至10mL，配制成质量浓度分别为0，1.00，5.00，10.0，20.0，50.0，100和200mg/L的标准系列工作溶液。临用现配。

6. 试样制备

取多个预包装的饮料、液态奶等均匀样品直接混合。取其中的 200g 装入玻璃容器中，密封，液体试样于 4℃保存，其他试样于-18℃保存。

7. 试样提取

碳酸饮料、果酒、果汁、蒸馏酒等测定时可以不加蛋白沉淀剂。准确称取约 2g（精确到 0.001g）试样于 50mL 具塞离心管中，加水约 25mL，涡旋混匀，于 50℃水浴超声 20min，冷却至室温后加亚铁氰化钾溶液 2mL 和乙酸锌溶液 2mL，混匀，于 8000r/min 离心 5min，将水相转移至 50mL 容量瓶中，于残渣中加水 20mL，涡旋混匀后超声 5min，于 8000r/min 离心 5min，将水相转移到同一 50mL 容量瓶中，并用水定容至刻度，混匀。取适量上清液过 0.22μm 滤膜，待液相色谱测定。对于样品处理液利用氨水调节 pH 的问题，首先要看色谱柱的适用范围，由于色谱柱技术的进步，现在 C_{18} 柱适用的 pH 范围都较宽，而且有特别的酸性 C_{18} 柱，所以对于标准中推荐的 pH 调节至中性，可不必过于追求精确至 7.0，调节至适用范围即可。

▌任务实施

1. 仪器条件参数的设定

色谱柱：C_{18} 柱，柱长 250mm，内径 4.6mm，粒径 5μm，或等效色谱柱。

流动相：甲醇+乙酸铵溶液＝5+95。

流速：1mL/min。

检测波长：230nm。

进样量：10μL。

注：当存在干扰峰或需要辅助定性时，可以采用加入甲酸的流动相来测定，如流动相使用甲醇+甲酸-乙酸铵溶液＝8+92，参考色谱图如图 6-7 所示。

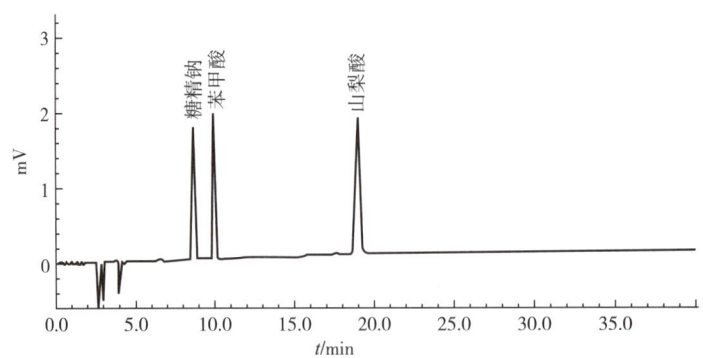

图 6-7　1mg/L 苯甲酸、山梨酸和糖精钠标准溶液液相色谱图
（流动相：甲醇+甲酸-乙酸铵溶液＝8+92）

2. 标准曲线的制作

将混合标准系列工作溶液分别注入液相色谱仪中，测定相应的峰面积，以混合标准系列工作溶液的质量浓度为横坐标，以峰面积为纵坐标，绘制标准曲线。

3. 试样溶液的测定

将试样溶液注入液相色谱仪中，得到峰面积，根据标准曲线得到待测液中山梨酸的质量浓度。

4．数据记录与处理

按公式计算试样中山梨酸的含量。

$$X=\frac{\rho \times V}{m \times 1000}$$

式中　X——试样中待测组分含量，g/kg；
　　　ρ——由标准曲线得出的试样液中待测物的质量浓度，mg/L；
　　　V——试样定容体积，mL；
　　　m——试样质量，g；
　　1000——由 mg/kg 转换为 g/kg 的换算因子。

结果保留 3 位有效数字。

试验记录表如下所示：

（1）校准曲线数据

标准溶液浓度/(mg/L)	峰面积/(AU·s)
0	
1.00	
5.00	
10.0	
20.0	
50.0	
100	
200	
回归方程	$y = _____ x + _____$，$R^2 = _____$

（2）样品处理与测定

项目	数据记录
称样量/g	
提取方法	超声提取 10min，离心过滤
定容体积/mL	
滤膜类型	0.45μm 有机系滤膜
进样体积/μL	10
保留时间/min	
峰面积/(AU·s)	

(3)测定结果计算

项目	计算公式及结果
样品中山梨酸浓度/(mg/L)	$c=(A-b)/a$(A:峰面积;a,b:回归系数)
稀释倍数	
实际含量/(mg/kg 或 mg/L)	$c\times$稀释倍数
结果(保留两位有效数字)	

(4)质量控制

项目	数据记录
空白试验峰面积	
加标回收率/%	(加标量:_____ μg,测得量:_____ μg)
平行试验 RSD/%	

5. 注意事项

(1)尽量使用高纯度试剂作流动相,防止微量杂质长期累积损坏色谱柱和使检测器噪声增加,避免流动相与固定相发生作用而使柱效下降或损坏柱子。

(2)试样在流动相中应有适宜的溶解度,防止产生沉淀并在柱中沉积。

(3)柱温箱的温度,标准中没有明确的温度要求,可理解为室温,但实际工作人员经过多年的试验结果来看,高出室温 5~8℃的柱温效果比较好。

(4)当使用紫外检测器时,流动相不应有较强的紫外吸收,一般检测波长应大于流动相的截止波长。

▌任务评价

饮料中山梨酸的测定评价表

序号	工作任务	评价标准	分值	得分
1	流动相配制	能根据实验需求配制合适比例的流动相并过滤脱气	20	
2	色谱柱使用	1. 会正确安装色谱柱,设置流速及柱温箱温度	10	
		2. 能判断色谱柱性能是否正常(如柱效、峰形)	10	
3	样品前处理	1. 能完成样品的溶解	10	
		2. 能正确过滤样品及进样操作	10	
4	数据分析	1. 会利用色谱工作站识别目标峰,计算保留时间和峰面积	10	
		2. 能根据分离度评价色谱条件是否优化	10	
5	综合素养	1. 试验后及时清洗色谱系统,记录仪器状态	10	
		2. 遵守实验室规范;具备问题分析与解决能力	10	
		总分	100	

任务十二 牛乳中四环素类药物的测定

■ 任务目标

1. 了解高效液相色谱法的工作原理，能正确做好制备样品和预处理工作。
2. 熟悉绘制曲线图，掌握样品中四环素类药物含量的测定方法。
3. 会正确分析试样浓度，并计算结果。

乳及乳制品中
抗生素的测定
（微课视频）

■ 任务分析

在畜牧生产过程中，将一些抗生素作为添加剂以较低浓度加入饲料中，可使导致动物生产效率下降的支原体病等慢性传染病得到有效抑制，因而能够促进动物生长。但是，这种做法常导致在动物性食品中的抗生素残留，人类食用后导致耐药菌群的产生，将会产生一系列严重后果。四环素类抗生素就是被经常使用的一类抗生素，其中四环素（Tetracycline，TC）、土霉素（Oxytetracycline，OTC）和金霉素（Chlortetracycline，CTC）就是该类抗生素中的 3 种，是提取自链霉菌属培养液的广谱抗生素，结构如下：

四环素（Tetracycline） 土霉素（Oxytetracycline） 金霉素（Chlortetracycline）

我国和欧盟规定四环素类药物在牛乳中的最大残留限量为 0.1mg/kg。

3 种抗生素在酸性条件下稳定，易与蛋白质发生强烈结合，且易与金属离子形成螯合物。在乙二胺四乙酸二钠（Na_2EDTA）存在条件下，用草酸甲醇提取可获得较高回收率。

3 种抗生素的共有结构均可在 C_{18} 柱上产生保留，OTC 和 CTC 均与 TC 仅差一个取代基，采用适当的流动相，以反相色谱方式可将三者有效分离。三者具有共同的发色团，在 225、268 和 360nm 均有吸收，短波吸收易受干扰，采用 360nm 作为吸收检测波长可获得较好的同时获得测定结果。

采用外标法对样品中 3 种抗生素进行定量分析。对标准溶液系列分别进行高效液相色谱分离，测定三者各自的峰面积，并以此回归三者的工作曲线，样品分离后通过测定三者各自峰面积，可在各自工作曲线上计算出浓度。

本任务依据 GB/T 22990—2008《牛奶和奶粉中土霉素、四环素、金霉素、强力霉素残留量的测定 液相色谱-紫外检测法》。

试样中四环素族抗生素残留用 $0.1mol/L Na_2EDTA$-Mcllvaine 缓冲液（pH=4.0±0.05）提取，经过滤和离心后，上清液用 Oasis HLB 或相当的固相萃取柱和羧酸型阳离子交换柱净化，高效液相色谱仪测定，外标峰面积法定量。

▌任务准备

1. 仪器

（1）高效液相色谱仪：配二极管阵列检测器或紫外检测器。

（2）分析天平：感量 0.1mg，0.01g。

（3）涡旋混合器。

（4）低温离心机：最高转速 5000r/min，控温范围为-40℃至室温。

（5）吹氮浓缩仪。

（6）固相萃取真空装置。

（7）pH 计：测量精度±0.02。

（8）组织捣碎机。

（9）超声提取仪。

2. 试剂

除另有说明外，所用试剂均为分析纯，水为 GB/T 6682—2008《分析实验实用水规格和试验方法》规定的一级水。

（1）甲醇：高效液相色谱纯。

（2）乙腈：高效液相色谱纯。

（3）乙酸乙酯。

（4）乙二胺四乙酸二钠（Na_2EDTA）。

（5）三氟乙酸。

（6）柠檬酸（$C_5H_8O_7 \cdot H_2O$）。

（7）磷酸氢二钠（$Na_2HPO_4 \cdot 12H_2O$）。

（8）柠檬酸溶液（0.1mol/L）：称取 21.01g 柠檬酸用水溶解，定容至 1000mL。

（9）磷酸氢二钠溶液（0.2mol/L）：称取 28.41g 磷酸氢二钠用水溶解，定容至 1000mL。

（10）Mcllvaine 缓冲溶液：将 1000mL 0.1mol/L 柠檬酸溶液与 625mL 0.2mol/L 磷酸氢二钠溶液混合，必要时用氢氧化钠或盐酸调节 pH 至 4.0±0.05。

（11）Na_2EDTA- Mcllvaine 缓冲溶液：0.1mol/L。称取 60.5g 乙二胺四乙酸二钠放入 1625mL Mcllvaine 缓冲溶液中，使其溶解，摇匀。

（12）甲醇-水（1∶19）：量取 5mL 甲醇与 95mL 水混合。

（13）甲醇-乙酸乙酯（1∶9）：量取 10mL 甲醇与 90mL 乙酸乙酯混合。

（14）Oasis HLB 固相萃取柱：60mg，3mL，或相当者。使用前分别用 5mL 甲醇和 5mL 水预处理保持柱体湿润。

（15）三氟乙酸水溶液（10mmol/L）：准确吸取 0.765mL 三氟乙酸于 1000mL 容量瓶中，用水溶解定容至刻度。

（16）甲醇-三氟乙酸水溶液（1∶19）：量取 50mL 甲醇与 950mL 三氟乙酸水溶液混合。

（17）标准物质：二甲胺四环素、土霉素、四环素、去甲基金霉素、金霉素、甲烯土霉素、强力霉素、差向土霉素、差向四环素、差向金霉素标准品，纯度≥95%。

(18) 标准贮备液：准确称取按其纯度折算为 100%质量的二甲胺四环素、土霉素、四环素、去甲基金霉素、金霉素、甲烯土霉素、强力霉素、差向土霉素、差向四环素和差向金霉素各 10.0mg，分别用甲醇溶解并定容至 100mL，浓度相当于 100mg/L，贮备液在 -18℃以下储存于棕色瓶中，可稳定 12 个月以上。

(19) 混合标准工作溶液：根据需要，用甲醇-三氟乙酸水溶液将标准贮备液配制为适当浓度的混合标准工作溶液。混合标准工作溶液应使用前配制。

3. 试样处理

(1) 试样制备　从所取牛乳样品的全部样品中取出约 500g，充分混匀，装入洁净容器中，密封，并标明标记，于-18℃以下冷冻存放。

(2) 试样提取　称取牛乳混匀试样 5g（精确到 0.01g），置于 50mL 比色管中，用 0.1mol/L Na$_2$EDTA-McIlvaine 缓冲溶液溶解并定容至 50mL，涡旋混合 1min，冰水浴超声 10min，转移至 50mL 聚丙烯离心管中，冷却至 0~4℃，500r/min 离心 10min（温度低于 15℃），用快速滤纸过滤，待净化。

(3) 净化　准确吸取 10mL 提取液（相当于 1g 样品）以 1 滴/s 的速度过 HLB 固相萃取柱，待样液完全流出后，依次用 5mL 水和 5mL 甲醇+水淋洗，弃去全部流出液。2.0kPa 以下减压抽干 5min，最后用 10mL 甲醇-乙酸乙酯洗脱。将洗脱液吹氮浓缩至干（温度低于 40℃），用 0.5mL 甲醇-三氟乙酸水溶液溶解残留渣，过 0.45μm 滤膜，待测定。

任务实施

1. 仪器条件参数的设定

色谱柱：Inertsil C8-3，5μm，250mm×4.6mm（内径），或相当者。

流动相：甲醇-乙腈-10mmol/L 三氟乙酸，洗脱梯度见表 6-3（柱平衡时间 5min）。

流速：1.5mL/min。

柱温：30℃。

进样量：100μL。

检测波长：350mm。

表 6-3　　　　分离 7 种四环素类药物的液相色谱流动相的洗脱体积

时间/min	甲醇/%	乙腈/%	10mmol/L 三氟乙酸/%
0	1	4	95
5	6	24	70
9	7	28	65
12	0	35	65
15	0	35	65

2. 标准工作溶液的测定

根据样液中被测四环素类兽药残留的含量情况，选定峰高相近的标准工作溶液。标准工作溶液和样液中四环素类兽药残留的响应值均应在仪器的检测线性范围内。对标准工作溶液和样液等体积参插进样测定,在上述色谱条件下,二甲胺四环素、土霉素、四环素、去甲基金霉素、金霉素、甲烯土霉素、强力霉素的参考保留时间分别约为6.3,7.5,7.9,8.7,9.8,10.4,10.8min 标准溶液的色谱图参见 GB/T 21317—2007《动物源性食品中四环素类兽药残留量检测方法　液相色谱-质谱/质谱法与高效液相色谱法》。

3. 空白试样的测定

除不加试样外,均按上述测定步骤进行。

4. 数据记录与处理

采用外标法定量,按下式计算四环素类兽药残留量:

$$x = \frac{A_x \times C_s \times V}{A_s \times m}$$

式中　x——样品中待测组分的含量,μg/kg;
　　　A_x——测定液中待测组分的峰面积;
　　　C_s——标准溶液中待测组分的含量,μg/L;
　　　V——定容体积,mL;
　　　A_s——标准溶液中待测组分的峰面积;
　　　m——最终样液所代表的样品质量,g。

二甲胺四环素、土霉素、四环素、去甲基金霉素、金霉素、甲烯土霉素和强力霉素的测定低限均为50.0μg/kg。

5. 注意事项

(1) 上机操作过程　由于各个厂家的高效液相色谱仪都有差异,有优势也有劣势。对于流动相,乙酸铵水溶液建议和甲醇按比例混匀后作为流动相使用,因为有机相和水相混合后会放热以及产生大量气泡,不是肉眼看不到就没有气泡,将乙酸铵水溶液和甲醇混合过微孔滤膜后要超声10min左右,此时如果观察便可发现流动相内会产生大量气泡,若试验过程中让仪器的泵自行混合有机相和水相,此气泡便很可能会对峰形及峰面积产生影响,从而影响实际结果。

(2) 柱温箱的温度　标准中没有明确的温度要求,可理解为室温。多年的试验结果来看,高出室温5~8℃的柱温效果比较好,冬天温度低室内可能20℃不到,此时可调节柱温箱温度至28℃左右,夏天室内温度可能26℃,此时调节柱温箱温度至32℃左右即可,太高的温度会使峰形改变。

(3) 检测器的使用　标准中推荐紫外检测器,但最好使用二极管阵列检测器,因为对于假阳性的出现,二极管阵列检测器有其巨大的辨别优势。

(4) 条件变化的影响　仪器进样后注意实时观察,泵压、温度的改变都可能对结果产生影响,所以实验过程中出现与以往不同的情况一定要重视,分析原因后慎重处理。

■ 任务评价

牛乳中四环素类药物的测定评价表

序号	工作任务	评价标准	分值	得分
1	流动相配制	能根据实验需求配制合适比例的流动相并过滤脱气	20	

续表

序号	工作任务	评价标准	分值	得分
2	色谱柱使用	1. 会正确安装色谱柱，设置流速及柱温箱温度	10	
		2. 能判断色谱柱性能是否正常（如柱效、峰形）	10	
3	样品前处理	1. 能完成样品的溶解	10	
		2. 能正确过滤样品及进样操作	10	
4	数据分析	1. 会利用色谱工作站识别目标峰，正确计算保留时间和峰面积	10	
		2. 能根据分离度评价色谱条件是否优化	10	
5	综合素养	1. 试验后及时清洗色谱系统，记录仪器状态	10	
		2. 遵守实验室规范；具备问题分析与解决能力	10	
		总分	100	

食品中苯甲酸、山梨酸和糖精钠的测定-高效液相色谱法
（虚拟仿真）

高效液相色谱法测定赭曲霉毒素
（微课视频）

高效液相色谱法检测茅台酒酱香风味物质
（仿真动画）

项目七

质谱分析技术

学习目标

知识目标

1. 掌握质谱法的基本原理以及定性、定量方法依据。
2. 熟悉质谱仪的组成，了解仪器主要组成部件的功能、特点。
3. 了解色谱质谱联用技术及其在食品领域的应用。

技能目标

1. 能解析质谱图特征峰，准确识别分子离子峰与碎片离子峰。
2. 能按照国标方法完成质谱仪的调谐操作，实现质量轴校准。
3. 能完成离子源清洗、机械泵油更换等日常维护项目。

素质目标

1. 能通过质谱联用复杂仪器操作锻炼多观察、多思考、多提问的科研思维意识。
2. 能通过试验方案设计及实施，锻炼策略性思维，把思考习惯和知识技能相结合。

项目导入

2008年三鹿奶粉事件中，不法分子为虚增乳制品蛋白质含量非法添加三聚氰胺，由于传统凯氏定氮法无法区分真蛋白与含氮化合物，导致婴幼儿健康受损。面对乳粉基质中 0.01mg/kg 痕量目标物检测、美乐宝胺（$\Delta m/z = 16.02$）等结构类似物干扰，以及十万批次乳制品的紧急筛查需求，液相色谱-三重四极杆质谱联用技术（LC-MS/MS）成为破局关键：通过 HILIC 色谱柱实现乳糖脂肪基质分离，借助多反应监测（MRM）技术解析特征子离子，将检测灵敏度提升至 0.005mg/kg，加标回收率达 92.3%~105.7%。该方法在全国28个实验室同步实施，7天内完成12.3万批次检测，锁定阳性样本437批次，不仅突破传统方法1%的检测极限，更通过0.0001质量精度和MS/MS碎片机理实现"化学指纹"级识别，为理解质谱技术中精确质量测定、多级碎裂分析及联用系统协同作用提供了典型范例，同时深刻揭示了分析技术创新对食品安全监管的核心支撑作用。

知识点一

质谱分析技术基本概念与特点

质谱法（Mass Spectrometry，MS）是将试样置于高真空环境中，应用离子化技术，将物质分子转化为运动的气态离子，利用离子在电场或磁场中运动性质的差异，将这些离子按其质量（m）和电荷（z）的比值 m/z（质荷比）大小顺序进行收集和记录的分析方法，可以进行多种有机物及无机物的定性定量分析、复杂化合物的结构分析、样品中各种同位素比的测定以及固体表面的结构和组成的分析等。

质谱分析技术
（微课视频）

在有机混合物的分析研究中证明了质谱分析法比化学分析法、光学分析法具有优越性，其中有机化合物质谱分析在质谱学中占比最大，不仅可以进行小分子的分析，而且可以直接分析糖、核酸、蛋白质等生物大分子。

一、发展历史

1912年英国物理学家约瑟夫·约翰·汤姆逊制成了第一台质谱装置，用其发现了 ^{20}Ne，^{22}Ne 同位素。1919年弗朗西斯·威廉·阿斯顿研制出第一台精密质谱仪，并用质谱发现了多种元素的同位素，因此获得了诺贝尔化学奖。20世纪30年代离子光学理论的建立，推动了质谱仪的发展。早期的质谱仪主要是用来进行同位素测定和无机元素分析，20世纪40年代以后开始用于有机物分析，60年代出现了气相色谱-质谱联用仪，使质谱仪的应用领域大大扩展，开始成为有机物分析的重要仪器。近年来，质谱仪的发展非常迅速，计算机的应用使质谱分析法发生了飞跃性的变化，使其技术更加成熟，使用更加方便。80年代以后又出现了一些新的质谱技术，如快原子轰击电离子源、基质辅助激光解吸电离源、电喷雾电离源、大气压化学电离源。随之而来的联用技术的发展，高频电感耦合等离子源的引入，二次离子质谱仪的出现，使质谱技术成为解决复杂物质分析、无机元素分析及物质表面和深度分析等的有力工具，用质谱法研究生物物质是目前研究的热点。

二、基本原理

质谱分析基于带电粒子在电磁场中的运动特性实现质量分离，其基本原理是物质的分子在气态中被电离成带正电荷的分子离子，分子离子进一步可碎裂为碎片离子（图7-1），可通过单聚焦质谱仪的工作过程阐明。

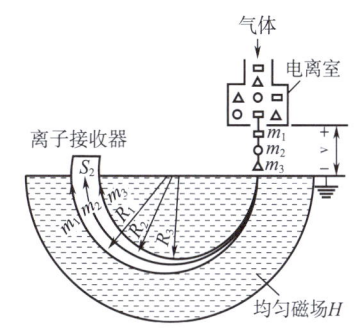

1. 离子化与加速

待测物质在离子源中受电子轰击失去外层电子，形成带正电荷的离子（M^+）。离子在加速电场中获得

图7-1 质谱分析基本原理示意图

动能,其动能与加速电压及电荷 z 有关,即:

$$zeU = \frac{1}{2}mv^2$$

式中　z——电荷数;
　　　e——元电荷（$e = 1.60 \times 10^{-19}$ C）;
　　　U——加速电压;
　　　m——离子的质量;
　　　v——离子被加速后的运动速度。

2. 磁场分离机制

具有速度 v 的带电粒子进入质谱分析器的电磁场中,由于受到磁场的作用,使离子做弧形运动,此时离子所受到的向心力 Bzv 和运动离心力 mv^2/R 相等,得:

$$\frac{mv^2}{R} = Bzv$$

式中　R——离子弧形运动的曲线半径;
　　　B——磁场强度。

由以上两个公式可得离子质荷比与运动轨道曲线半径 R 的关系: $\frac{m}{z} = \frac{B^2R^2}{2U}$,则 $R = (\frac{2U}{B^2} \cdot \frac{m}{z})^{\frac{1}{2}}$ 称为质谱方程式,它是质谱分析法的基本公式,也是设计质谱仪的主要依据。由上式可以看出,离子的质荷比 m/z 与离子在磁场中运动的曲线半径 R 的平方成正比。若加速电压 U 和磁场强度 B 都一定时,不同 m/z 的离子,由于运动的曲线半径不同,在质量分析器中彼此分开,并记录各自 m/z 的离子的相对强度。

3. 检测与分析

分离后的离子按质荷比顺序抵达检测器,经信号转换形成质谱图。这些带正电荷的离子在高压电场和磁场的综合作用下,按照质荷比依次排列所成的谱图,以离子质荷比为横坐标,离子相对强度为纵坐标,绘制成质谱图（图 7-2）或棒图。根据质谱峰的位置进行

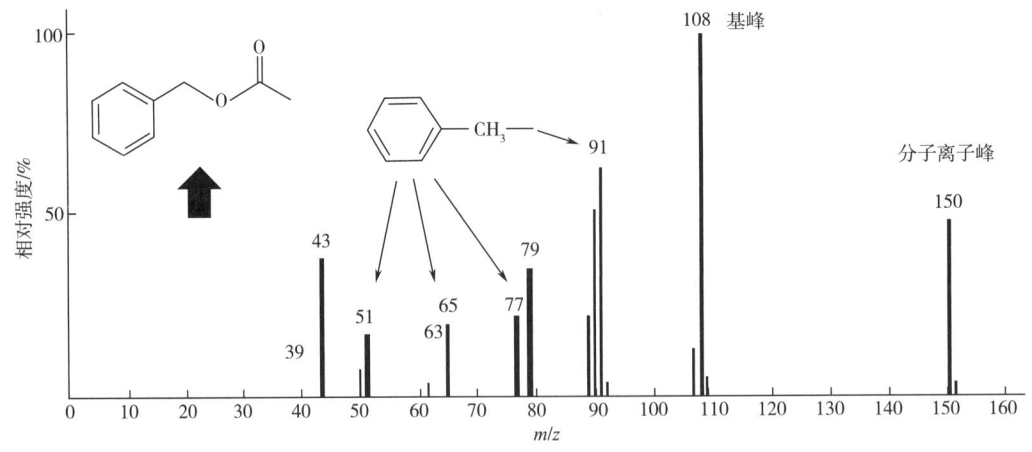

图 7-2　$C_9H_{10}O_2$ 的质谱图

物质的定性和结构分析；根据峰的强度进行定量分析。从本质上讲，质谱不是波谱，而是物质带电粒子的质量谱。

三、分析特点

质谱分析法有如下优点：

（1）应用范围广，测定的样品可以是有机物，也可以是无机物，被分析的样品形态可以是气体、液体或是固体。

（2）灵敏度高，常规可达 $10^{-8} \sim 10^{-7}$ g，单离子检测可达 10^{-12} g，样品用量少。

（3）能够实现多组分同时检测，几分甚至几秒完成检测，分析速度快。

（4）便于混合物分析，GC/MS、LC/MS、MS/MS 对于难分离的混合物特别有效，如药物代谢产物，中草药中微量有效成分的鉴定等，其他技术无法胜任。

（5）可用于相对分子质量与原子质量的测定、有机化合物结构分析、无机元素分析、同位素分析等，用途广泛。

同时，质谱分析法也有一定的局限性：

（1）异构体、立体化学方面区分能力差。

（2）重复性稍差，要严格控制操作条件。

（3）有离子源产生的记忆效应、污染等问题。

（4）价格昂贵、操作复杂。

因此，质谱分析与其他分析方法配合，能发挥更大作用。

四、应用范围

目前质谱分析已广泛应用于有机合成、石油化工、生物化学、天然产物、材料、环境、地质、能源、药物、刑侦、生命科学、运动医学等领域。质谱分析由于具有灵敏度高、样品用量少、分析速度快、可同时进行分离和鉴定等优点，目前已经广泛应用于食品安全的检测。

思考与练习

1. 质谱分析法有哪些突出优点？
2. 什么叫质谱图？其与色谱图有什么区别？

项目七 知识点一
课堂互动

知识点二

质谱仪

质谱仪是利用电磁学原理，使气体分子产生带正电运动离子，并按质荷比将它们在电磁场中分离的装置。

一、质谱仪结构系统

质谱仪是指能产生离子，并将这些离子按其质荷比进行分离记

认识质谱仪
（微课视频）

录的仪器，其工作流程如下：通过进样系统，使试样蒸发，并让其慢慢进入电离室，电离室内的压力约为 10^{-3}Pa。在电离室，由电子源流向阳极的电子流，将气态样品的原子或分子电离成正、负离子（一般分析的都是正离子）。接着，在狭缝 A 处，以微小的负电压将正、负离子分开。此后，借助于 A、B 间几百至几千伏的电压，将正离子加速，使准直于狭缝 A 的正离子流，通过狭缝 B 进入真空度高达 10^{-5}Pa 的质量分析器中。根据离子质荷比的不同，其偏转角度也不同，质荷比大的偏转角度小，质荷比小的偏转角度大，从而使质量数不同的离子在此得到分离，若改变粒子的速度或磁场强度，就可将不同质量数的粒子依次聚焦在出射狭缝上，通过出射狭缝的离子流，将落在一收集极上，这一离子流经放大后，即可进行记录，并得到质谱图。单聚焦质谱仪结构如图 7-3 所示。很明显，质谱图上信号的强度，与到达收集极上的离子数目成正比。

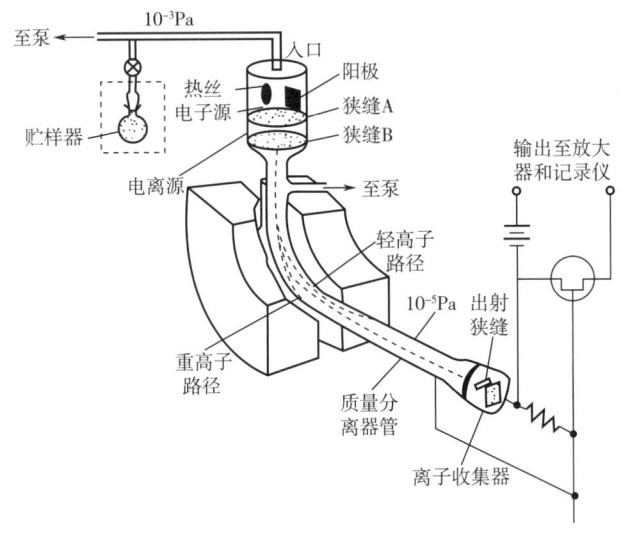

图 7-3　单聚焦质谱仪结构示意图

质谱仪通常由六部分组成：真空系统、进样系统、离子源、质量分析器、检测系统及数据处理系统。各主要部件的作用原理如下。

（一）真空系统

质谱分析中，为了降低背景以及减少离子间或离子与分子间的碰撞，离子源、质量分析器及检测器必须处于高真空状态。离子源的真空度为 $10^{-5} \sim 10^{-4}$Pa，质量分析器应保持 10^{-6}Pa，要求真空度十分稳定。一般先用机械泵或分子泵预抽真空，然后用高效扩散泵抽至高真空。

（二）进样系统

质谱进样系统多种多样，一般有如下 3 种方式：

（1）间歇式进样　一般气体或易挥发液体试样采用此种进样方式。试样进入贮样器，调节温度使试样蒸发，依靠压差使试样蒸气经漏孔扩散进入离子源。

（2）直接探针进样　高沸点试液、固体试样可采用探针或直接进样器送入离子源，调节温度使试样汽化。

(3) 色谱进样　复杂样品采用色谱-质谱联用仪器进行分析时,经色谱分离后的流出组分,通过接口元件直接导入离子源。

除上述进样方式之外,还存在毛细管电泳(Capillary Electrophoresis,CE)、离子淌度、膜进样等进样方式。

(三) 离子源

离子源的作用是使试样分子或原子离子化,同时具有聚焦和准直的作用,使离子汇聚成具有一定几何形状和能量的离子束。离子源的结构和性能对质谱仪的灵敏度、分辨率影响很大。常用的离子源有电子轰击离子源、化学电离源、电喷雾电离源、基质辅助激光解析电离源等。

1. 电子轰击离子源 (Electron Ionization, EI)

目前,最常用的离子源为电子轰击离子源(EI),EI源主要由电离室(离子盒)、灯丝、离子聚焦透镜组和一对磁极组成(图7-4)。其主要的工作原理是灯丝发射电子,经聚焦并在磁场作用下穿过离子化室到达收集极。此时进入离子化室的样品分子在一定能量电子的作用下发生电离,内能较大的离子在与中性分子碰撞时能够自发裂解产生更多的碎片离子。所有的离子被聚焦、加速聚焦成离子束进入质谱分析器。由于更适用于气相分子的检测,常用于GC-MS试验中。

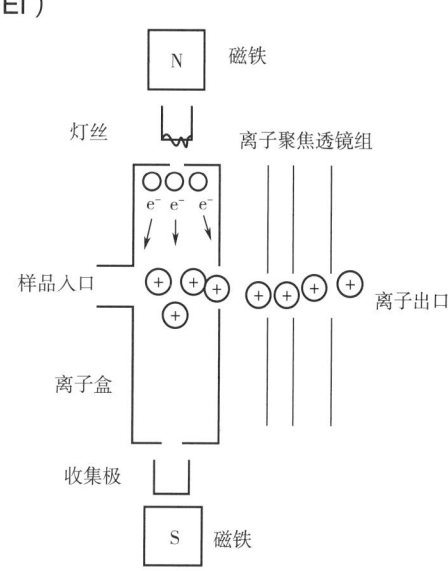

图7-4　电子轰击离子源示意图

对于大部分有机物来说,EI源的这种硬电离方式不仅可以看到母离子,而且可以看到很多碎片离子,便于进行结构解析。而且标准谱库就是利用EI源在70eV的碰撞能量下轰击已知的纯有机化合物,电离后分子离子进一步破碎产生丰富的碎片离子,形成具有丰富"指纹"信息的标准质谱图,这些标准质谱图存储起来成为标准谱库。在相同的碰撞能量下进行试验获得的质谱可以与标准谱库进行对比进而对化合物进行定性分析。但是当样品分子稳定性不高时,分子离子峰的强度弱,甚至没有分子离子峰。当样品不能汽化或遇热分解时,则更看不见分子离子峰。EI源适用于可挥发的,热稳定的,沸点一般不超过500℃,相对分子质量一般小于1000的有机物。

2. 化学电离源 (Chemical Ionization, CI)

化学电离源与EI源在结构上大致相同,但其离子化室的设计更为开放。在CI源工作过程中,需要引入甲烷、异丁烷、氨等反应气体,且反应气的量要比样品气大得多。当灯丝发出的电子首先将反应气电离时,生成的反应气离子与样品分子进行离子-分子反应,从而使样品气电离。化学电离源生成的(M+1)离子比较明显,M+1失去两个H,产生明显的(M-1)分子离子峰。这种电离方式被称为软电离,一些在EI源下无法得到分子离子峰的样品,改用CI源后可以得到准分子离子,从而求得相对分子质量。

3. 电喷雾电离源（Electrospray Ionization，ESI）

ESI 是一种软电离的方式，结构上主要由一根电喷雾针组成，电喷雾针是同心圆的结构，内管是样品溶液通道，两侧翼为雾化气通道，通常用的是高纯氮，针尖的地方加入高电压。包裹着样品的溶剂进入电喷雾探头，通过加着高压的毛细管，高电压使得液体表面带上电荷，溶剂被周围加热的氮气汽化从而挥发，随着溶剂蒸发，溶剂表面的库伦排斥力越来越大，引起液滴爆炸，最后生成单个离子进入质量分析器（图7-5）。ESI 的优势主要体现在可用于生物大分子检测的同时，对高分子质量的分子通常会带有多个电荷，电荷状态的分布可以精确对分子质量定量，并提供精确的分子质量和结构信息。而且检测时间短，提供正离子模式 ESI（+），负离子模式 ESI（-）检测，还可与各种色谱联用，用于复杂体系的分析。目前，蛋白质组和 LC-MS/MS 的非靶向、广泛靶向代谢组常用该方式进行电离。

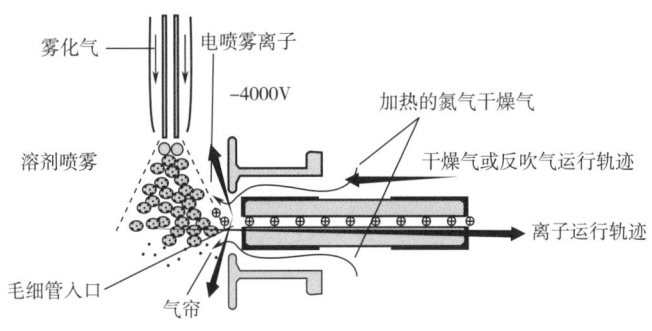

图 7-5　电喷雾电离源示意图

4. 基质辅助激光解析电离源（Matrix-Assisted Laser Desorption Ionization Mass Spectrometry，MALDI）

基质辅助激光解析电离源电离中，样品首先与大量过量的基质化合物（CHCA、DBA等）形成共结晶，之后通过激光照射形成基质电子。该方式同样区分正离子模式和负离子模式。目前常在空间代谢的检测中发现其身影。

此外，还有其他类型的离子源，如场致电离源（FI）、场解吸附离子源（FD）、快原子轰击离子源（FAB）等。其中 FD 特别适合于对一些难汽化或热稳定性差的样品做定性鉴定和结构测定。

（四）质量分析器

质量分析器的作用是将离子源产生的离子按 m/z 的大小分离聚焦。质量分析器的种类很多，常见的有单聚焦质量分析器、双聚焦质量分析器和四极滤质器等。

1. 单聚焦质量分析器

单聚焦质量分析器如图 7-6 所示。其主要部件为一个一定半径的圆形管道，在其垂直方向上装有扇形磁铁，产生均匀、稳定磁场，从离子源射入的离子束在磁场作用下，由直线运动变成弧形运动。不同 m/z 的离子，运动曲线半径 R 不同，被质量分析器分开。由于出射狭缝和离子检测器的位置固定，即离子弧形运动的曲线半径 R 是固定的，故一般采用连续改变加速电压或磁场强度，使不同 m/z 的离子依次通过出射狭缝，以半径为 R 的弧形运动方式到达离子检测器。

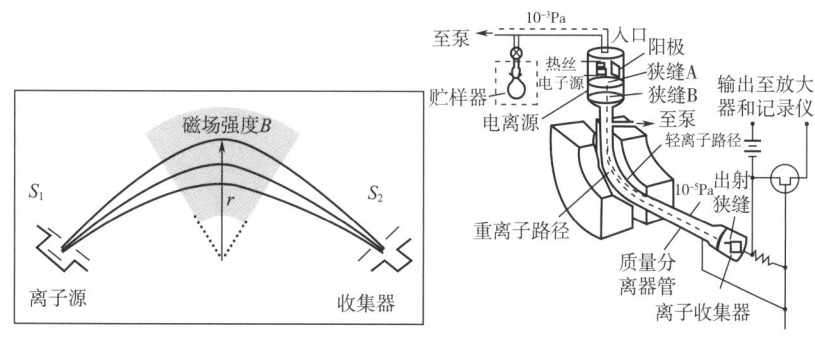

图 7-6　单聚焦质量分析器示意图

若固定加速电压 U，连续改变磁场强度 B，称为磁场扫描；若固定磁场强度 B，连续改变加速电压 U，称为电场扫描。无论磁场扫描或电场扫描，凡 m/z 相同的离子均能汇聚成为离子束，即方向聚焦。由于提高加速电压 U 仪器的分辨率得到提高，因而宜采用尽可能高的加速电压。当取 U 为定值时，通过磁场扫描，顺次记录下离子的 m/z 和相对强度，得到质谱图，单聚焦质量分析器结构简单，操作方便，但分辨率低。

2. 双聚焦质量分析器

在单聚焦质量分析器中，离子源产生的离子由于在被加速初始能量不同，即速度不同，即使质荷比相同的离子，最后不能全部聚焦在检测器上，致使仪器分辨率不高。为了提高分辨率，通常采用双聚焦质量分析器，即在磁分析器之前加一个静电分析器，如图 7-7 所示。离子受到静电分析器的作用，改作圆周运动，当离子所受到的电场力与离子运动的离心力相平衡时，离子运动发生偏转的半径 R 与其质荷比 m/z、运动速度 v 和静电场的电场强度 E 有下列关系：

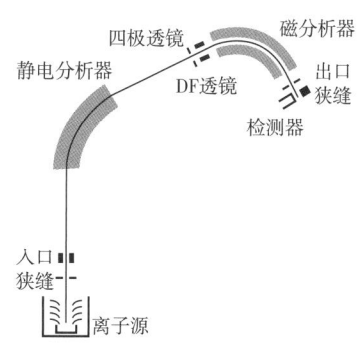

图 7-7　双聚焦质量分析器示意图

$$R = \frac{m}{z} \cdot \frac{v^2}{E}$$

由上式可以看出，当电场强度一定时，R 取决于离子的速度或能量。因此，静电分析器是将质量相同而速度不同的离子分离聚焦，即具有速度分离聚焦的作用。然后，经过狭缝进入磁分析器，再进行 m/z 方向聚焦。这种同时实现速度和方向双聚焦的分析器，称为双聚焦分析器。具有双聚焦质量分析器的质谱仪称为双聚焦质谱仪。

3. 四极滤质器

四极滤质器是由四根平行的圆柱形金属极杆组成，相对的极杆被对角地连接起来，构成两组电极。如图 7-8 所示，在两电极间加有数值相等方向相反的直流电压 U_{de} 和射频交流电压 U_{rf}。四根极杆内所包围的空间便产生双曲线形电场。从离子源入射的加速离子穿过四极杆双曲型电场中，受到电场作用，只有选定的 m/z 离子会以限定的频率稳定地通过四极滤质器,其他离子则会碰到极杆上被吸滤掉,不能通过四极杆滤质器,即达到"滤质"的作用。实际上在一定条件下,被检测离子（m/z）与电压呈线性关系。因此,改变直流和射频交流电压可达到质量扫描的目的,这就是四极滤质器的工作原理。由于四极滤质器结构紧凑,扫描速度快,适用于色谱-质谱联用仪器。

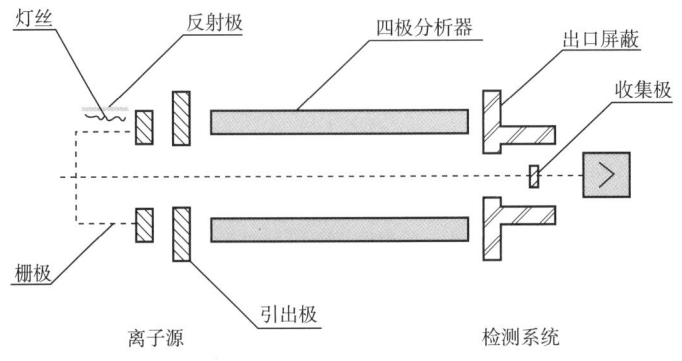

图 7-8　四极滤质器示意图

（五）检测系统

常用的离子检测器是静电式电子倍增器,其工作原理如图 7-9 所示。电子倍增器一般由一个转换极、10~20 个倍增极和一个收集极组成。一定能量的离子轰击阴极导致电子发射,电子在电场的作用下,依次轰击下一级电极而被放大,电子倍增器的放大倍数一般在 $10^5 \sim 10^8$。电子倍增器中电子通过的时间很短,利用电子倍增器可以实现高灵敏、快速测定。但电子倍增器存在质量歧视效应,且随使用时间增加,增益会逐步减小。

近代质谱仪中常采用隧道电子倍增器,其工作原理与电子倍增器相似,因为体积小、多个隧道电子倍增器可以串列起来,用于同时检测多个 m/z 不同的离子,从而大大提高分析效率。

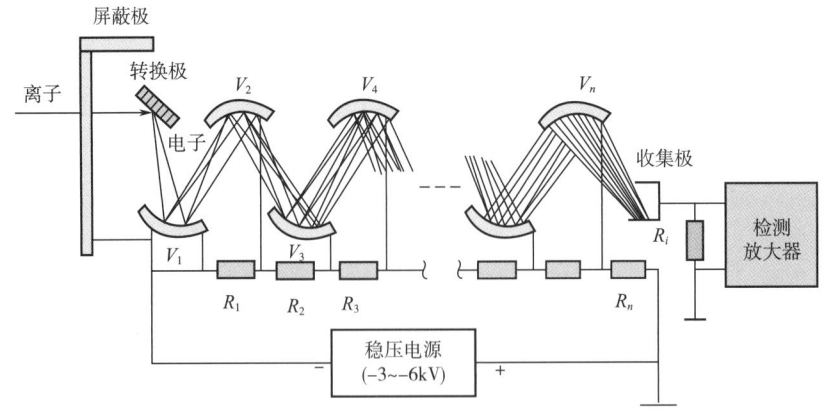

图 7-9　静电式电子倍增器示意图

(六) 数据处理系统

经离子检测器检测后的电流,经放大器放大后,用记录仪快速记录到光敏记录纸上。现代质谱仪一般都采用较高性能的计算机对产生的信号进行快速接收与处理,同时通过计算机可以对仪器条件等进行严格的监控,从而使精密度和灵敏度都有一定程度的提高。

质谱仪可以作为色谱仪的检测器,把色谱的高效分离作用与质谱仪对未知样品的准确鉴别能力相结合,色质联用仪器是色谱技术、质谱技术与计算机技术三种现代化技术紧密结合的产物。图 7-10 为色谱-质谱联用仪的内部组成示意图。气相色谱仪分离样品中各组分,起着样品制备的作用;接口把气相色谱流出的各组分送入质谱仪进行检测,起着气相色谱和质谱之间适配器的作用;质谱仪对接口依次引入的各组分进行分析,成为气相色谱仪的检测器;计算机系统交互式地控制气相色谱、接口和质谱仪,进行数据采集和处理。

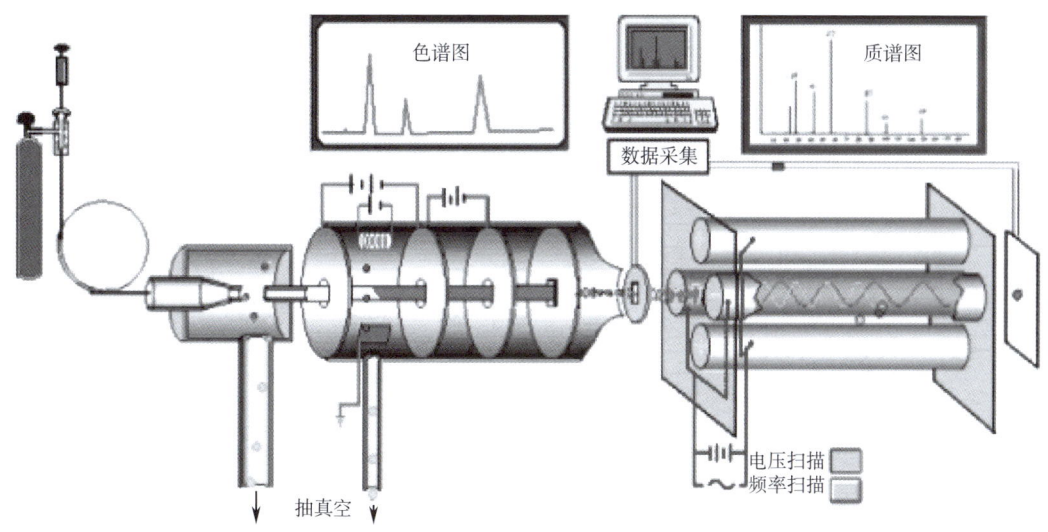

图 7-10　色谱-质谱联用仪内部组成示意图

二、质谱仪性能指标

衡量一台质谱仪性能好坏的指标包括灵敏度、分辨率、质量范围、质量稳定性等。质谱仪的种类很多,其性能指标的表示方法也不完全相同,现将主要的指标及测试方法说明如下。

气相色谱质谱联用（仿真动画）

(一) 灵敏度

灵敏度是质谱仪对样品感测能力的标志,也是仪器电离效率、传输效率、检测效率、本底噪声等状况的综合体现。使用场合不同,灵敏度有不同提法,它涉及多种因素,包括样品、上样方式、扫描速度、分辨率、电离方式等,因此对给定的灵敏度要注意附加条件。有机质谱常用绝对灵敏度,表示一定样品在特定分辨率的条件下,产生一定信噪比的分子离子峰所需的样品量,其灵敏度可达 10^{-10} g;无机质谱和同位素质谱常用相对灵敏度,表示仪器所分析样品中杂质元素的最低浓度，最低可达 10^{-15}g；气体质谱仪的灵敏度常以单位压强所产生的离子流强度表示，它实际上是一种绝对灵敏度。

(二) 分辨率

质谱仪的分辨率表示质谱仪把相邻两个质量分开的能力，常用 R 表示，其定义是，如果某质谱仪在质量 m 处刚刚能分开 m 和 $m+\Delta m$ 两个质量的离子，则该质谱仪的分辨率为：$R=m/\Delta m$。m 可理解为两个刚刚分开的峰的平均质量，Δm 为两峰之间的距离。

1. 磁质谱的分辨率

磁质谱的定义要求相邻两峰10%峰谷分开才算真正分开，这时称为磁质谱的单位质量分辨，见图7-11。磁质谱中，R 是不随质量变化的，Δm 是变化的，质量 m 越大，Δm 越大。例如，磁质谱若分辨率为5000，即眼睛看到的现象可能是，500和500.1可以分开，即两峰质量差到0.1amu还可以分辨；但在5000处，5000和5001才刚刚分开，两峰质量差到1amu才可以分开。这也就说明，磁质谱在测定小分子时比较有优势，比如二噁英、兴奋剂等。

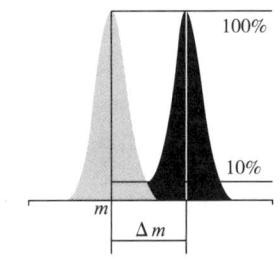

图7-11 磁质谱10%峰谷示意图

2. 有机质谱的分辨率

有机质谱，比如四极杆质谱，都是要求50%峰谷刚刚分开就算分开（图7-12），没有磁质谱严格。同时，这个分辨率 R 随质量变化，而 Δm 不变，即 m 越小，r 越大。所以有机质谱常用 Δm 来表示分辨率。

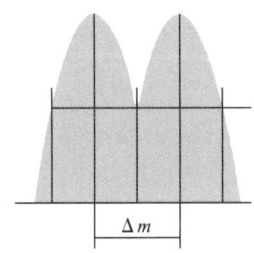

图7-12 有机质谱50%峰谷分开示意图

实际工作中很难找到恰好在50%峰谷分开的峰，所以又简化为用单峰法表示，即以单峰半峰高处的全峰宽（Full Width Half Maximum，FWHM）来表示，数值近似等于 Δm，见图7-13。比如，两个峰在半峰高处分开，这时分辨率以 FWHM=0.5 表示。

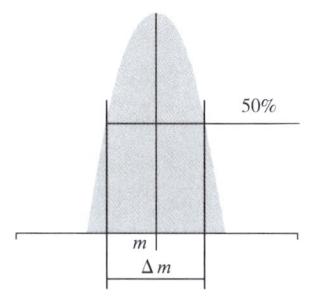

图 7-13　有机质谱单峰法定义

（三）质量范围

质量范围是质谱仪所能测定的离子质荷比的范围，表示仪器测定质量数的能力，例如质量范围 1~100，则表示能测定 m/z 1~100 之间的离子。质量范围的大小取决于质量分析器。四极杆分析器的质量范围上限一般在 1000 左右，也有的可达 3000，而飞行时间质量分析器可达 10^4 以上。由于质量分离的原理不同，不同的分析器有不同的质量范围，彼此间比较没任何意义。同类型分析器则在一定程度上反映质谱仪的性能。当然，了解一台仪器的质量范围，主要为了知道它能分析的样品相对分子质量范围。不能简单认为质量范围宽仪器就好。对于气相色谱质谱联用仪来说，分析的对象是挥发性有机物，其相对分子质量一般不超过 500，最常见的是 300 以下。如果是液相色谱质谱联用仪，因为分析的很多是生物大分子，质量范围要求更宽一些。

（四）质量稳定性和质量精度

质量稳定性主要是指仪器在工作时质量稳定的情况，通常用一定时间内质量漂移的质量单位来表示。例如某仪器的质量稳定性为：0.1amu/12h，意思是该仪器在 12h 之内，质量漂移不超过 0.1amu。

质量精度是指质量测定的精确程度。常用相对百分比表示，例如，某化合物的质量为 152.0473amu，用某质谱仪多次测定该化合物，测得的质量与该化合物理论质量之差在 0.003amu 之内，则该仪器的质量精度为百万分之二十。质量精度是高分辨质谱仪的一项重要指标，对低分辨质谱仪没有太大意义。

三、质谱仪定性定量应用

（一）相对分子质量的测定

分子失去一个电子而生成分子离子，其质荷比就等于相对分子质量。因此，利用质谱测定相对分子质量非常简便，但要注意有时分子离子峰很弱甚至不出现，而有时由于同位素的原因，质谱中出现 M+1、M+2 等峰。

质谱定性定量应用
（微课视频）

（二）分子式的确定

根据质谱图，可采用丰度法和高分辨质谱法两种技术确定分子式，各有其原理、适用场景及局限性。丰度法基于元素同位素的天然丰度差异，通过分析质谱中同位素峰（如 M、M+1、M+2）的强度比例推断分子式。该方法操作简便，适用于简单分子或纯样品分析，但对复杂混合物或多杂原子分子误差较大，且依赖经验公式，难以区分质量相近的异构体。

液相色谱质谱联用
（仿真动画）

高分辨质谱法利用高精度仪器测定分子离子的精确质量，结合元素组成规则和数据库匹配确定分子式。例如，精确质量 180.0634Da 可匹配葡萄糖（$C_6H_{12}O_6$），而排除同量异位素干扰。此方法无须依赖同位素模式，能精准区分异构体或含杂原子的分子，但需高端仪器支持及数据库辅助验证，成本较高，适用于复杂体系或异构体分析。

两种方法在精度、成本及适用性上形成互补。丰度法快速经济，适合初步筛查或简单化合物；高分辨质谱法则为复杂样品提供高可靠性结果，尤其在异构体区分中表现优异。实际应用中，常结合两者优势：先用高分辨质谱测定精确质量缩小候选范围，再通过同位素峰模式验证元素组成。例如，丙醇（C_3H_8O）的分子式可通过丰度法快速推导，而葡萄糖的鉴定则需高分辨质谱确保准确性。综上，根据样品复杂度与仪器条件选择方法，可显著提升分子式确定的效率与可靠性。

（三）推测化合物的结构

从质谱图推测化合物的结构，一般可以按照以下顺序进行：

（1）确定分子离子峰，从分子离子峰的强弱初步判断是哪类化合物。

（2）分子离子的质量是奇数还是偶数。

（3）是否有明显的同位素峰。

（4）初步提出化合物分子式，并计算出其不饱和单位数。

（5）对碎片离子峰进行分析，根据质谱图中主要的代表分子不同部位的碎片离子峰，粗略推测化合物的大致结构。

（6）以所有可能方式把各部分结构单元连接起来，再利用质谱数据和其他数据，将不合理的结构排除掉。

■ 思考与练习

1. 如何判定质谱图中的分子离子峰？
2. 作为质检人员要检测食品中挥发性风味物质的含量一般使用什么仪器？

项目七 知识点二
课堂互动

■ 课程思政

质谱技术在食品安全领域大有可为

近年来食品安全检测与监管受到高度重视，人们对食品安全检测技术提出了更高的要求。

食品安全检测技术有很多种，包括质谱、色谱、光谱、生物技术、电化学、免疫学等技术。而质谱分析由于具有灵敏度高、样品用量少、分析速度快、可同时进行分离和鉴定等优点，目前已经应用于食品中农兽药残留、生物毒素、持久性有机污染物、重金属、添加剂及非法添加物质的检测。

近年来我国食品安全检测技术取得了长足的进步，但是面对日趋严格的食品安全标准，传统的检测技术面临实现"更高准确度、更高灵敏度、更高检测速度、准确识别潜在风险"的技术挑战。为应对上述挑战，中国检验检疫科学研究院副院长张峰研究团队开发了一系列质谱检测新方法和新技术：开发了食品中内外源性物质的同位素质谱鉴别方法、基于组学技术的过度加工食品全息判别技术、基于质谱成像的食品安全检测技术、基于质谱的食品安全绿色分析技术、质谱实时直接检测技术。并研发了具有高选择性的敞开式质谱离子源，成功应用于食品中有害物的实时直接检测。张峰认为，质谱技术在食品安全领域具有巨大的应用前景。

成像质谱分析是一项新兴的可视化质谱分析技术，已广泛应用于脂类及部分内源性代谢物在动物组织中的空间分布研究。氯吡脲作为植物生长调节剂在设施甜瓜栽培中广泛应用，其残留行为成为近年来政府、产业界、研究人员和消费者关注的热点。中国农业科学院农业质量标准与检测技术研究所主任金芬团队利用成像质谱技术对甜瓜果实中氯吡脲的空间分布特征进行了深入研究。

气质联用检测羊肉制品中挥发性风味物质（仿真动画）

在食品工业中，监控产品安全和质量的需求与日俱增，并且监控对象通常与挥发性风味组成有关。因食品形态多样和成分复杂，同时被检测的挥发性风味物质含量范围广、种类多，因此样品前处理设备需要有更多的灵活性，色谱需要更加强大分离能力，同时化合物的定性定量需要更加准确。质谱作为目前检测的主流技术，应用在兽药残留确证检测和筛查检测、乳制品多元素分析和元素形态检测、维生素检测以及真菌毒素检测等方面。

气质联用检测羊肉制品中挥发性风味物质（虚拟仿真）

据了解，迄今已有一万余种化合物从食品挥发成分中被鉴别出来。目前大家公认，仅有有限数目的挥发物对食品的香味有贡献，而并不是所有的挥发物成分。此外，食品中的一些气味很强的化合物含量也很低，以至于气相色谱仪无法将其别定出来。气相色谱-嗅觉-质谱技术开创了现代风味化学的新时代，也被越来越多地应用于食品风味的检测方面。

项目实施

任务十三　气相色谱-质谱联用法测定乳粉中三聚氰胺的含量

任务目标

1. 了解气相色谱-质谱联用法的工作原理，熟悉仪器操作流程。
2. 掌握样品中三聚氰胺的测定方法。
3. 掌握正确分析计算样品中三聚氰胺含量的方法。

任务分析

三聚氰胺（Melamine）简称三胺，学名三氨三嗪，别名蜜胺、氰尿酰胺、三聚酰胺。三聚氰胺含氮量为66.6%，加入宠物饲料和牛乳中可以大幅提高蛋白质测定表观含量，但食用后可诱发肾衰竭并导致死亡。2007年，国内外发生多起宠物因食用添加了三聚氰胺的宠物食品而致死的例子，大量相关产品被召回。2008年9月，国内发生乳粉中含三聚氰胺导致婴幼儿肾结石、肾功能衰竭甚至死亡的恶性事件。

乳粉、乳制品中三聚氰胺的检测方法主要有 HPLC 紫外检测、GC-MS 和 LC-MS/MS 串级质谱检测。HPLC 紫外检测样品处理简单，但检测限较高且易受干扰。LC-MS/MS 串级质谱可以弥补 HPLC 液相紫外检测的缺点，但仪器成本高昂、操作复杂，不利于常规检测。GC-MS 检测具有灵敏度高、抗干扰性强、可靠性高等优点，缺点是样品必须进行硅烷化衍生后才能检测。试样经超声提取、固相萃取净化后，进行硅烷化衍生，衍生产物选用选择离子监测质谱扫描模式（SIM）或多反应监测质谱扫描模式（MRM），用化合物的保留时间和质谱碎片的丰度比定性，外标法定量。

任务准备

1. 检测方法检索

全国标准信息公共服务平台进行方法检索，搜索时输入关键词三聚氰胺，在结果中找到相关标准 GB/T 22388—2008《原料乳与乳制品中三聚氰胺检测方法》。

2. 试剂与材料

除非另有说明，所有试剂均为分析纯，水为 GB/T 6682—2008《分析实验室用水规格和试验方法》规定的一级水。

（1）吡啶：优级纯。

（2）乙酸铅。

（3）衍生化试剂：N,O-双三甲基硅基三氟乙酰胺（BSTFA）：三甲基氯硅烷（TMCS）（99:1），色谱纯。

（4）乙酸铅溶液（22g/L）：取22g乙酸铅用约300mL水溶解后定容至1L。

（5）三聚氰胺标准贮备液：准确称取100mg（精确到0.1mg）三聚氰胺标准品于100mL容量瓶中，用甲醇水溶液溶解并定容至刻度，配制成浓度为1mg/mL的标准贮备液，于4℃避光保存。

（6）三聚氰胺标准溶液：准确吸取三聚氰胺标准贮备液1mL于100mL容量瓶中，用甲醇定容至刻度，于4℃冰箱内储存，有效期3个月。

（7）氩气：纯度≥99.999%。

（8）氦气：纯度≥99.999%。

3. 仪器和设备

（1）气相色谱-质谱/质谱（GC-MS/MS）仪：配有电子轰击电离离子源（EI）。

（2）电子恒温箱。

（3）分析天平：感量为0.0001g和0.01g。

（4）离心机：转速≥4000r/min。

（5）超声波水浴。

（6）固相萃取装置。

（7）氮气吹干仪。

（8）涡旋混合器。

（9）具塞塑料离心管，50mL。

4. 样品处理

称取 0.5g（精确至 0.01g）试样，加入 5mL 甲醇水溶液，涡旋混匀 2min 后，超声提取 15~20min，以不低于 4000r/min 离心 10min，取上清液 200μL 用微孔滤膜过滤，50℃下氮气吹干。

衍生化，取上述氮气吹干残留物，加入 600μL 的吡啶和 200μL 衍生化试剂，混匀，70℃反应 30min 后，供 GC-MS 或 GC-MS/MS 法定量检测或确证。

■ 任务实施

1. 仪器参数设置

色谱柱：5%苯基二甲基聚硅氧烷石英毛细管柱，30m×0.25mm［内径（i.d.）］×0.25μm，或相当者。

流速：1.3mL/min。

程序升温：75℃保持 1min，以 30℃/min 的速率升温至 220℃，再以 5℃/min 的速率升温至 250℃，保持 2min。

进样口温度：250℃。

接口温度：250℃。

进样方式：不分流进样。

进样量：1mL。

电离方式：电子轰击电离（EI）。

电离能量：70eV。

离子源温度：220℃。

四级杆温度：150℃。

碰撞气：氩气，0.2394Pa（1.8mTorr）。

碰撞能量：15V。

扫描方式：多反应监测（MRM），定量离子 m/z 342>327，定性离子 m/z 342>327，342>171。

2. 样品分析

（1）标准曲线的绘制　准确吸取三聚氰胺标准溶液 0，0.04，0.08，0.4，0.8，4，8mL，分别置于 7 个 100mL 容量瓶中，用甲醇稀释至刻度。各取 1mL 用氮气吹干，衍生化。配制成衍生化产物浓度分别为 0，0.005，0.01，0.05，0.1，0.5，1mg/mL 的标准溶液。反应液供 GC-MS/MS 测定。以标准工作溶液浓度为横坐标，定量离子质量色谱峰面积为纵坐标，绘制标准工作曲线。

（2）定量测定　待测样液中三聚氰胺的响应值应在标准曲线线性范围内，超过线性范围则应对净化液稀释，重新衍生化后再进样分析。

(3) 定性判定 以标准样品的保留时间以及多反应监测离子（m/z 342>327，342>171）定性，如果试样中的质量色谱峰保留时间与标准工作溶液一致（变化范围在±2.5%之内）；样品中目标化合物的两个子离子的相对丰度与浓度相当标准溶液的相对丰度一致，相对丰度偏差不超过表7-1的规定，则可判断样品中存在三聚氰胺。

表 7-1　　　　　　　　　　　定性离子相对丰度的最大允许偏差

相对离子丰度	>50%	20%~50%	10%~20%	<10%
允许的相对偏差	±20%	±25%	±30%	±50%

(4) 结果计算 试样中三聚氰胺的含量由色谱数据处理软件或按下式计算获得：

$$X = \frac{A \times c \times V \times 1000}{A_s \times m \times 1000} \times f$$

式中　X——试样中三聚氰胺的含量，mg/kg；
　　　A——样液中三聚氰胺的峰面积；
　　　c——标准溶液中三聚氰胺的浓度，μg/mL；
　　　V——样液最终定容体积，mL；
　　　A_s——标准溶液中三聚氰胺的峰面积；
　　　m——试样的质量，g；
　　　f——稀释倍数。

(5) 空白试验 除不称取样品外，均按上述测定条件和步骤进行。

任务评价

测定乳粉中三聚氰胺的含量评价表

序号	工作任务	评价标准	分值	得分
1	标准检索	正确检索国家标准方法	5	
2	样品前处理	规范完成乳粉样品提取（如溶剂萃取、离心、过滤）、净化和浓缩，避免污染，保证回收率	20	
3	仪器操作	1. 准确设置色谱参数（柱温、载气流速）和质谱参数（电离模式、扫描范围）	35	
		2. 正确进样并实时监测分离效果与质谱信号		
4	数据分析	1. 处理色谱峰和质谱图，定性识别三聚氰胺特征离子	20	
		2. 定量计算含量，评估方法回收率、精密度及误差来源		
5	仪器维护	试验后规范清洁进样口、离子源等部件，记录仪器使用状态	10	
6	综合素养	操作规范，数据记录完整可追溯；遵守实验室安全规程；具备团队协作能力	10	
		总分	100	

任务十四　高效液相色谱串联三重四极杆质谱测定蜂蜜中氯霉素残留

■任务目标

1. 了解高效液相色谱串联三重四极杆质谱的工作原理，熟悉仪器操作流程。
2. 掌握样品中氯霉素的测定方法。
3. 掌握正确分析计算样品中氯霉素含量的方法。

■任务分析

蜂蜜中氯霉素残留问题是影响蜂蜜食用安全和贸易的主要问题之一。氯霉素是一种广谱抗生素，能抑制细菌蛋白质的形成，但对人类也具有毒害作用，如对骨髓造血机能有抑制作用，可引起粒细胞缺乏症、再生障碍性贫血和溶血性贫血等毒副作用。蜂蜜营养丰富，是人类重要的滋补食品，由于诸多原因，蜂蜜中可能存在氯霉素残留，给消费者的健康带来潜在的危害。我国农业农村部、欧盟委员会和美国食品药品监督管理局均规定蜂蜜中氯霉素残留限量为 0.3μg/kg。液相色谱-串联质谱联用法是目前氯霉素残留检测最为常用的分析方法，该方法定量检测灵敏度高、选择性强和准确度高。试样用乙酸乙酯提取，提取液浓缩后再用水溶解，固相萃取柱净化，液相色谱-串联质谱仪测定，外标法定量。

■任务准备

1. 检测方法检索

全国标准信息公共服务平台进行方法检索，搜索时输入关键词氯霉素，在结果中找到相关标准 GB/T 18932.19—2003《蜂蜜中氯霉素残留量的测定方法　液相色谱-串联质谱法》。

2. 仪器与试剂

液相色谱-串联四极杆质谱仪配有电喷雾离子源（ESI），高速离心机，氮吹仪，自动浓缩仪，数显式超声波清洗器，恒温水浴振荡器，分析天平：感量 0.1mg 和 0.01g 各一台，高通量全自动固相萃取仪，液体混匀器，储液器：50mL，真空泵：真空度应达 80kPa。

乙酸乙酯（色谱纯），甲醇（色谱纯），实验室用水为 Milli-Q 去离子水，固相萃取柱（Oasis HLB：60mg，3mL，使用前分别用 3mL 甲醇和 5mL 水预处理，保持柱体湿润），0.22μm GHP 滤膜（PALL，美国），GBW（E）060907 氯霉素标准物质（99.8±0.2）%，蜂蜜样品。

氯霉素标准贮备液：0.1mg/mL。准确称取适量的氯霉素标准物质，用甲醇配成 0.1mg/mL 的标准贮备液。贮备液储存在 4℃冰箱中，保质期两个月。

氯霉素标准工作溶液：用空白样品提取液分别配成氯霉素浓度为 0.5，1.0，5.0，10，50，100ng/mL 标准工作溶液，4℃保存，有效期 1 周。

■ 任务实施

1. 样品制备

对无结晶的样品,将其搅拌均匀。对有结晶的样品,在密闭情况下,置于不超过60℃的水浴中温热,振荡,待样品全部融化后搅匀,冷却至室温。

2. 提取

称取约5g试样,置于50mL具塞离心管中,加入5mL水,快速振荡混合1min,使试样完全溶解。准确加入15mL乙酸乙酯,振荡10min,以3000r/min离心10min,准确吸取上层乙酸乙酯12mL转入自动浓缩仪中,减压蒸干,加入5mL水溶解残渣,待净化。

3. 净化

提取液全部上样至固相萃取柱后用5mL水,5mL甲醇:水=50:50(体积比)淋洗,最后用5mL乙酸乙酯洗脱。40℃氮气吹干,用0.5mL甲醇:水=15:85(体积比)复溶,定容至0.8mL,待检测。

4. 测定

色谱质谱条件如下。

色谱柱:C_{18}柱,2.1×150mm,5μm;

流动相:乙腈+水(20+80);

流速:0.3mL/min;

进样量:40μL;

离子源:电喷雾离子源(ESI);

扫描方式:负离子扫描;

检测方式:多反应监测;

电喷雾电压:-4500V;

雾化气压力:0.069MPa;

气帘气压力:0.069MPa;

辅助气流速:6L/min;

离子源温度:450℃;

去簇电压:-55V;

定性离子对、定量离子对和碰撞气能量:

定性离子对(m/z)	定量离子对(m/z)	碰撞气能量/V
321/176	321/152	-21
321/152	—	-23
321/194	—	-20

氯霉素标准工作溶液在液相色谱-串联质谱设定条件下分别进样,以峰面积为纵坐标,工作溶液浓度(ng/mL)为横坐标,绘制标准工作曲线,用标准工作曲线对样品进行定量,样品溶液中氯霉素的响应值均应在仪器测定的线性范围内。

平行试验：按以上步骤，对同一试样进行平行试验测定。
空白试验：除不称取试样外，均按上述步骤进行。

5. 结果计算

试样中氯霉素的含量由色谱数据处理软件或按下式计算：

$$X = c \cdot \frac{V}{m} \cdot \frac{1000}{1000}$$

式中　X——试样中被测组分残留量，$\mu g/kg$；

c——从标准工作曲线上得到的被测组分溶液浓度，ng/mL；

V——样品溶液定容体积，mL；

m——样品溶液所代表试样的质量，g。

注：计算结果应扣除空白值。

任务评价

测定蜂蜜中氯霉素的残留评价表

序号	工作任务	评价标准	分值	得分
1	标准检索	正确检索国家标准方法	5	
2	样品前处理	规范完成蜂蜜样品提取（如溶剂萃取、离心）、净化（如固相萃取），避免污染，保证回收率	20	
3	仪器操作	1. 准确设置色谱条件（柱温、流动相梯度）和质谱多反应监测（MRM）模式参数 2. 正确进样并实时监测色谱分离效果及质谱信号稳定性	35	
4	数据分析	1. 处理色谱峰与质谱图，定性识别氯霉素特征离子对 2. 定量计算残留量，评估方法回收率、精密度及基质效应影响	20	
5	仪器维护	试验后规范清洗色谱柱、离子源，记录仪器状态，确保系统洁净	10	
6	综合素养	操作规范，数据记录完整可追溯；遵守实验室安全规程；具备团队协作与问题解决能力	10	
		总分	100	

项目八

流变学分析技术

学习目标

知识目标

1. 掌握粉质曲线和拉伸曲线参数的含义。
2. 熟悉面团在粉质仪不同阶段的特点。
3. 了解粉质仪和拉伸仪的结构。

技能目标

1. 能在粉质曲线和拉伸曲线上，正确找到各参数。
2. 会根据粉质曲线和拉伸曲线的参数，判断小麦粉的类型。
3. 会正确说明粉质仪和拉伸仪各部件的作用。
4. 能操作粉质仪和拉伸仪，并进行日常保养维护。

素质目标

1. 能够与团队合作，规范操作粉质仪和拉伸仪。
2. 建立参数和小麦粉品质联系，塑造不断创新的能力。
3. 根据粉质曲线和拉伸曲线的参数，判断小麦粉的类型，提高分析问题、解决问题的能力。

项目导入

谷朊粉是面粉中常用的强筋剂，强筋剂能够增加面粉的弹性和韧性，最终达到改良面筋筋力的目的。面粉厂准备在面粉中加入谷朊粉，满足客户对产品的要求。作为一名检验员，如何确定加入谷朊粉的量，以满足对该批小麦粉的品质要求？

知识点一

粉质仪分析技术

一、粉质仪的结构和测定原理

粉质仪是测定小麦粉面团流变学特性的重要仪器，测定面粉筋力强度用于判定不同面粉的适宜用途以及研究添加剂对面团质量的影响。

认识小麦粉
（微课视频）

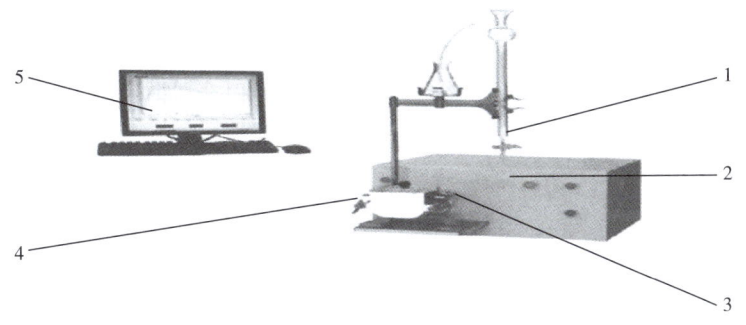

面团的流变体特点
（微课视频）

图 8-1 粉质仪结构图
1—滴定管 2—粉质仪主机 3—揉混器
4—循环水接口 5—粉质仪视窗软件

粉质仪的结构
和测定原理
（微课视频）

（一）粉质仪的结构

粉质仪的结构如图 8-1 所示，主要包括以下 5 个部分：

（1）滴定管 有两种型号的滴定管。

①用于 300g 揉面钵的滴定管，起止刻线为 135~225mL，最小刻度 0.2mL，排水时间不超过 20s。

②用于 50g 揉面钵的滴定管，起止刻线为 22.5~37.5mL，最小刻度 0.1mL，排水时间不超过 20s。

（2）粉质仪主机 含有驱动与扭矩装置，是粉质仪最基本构成。驱动装置的转速可调为 2~200r/min。扭矩测量系统安装在一个固定的、能够自由扭曲的电机抽上，测定过程中产生的扭矩直接被测量。记录面团搅拌过程中扭矩随时间的变化规律，将测试结果转化为电信号传输给计算机。

（3）揉混器 包括揉混器后面板、揉面钵、搅拌叶片。

①揉面钵分两种 300g 揉面钵和 50g 揉面钵。

②搅拌叶片 由慢速搅拌叶片和快速搅拌叶片组成。其中慢速搅拌叶片转速（63±2）r/min；快慢速搅拌叶片转速比为（1.50±0.01）∶1。

（4）循环水接口 由控温装置的循环水控制，控制揉面钵温度为（30±0.2）℃。

（5）粉质仪视窗软件 在视窗软件中记录测试数据并同步显示测试曲线，还可以根据国际标准评价测试结果。

(二) 粉质仪测定原理

1. 粉质仪的测定原理

称取定量的面粉样品,在恒温揉面钵内加水搅拌(加入适量的水,使面团在形成时平均阻力值在 500FU 粉质单位左右),随着搅拌的进程,面团面筋经历初步形成直至充分扩展、完全形成阶段,期间面团的稠度逐渐增大,直至最大,相应搅拌阻力也逐渐增大,在面筋充分形成时达到最大。而后面筋被破坏,继续搅拌,面团稠度不断衰减,搅拌阻力不断减小。在搅拌过程中,不同筋力强度的面粉耐搅拌能力不同,强筋面粉耐搅拌能力强,在面筋充分形成、搅拌阻力达到最大后继续搅拌过程中,搅拌阻力下降较为缓慢,粉质曲线较平滑,相反弱筋面粉粉质曲线下降较快。通过测量和记录面团搅拌时相应与其稠度的搅拌阻力变化,从加水量和记录搅拌性能的粉质曲线计算小麦粉吸水量及评价面团搅拌时的形成时间、稳定时间、弱化度等特性,用以评价面团强度。

2. 面团在粉质仪中的变化过程

(1) 原料混合阶段(松散阶段) 即面团搅拌的第一阶段。小麦粉等原料被水调湿,并未形成一体,且不均匀。水化作用仅在表面发生一部分,面筋没有形成,用手捏面团感觉很硬,无弹性和延伸性。

(2) 面筋形成阶段(抓取阶段) 面筋形成阶段水分被小麦粉全部吸收,面团成为一个整体,已不黏附搅拌机壁和钩子,此时水化作用基本结束,一部分蛋白质形成了面筋。用手捏面团,仍有黏性,手拉面团时无良好的延伸性,易断裂,缺少弹性,表面湿润。

(3) 面筋扩展阶段(形成阶段) 继续搅拌、调制,随着面筋形成,面团表面逐渐趋于干燥,较光滑和较有光泽,出现弹性,较柔软,用手拉面团,具有延伸性,但仍易断裂。

(4) 搅拌完成阶段(光滑阶段) 在搅拌完成阶段,面筋已完全形成,柔软而具有良好的延伸性。面团随搅拌机的钩子转动,并发出拍打搅拌机壁的声音;面团表面干燥而有光泽,细腻整洁而无粗糙感。用手拉取面团,具有良好的延伸性和弹性,面团非常柔软。对于面包来说,此阶段面团搅拌达到最佳程度,应立即停止搅拌,转入发酵工序。

(5) 搅拌过度阶段(衰落阶段) 继续搅拌,面筋超过了搅拌的耐度,开始断裂。面筋中吸收的水分又溢出,面团表面再次出现水的光泽,具有黏性,流动性增强,失去了良好的弹性。用手拉面时,面团粘手而柔软。面团达到这一阶段时,会对制品的质量产生不良影响。

(6) 破坏阶段 若继续搅拌则面团变成透明并带有流动性,黏性非常明显,面筋完全被破坏。从面团中洗不出面筋,用手拉面团时,手掌中有一丝丝的线状透明胶质。了解水调面团调制过程的形成与发展特点,对于掌握调制技术意义重大,调制不足和调制过度,对产品的品质都会造成影响。

二、粉质曲线的参数分析

（一）粉质曲线

1. 粉质曲线的参数

（1）吸水量（Water Absorption of Flour） 面团达到最大稠度 500FU 时，所需要加水的体积。以每 100g 水分含量为 14%（质量分数）的小麦粉中所需添加水的毫升数，单位为 mL。取双试验测试结果的平均值作为试验结果。精确至 0.1mL/100g。粉质曲线如图 8-2 所示。

粉质曲线的参数分析
（微课视频）

影响因素：受小麦粉的蛋白质含量、淀粉破损率等影响，蛋白质含量和淀粉破损率越高，吸水量就越大，但淀粉损伤过多将影响食品质量。

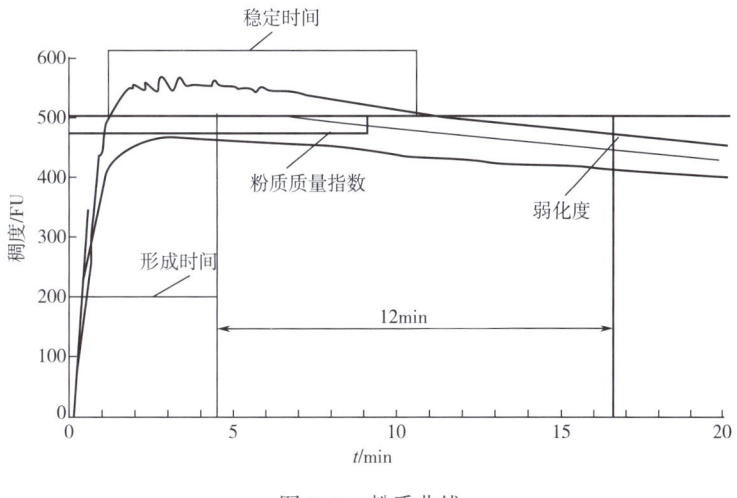

图 8-2 粉质曲线

（2）面团形成时间（Dough Development Time） 指从加水和面到粉质曲线到达最大稠度后开始下降所用时间。在极少数情况下可以观测到两个最大值，用第二个最大值计算形成时间，单位为分钟（min）。取双试验测试结果的平均值作为试验结果，精确至 0.1min。

影响因素：小麦面筋含量越高，面筋筋力越强，则面团形成时间越长。不同专用粉对形成时间的要求不一样，如面包要求较长的形成时间，而糕点、饼干粉则相反。

（3）稳定时间（Stability） 也称稳定性，指粉质曲线上边缘首次与 500FU 标线相交到下降离开 500FU 标线两点之间的时间差值，单位为分钟（min）。此值代表了面团的耐搅性。

当最大稠度偏离 500FU 标线时，需使用平行于 500FU 标线的最大稠度中心线评价。取双试验测试结果的平均值作为试验结果，精确至 0.1min。

影响因素：面团稳定时间长，说明面筋筋力强，在面团发酵过程中有较强的保持 CO_2 气体的能力，此时做出的面包体积大，比容也大。一般优质面包粉的稳定时间 7~15min，糕点和饼干面粉的稳定时间为 2~5min。

（4）弱化度（Degree of Softening） 指面团到达形成时间曲线带宽的中间值和此点后

12min 处曲线带宽的中间值之间的高度差值，单位为 FU。取双试验测试结果的平均值作为试验结果，精确至 1FU。

影响因素：弱化度大，表示面团在过度搅拌后面筋变弱的程度大，面团变软发黏，不易加工且面粉烘焙质量不佳。

（5）粉质质量指数（Farinograph Quality Number） 沿着时间轴，从加水点至粉曲线比最大稠度中心线衰减 30FU 处的长度，单位为毫米（mm）。取双试验测试结果的平均值作为试验结果，精确至 1mm。

影响因素：表示面粉筋力强度。一般硬麦面粉粉质质量指数大于 60，软麦面粉粉质质量指数小于 60，粉质质量指数对面粉搭配十分有用。

2. 精密度

依据 GB/T 14614—2019《粮油检验 小麦粉面团流变学特性测试 粉质仪法》。

（1）重复性 由同一位操作人员在同一实验室，使用同一台仪器，在短时间内用相同方法进行测试，两次测试结果的绝对差值超过重复性限（r）的情况不大于 5%。以下为相应测试值的重复性限值。

吸水量（校正至 500FU）：$r = (-0.004A+0.432) \times 2.8$

吸水量（校正至 14%水分）：$r = (-0.005B+0.501) \times 2.8$

形成时间：$r = (0.072C+0.074) \times 2.8$

稳定性（稳定时间）：$r = (0.019D+0.226) \times 2.8$

弱化度：$r = (0.031E+2.729) \times 2.8$

粉质质量指数：$r = (0.052F+0.295) \times 2.8$

其中，A、B、C、D、E、F 均为粉质参数。

（2）再现性 由不同操作人员在不同实验室，使用不同仪器，在短时间内对相同样品用相同方法进行测试，两次测试结果的绝对差值超过重复性限（R）的情况不大于 5%。以下为相应测试值的再现性限值。

吸水量（校正至 500FU）：$R = (-0.001A+0.548) \times 2.8$

吸水量（校正至 14%水分）：$R = (-0.004B+0.944) \times 2.8$

形成时间：$R = (0.135C+0.041) \times 2.8$

稳定性（稳定时间）：$R = (0.076D+0.373) \times 2.8$

弱化度：$R = (0.039E+6.581) \times 2.8$

粉质质量指数：$R = (0.133F-0.2159) \times 2.8$

其中，A、B、C、D、E、F 均为粉质参数。

（二）粉质曲线的应用

1. 根据粉质曲线对小麦粉进行分类（图 8-3）

（1）低筋粉 面团到达最大稠度的时间短暂，短的稳定时间与急速从 500FU 线衰退，粉质质量指数小。

（2）中筋粉 面团达到最大稠度所需时间较长，稳定时间较长。

（3）高筋粉 面团达到最大稠度的时间长，有较长的稳定时间和较小的弱化度，粉质质量指数大。

（4）特强筋粉 在正常的粉质仪和面的转速（63r/min）时，稳定时间达 20min 以上，

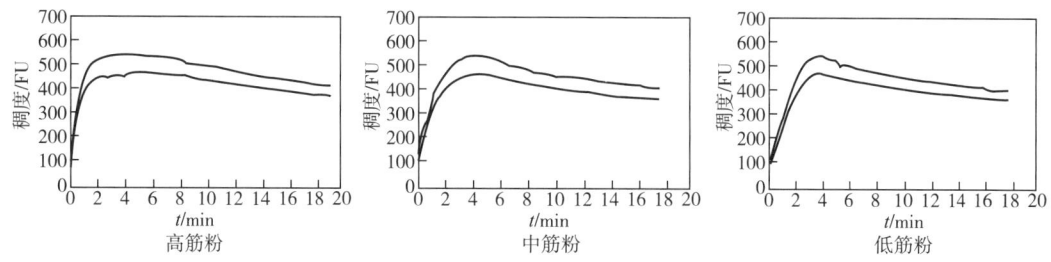

图 8-3　不同类型小麦粉的粉质曲线图

难以表示小麦粉质量的有关数据，此将转速改成 90r/min 重新测定。

2. 不同种类的小麦粉粉质曲线比较

国家标准规定，一等优质强筋小麦的稳定时间≥10.0min；二等优质强筋小麦的稳定时间≥7.0min；优质弱筋小麦的稳定时间≤2.5min。

3. 粉质质量指数的应用

粉质质量指数（评价值）是由面团形成时间和耐搅拌性来评价小麦粉样品品质的单一数值，评分范围为 0~100。但不能以评分高低衡量小麦、小麦粉的品质好差，不同面制食品对粉质质量指数的要求不同，如制作面包一般要求粉质质量指数在 50 以上。

粉质质量指数（评价值）可用于两种或两种以上小麦的搭配制粉，迅速确定不同品质小麦的搭配比例，保证小麦粉产品达到要求。

4. 小麦搭配方法

（1）两种小麦搭配

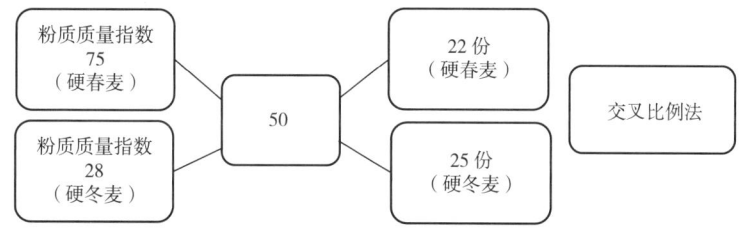

粉质质量指数 75 的硬春麦和粉质质量指数 28 的硬冬麦，搭配出混合小麦的粉质质量指数为 50，根据交叉比例法，需要硬春麦 22 份，硬冬麦 25 份。

（2）两种以上小麦搭配

先确定一种小麦的搭配比例，然后进行计算。

例：用三种小麦，粉质质量指数分别为 60/50/40，要求混合样品的粉质质量指数为 56，其搭配比例的选定如下。

75%的小麦Ⅰ（粉质质量指数 60）　60×75%＝45。

10%的小麦Ⅱ（粉质质量指数 50）　50×10%＝5。

15%的小麦Ⅲ（粉质质量指数 40）　40×15%＝6。

混合样品的粉质质量指数：45+5+6＝56。

思考与练习

1. 根据粉质曲线，小麦粉可分为哪些类型？
2. 若最大稠度大于520FU，或小于480FU，如何调整加水量？
3. 两种不同的小麦粉质量指数分别为65和35，如何进行小麦搭配使粉质质量指数为45。

项目八 知识点一
课堂互动

知识点二

拉伸仪分析技术

一、拉伸仪的原理和结构

（一）拉伸仪的原理

拉伸仪是测试面团流变学特性的一种常用仪器。采用拉伸仪测量的面团对评估面团焙烤性质有重要意义，拉伸性能不仅决定了面团在醒发和焙烤时面团的膨胀程度，对面包体积及质构，也有直接的影响。

拉伸仪的原理和结构
（微课视频）

拉伸仪的工作原理是小麦粉在粉质仪揉面钵中加盐水揉和成面团后，在拉伸仪中进行揉球、搓条和醒发（恒温、恒湿），然后进行拉伸试验，采用电子测力装置精确测量拉伸力随时间的变化；通过变送器将数据传输到计算机内，自动记录并绘制成曲线；通过拉伸分析软件分析后，给出最大拉伸阻力、拉伸阻力、延伸度和拉伸能量等测试结果。通过拉伸特性可评定面粉的品质和用途。

（二）拉伸仪的结构（图8-4）

1. 揉圆器

揉圆器是带定位顶针的圆形底盘、顶部和底部开口的四方形不锈钢盒和压坨。在底部的圆盘上对于方盒作偏心转动时，盒内的面团被均匀地揉成球形。

2. 成型器

旋转的搓条轧辊将面球引入轧辊和成型器外壳之间的间隙，从而将其搓成圆柱形试样。成型器外壳内臂上固定的圆形金属板确定面团试样的直径。

3. 醒发室

醒发室具有3个醒发腔，每个醒发腔内各有1个醒发托盘和2个面团夹具（用于做重复试验），3个不同的试样可同时进行醒发。醒发室内温度通过循环水浴保持在（30±0.2）℃。

4. 拉伸装置

拉伸装置是测力传感器单元及相连的面团夹具托架、带拉面钩的拉伸机构。电机驱动拉面钩以恒定速度向下移动。向下移动过程中，拉面钩钩住托架上面团夹具中的面团试样，从面团试样中央向下拉伸面团直至面团断裂。拉伸过程中作用于面团的力作用于托架,拉伸仪记录拉伸阻力随时间的变化关系。

当拉面钩运动到最下端时,限位开关自动改变运动方向,拉伸机构返回到初始位置并准备下一次拉伸。

5. 温度控制系统

揉圆器、成型器及醒发室的温度通过外置的加热/冷却循环水浴控制。

6. 电脑及显示器、软件

拉伸图谱经自动计算评价结果,在软件操作界面上显示试样数据、测试条件参数,并可以储存。

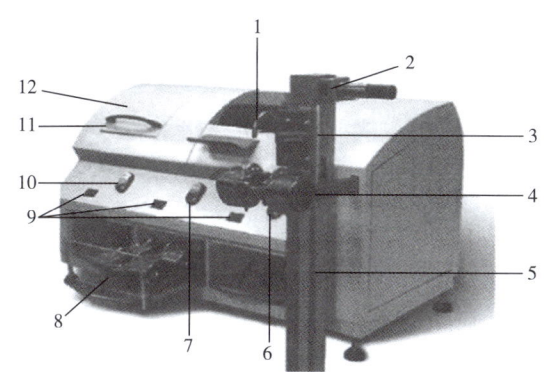

图 8-4 拉伸仪结构图

1—成型器 2—拉伸电机 3—拉面钩 4—面团夹具托架 5—拉伸机构 6—拉伸装置启/停按钮 7—成型器启/停按钮 8—醒发室及内置的面团夹具和醒发托盘 9—醒发室温度数字显示 10—揉圆器启/停按钮 11—揉圆器上盖 12—揉圆器

(三)拉伸仪的操作特性

(1)揉圆器 转速 (83±3) r/min。

(2)成型器 转速 (15±1) r/min。

(3)拉伸钩 速度 (1.45±0.05) cm/s。

(4)循环水控温装置 控制揉面钵、揉圆器、成型器及醒发室温度为 (30±0.2)℃。

二、拉伸曲线的参数分析

(一)拉伸曲线各参数

拉伸曲线(图 8-5)反映了麦谷蛋白赋予面团的强度和抗延伸阻力以及麦醇溶蛋白提供的易流动性和延伸性所需要的黏合力。抗拉伸阻力和延伸性反映了面粉的一些特性,能量和比值是反映面粉特性最主要的指标。能量越大、面团强度越大,一般能量大、比值适中的面粉其食用品质较好。

拉伸曲线的参数分析
(微课视频)

(1)能量(A) 拉伸曲线所包含的面积。表征拉伸测试面块时所做的功。单位为 cm^2,精确到 $1cm^2$。

影响因素:它代表了面团从拉伸到拉断为止所需要的总能量。一般面积越大,则面团

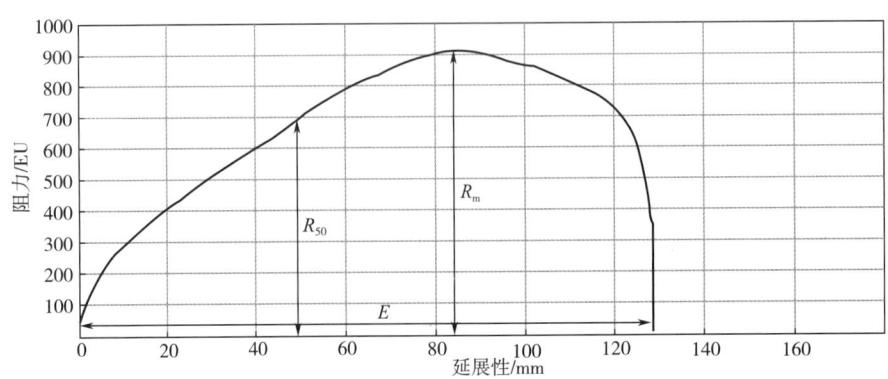

图 8-5 拉伸曲线

（横坐标为延伸性，单位为 mm；纵坐标为阻力，单位为 EU）

筋力越强；反之，面积越小，则面团筋力越弱。

（2）延伸性（E）　拉伸曲线从开始上升至面团被拉断时的最长变形量。指拉伸曲线横坐标的长度。延伸性单位为 mm，精确到 1mm。面团的延伸性表示面团的可塑性。

影响因素：它与面团成型，发酵过程中气泡的长大，烤炉面包体积增大有关。一般延伸性大，表示面团筋力弱，易于流变；而延伸性小，表示面团筋力强，不易流变。

（3）恒定变形拉伸阻力（R_{50}）　拉伸曲线开始上升后 5cm 处拉伸曲线的高度。单位为 EU，精确到 1EU。它表示面团的强度和筋力。

影响因素：阻力与面团中 CO_2 气体保留程度有关。当面团对拉伸有一定阻力时，才能保留住 CO_2，如果面团抗延伸性阻力太低，则面团中的 CO_2 气体易于冲出气泡的壁形成大气泡或由面团的表面逸出。

（4）最大拉伸阻力（R_m）　拉伸曲线最高点到曲线横坐标的高度，即面团试样断裂时的拉伸阻力。单位为 EU，精确到 1EU。

影响因素：以两个测试面块获得的拉伸曲线的最大高度的平均值计算。

（5）R/E 比值　恒定变形拉伸阻力或最大拉伸阻力与延伸度的比值，是评价面团质量的一个辅助因素。

影响因素：它反映了面团的机械特性。面包粉要求拉伸比数大，而饼干粉要求拉伸比数小。拉伸比数过大表明该面团的筋力过强，面团在发酵过程中保气能力过强，以至于发不起来。

（二）精密度

依据 GB/T 14615—2019《粮油检验　小麦粉面团流变学特性测试　拉伸仪法》。

（1）重复性　由同一位操作人员在同一实验室，使用同一台仪器，在短时间内用相同方法进行测试，两次测试结果的绝对差值超过重复性限（r）的情况不大于 5%。以下为相应测试值的重复性限值。

能量：$r = (-0.062A - 0.202) \times 2.8$

恒定变形拉伸阻力：$r = (0.0468B - 0.034) \times 2.8$

延伸性：$r = (-0.020C + 9.327) \times 2.8$

最大拉伸阻力：$r=(0.030D+3.776)\times 2.8$

拉伸比例：$r=(0.067E+0.020)\times 2.8$

最大拉伸比例：$r=(0.046F+0.070)\times 2.8$

其中 A、B、C、D、E、F 均为 135min 的拉伸参数。

（2）再现性　由不同操作人员在不同实验室，使用不同仪器，在短时间内对相同样品用相同方法进行测试，两次测试结果的绝对差值超过重复性限（R）的情况不大于 5%。以下为相应测试值的再现性限值。

能量：$R=(-0.062A-0.202)\times 2.8$

恒定变形拉伸阻力：$R=(0.0468B-0.034)\times 2.8$

延伸性：$R=(-0.020C+9.327)\times 2.8$

最大拉伸阻力：$R=(0.030D+3.776)\times 2.8$

拉伸比例：$R=(0.067E+0.020)\times 2.8$

最大拉伸比例：$R=(0.046F+0.070)\times 2.8$

其中 A、B、C、D、E、F 均为 135min 的拉伸参数。

（三）典型面粉的拉伸图

（1）低筋粉　面团拉伸阻力小于 200BU，延伸性小，在 155mm 以下。或延伸性较大，达 270mm，拉伸阻力小于 200BU，如图 8-6 所示。延伸性短的适合制作，在嘴里易于融化的饼干类食品，延伸性长和弹性小的适合制作面条类食品。

吹泡仪的原理和结构
（微课视频）

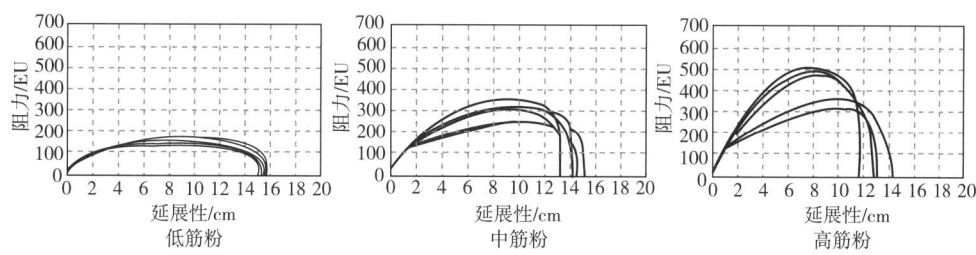

图 8-6　不同类型小麦粉拉伸曲线

（2）中筋粉　面条拉伸阻力较大，延伸性小，或阻抗性中等，延伸性小，适合做馒头，如图 8-6 所示。

（3）高筋粉　拉伸阻力大，在 350~500BU，延伸性大或适中，在 200~250mm，比较适宜做主食面包，如图 8-6 所示。

（4）特强筋粉　拉伸阻力达 700BU 左右，而延伸性只有 115mm 左右。其阻抗力量过强，面团僵硬，不平衡，称为"顽强抵抗面团"，用其做面包则体积小，瓢气孔大而不均匀，孔壁粗糙，干硬。该粉可用于挂面或通心面条，防止断条。

吹泡仪曲线参数的分析
（微课视频）

■思考与练习

1. 向醒发室放入面团试样之前，为什么先向醒发托盘的水槽中

项目八　知识点二
课堂互动

加水？

2. 特别黏的面团，在揉圆和搓条过程中应如何操作？

3. 小麦粉面团拉伸曲线测定时需要几次醒发和拉伸？

▌课堂思政

1. 小麦芯片

我国小麦连年丰收，曾一度出现优质强筋小麦供不应求，而普通小麦大量库存积压、农民增产不增收的局面，严重挫伤了农民生产的积极性。因此，积极发展优质专用小麦生产，是国家和人民利益的需要，是调整农业结构、提高土地利用率、增加农民收入的需要，是提高小麦市场竞争力的必经之路。

一代代农业科技工作者前赴后继，把根扎在试验田里，把心用在科研创新上，培育出强筋小麦品种如华伟305、万丰269、西农20、艾麦24，这些品种都有着高强筋、高粒重、产量高等优点。

党的二十大报告提出，全方位夯实粮食安全根基，牢牢守住十八亿亩耕地红线。种子是农业的"芯片"，要想解决好国家粮食安全问题，就必须解决好种业核心关键问题。袁隆平为代表的农业科学家，对我们国家的粮食乃至世界的粮食安全做出了巨大贡献。一代人有一代人的长征，一代人有一代人的使命，我们要弘扬袁隆平等老一辈科技工作者艰苦奋斗、勇于创新的精神，为中华民族伟大复兴贡献自己的力量。

2. 面团流变学特性的作用

小麦是世界上最主要的食物来源之一，而小麦粉是制作各种各样面制品的基础原料。很早以前人们就发现，小麦粉面团具有其他谷物所不具有的独特的黏弹性。近代，随着谷物化学的迅速发展，人们对面团的黏弹性进行了深入的研究，20世纪20~30年代，随着流变学概念的建立，人们对面团的流变学特性进行了比较系统的研究。

流变学特性测试仪器应用在食品行业，可以评价小麦的质量，根据成品的要求以及原粮筋力的强弱和质量的高低，进行小麦搭配，合理地使用原粮，并节约成本。对成品面粉进行品质测试，可以了解不同种类的添加剂的效力，确定合适的添加量，改善专用粉的食用品质，提高成品的质量，满足使用需求。也可以通过面团在不同醒发时间所显示的延展度和阻力大小，合理确定面团的醒发时间；通过面团形成时间和吸水率的测试，确定烘焙工艺中的加水量和和面时间，从而指导烘焙工艺。这种"从现象到数据、从数据到规律"的探索路径，正是科技创新驱动产业升级的缩影。

作为新时代青年，我们当以"小麦流变学"式的钻研精神投身实践。在食品工业中，仍存在诸多待解之题：如何开发便携式流变仪赋能乡村小微食品厂？怎样改良小麦品种适配低碳加工工艺？这些命题既需对"面团阻力-延展曲线"的深刻理解，也考验着将政策导向转化为技术方案的创新能力。当代青年更应保持"见微知著"的敏锐，在食品检测智能化、粮食加工绿色化等领域深耕，让科技创新真正成为端牢中国饭碗的坚实支柱。

项目实施

任务十五 小麦粉面团粉质曲线的测定

■ **任务目标**

1. 能熟练操作粉质仪,并正确记录试验结果。
2. 掌握用粉质曲线参数分析小麦粉品质的方法。
3. 能对照粉质仪说出其主要结构,了解粉质仪的保养与维护方法。

小麦粉面团粉质
曲线的测定
(微课视频)

■ **任务分析**

粉质仪(Farinograph-E)中加入面粉和水揉和,随着面团进入形成、稳定、弱化三个阶段,其稠度不断变化。用测力系统自动记录面团揉和时相应稠度的阻力变化,根据加水量及记录揉和性能的粉质曲线计算小麦粉吸水量及面团的形成时间、稳定时间和弱化度等指标。

■ **任务准备**

1. 粉质仪主机

(1)搅拌叶片 慢速搅拌叶片转速(63±2)r/min,快慢速搅拌叶片转速比:(1.50±0.01):1。

(2)揉面钵 分两种 300g 揉面钵和 50g 揉面钵。

2. 循环水控温装置

控制揉面钵温度为(30±0.2)℃。

3. 滴定管

(1)用于 300g 揉面钵的滴定管,起止刻线为 135~225mL,排水时间不超过 20s。

(2)用于 50g 揉面钵的滴定管,起止刻线为 22.5~37.5mL,排水时间不超过 20s。

4. 天平

分度值 0.1g。

5. 刮刀

软塑料制成。

■ **任务实施**

1. 水分含量的测定

按 GB 5009.3—2016《食品安全国家标准 食品中水分的测定》规定的方法测定小麦粉水分含量。

2. 接通恒温控制装置

打开循环水开关,使揉面钵温度达到(30±0.2)℃,方可打开仪器的电源开关

"POWER"。

3. 启动仪器
（1）在测试参数对话框中输入全部测试参数，"开始"键启动仪器。
（2）用温度为（30±0.2）℃的蒸馏水注满滴定管。

4. 称量样品
（1）小麦粉的温度应在 25~30℃。
（2）程序软件计算并显示小麦粉质量相当于 300g 或 50g，水分含量为 14% 的小麦粉试样样品。

5. 加样品
（1）向揉面钵中加入已称量的小麦样品，盖上上盖。
（2）点击"开始"键重新启动驱动装置。

6. 预热仪器
（1）点击"确认"键。
（2）预热和搅拌小麦粉 1min。

7. 测定
（1）加入一定量的水使面团的最大稠度接近 500FU。
（2）当面团形成时，在不停机的状态下，用刮刀将黏附在揉面钵内壁的所有碎面刮入面团中。

8. 清扫整理
（1）测试时间结束时，数据传输自动结束。
（2）点击"停止"键关闭粉质仪，清洗揉混器。
（3）两次揉混符合下列要求，才能结束实验：
①在 25s 内完成加水操作；②最大稠度在 480~520FU；③若需要报告弱化度，则到达形成时间后继续记录至少 12min。

9. 数据记录与处理

粉质特性指标	吸水量/%	形成时间/min	稳定时间/min	弱化度/FU	粉质质量指数
样品 1					
样品 2					

10. 注意事项
（1）循环水的温度达到（30±0.2）℃才能开机。加水需在 20s 内完成。
（2）室温最好为 22~24℃，小麦粉的温度需要与测试环境的温度保持一致。从测试室外取来的小麦粉应在敞口的容器中放置 30min 以上，使样品温度逐渐与测试室内温度达到平衡方可测试。
（3）在揉面钵中揉制面团时，所加的水充分揉进面团中需要一定时间，所以开始应一次将水加够，以后不能再加水。

（4）揉面钵长期使用后，容器的内壁、容器和和面刀的间隙将发生变化，叶片的斜度也将减少，这将使粉质曲线受到影响。

（5）粉质曲线出现分段现象，是因为容器出现缺陷，揉制面团时，面团易黏附在容器侧面所致。

（6）除加蒸馏水和用刮刀片刮除黏附在内壁上的碎面块外，揉面钵上盖在测定过程中不能离开。

（7）每次测定后需要彻底清洗，因为测试仅需少量面团，干燥的残留面团会增大摩擦力。而且每次清洗揉面钵后应彻底擦拭干净，残留的水分会使扭矩值偏高，进而影响其他测试参数。

（8）清洗揉面钵时，取下揉面钵外套，并放于温水中浸泡。用湿纱布（或用细软毛刷）擦洗和面刀，并用软塑料刮片，刮除粘在和面刀缝隙里的面团，重复数次。同样用湿纱布（或细软毛刷、软刮片）擦洗取下的揉面钵外套件，清洗粘在钵上的全部碎面团，再用干纱布擦干，装于仪器固定位置上，待用。（注意：切勿用酸、碱或金属件刮洗。彻底清洗和擦干揉面钵，是得到正确测定结果的保证）面刀复位前，面刀铜套上涂抹少量硅油，起润滑作用。

（9）峰值不在480~520FU，需停机重新测定。若需要报告弱化度，则在到达形成时间后继续记录至少12min。

任务评价

小麦粉面团粉质曲线的测定评价表

序号	工作任务	评价标准	分值	得分
1	仪器操作	1. 能正确操作粉质仪，完成样品测定	10	
		2. 能根据样品特点，正确输入样品的质量、测定时间等参数	10	
2	样品制备	1. 会测定样品的水分，正确称取样品质量	10	
		2. 能控制水温和加水时间	10	
3	样品分析	1. 能得到样品粉质曲线图和粉质曲线的各参数	10	
		2. 会判断粉质曲线数据异常原因并调整参数	10	
4	仪器维护	1. 试验后能正确关闭仪器，清洗仪器	10	
		2. 能做好日常维护检查，滴定管是否清洁，循环水水位是否合适，搅拌叶片铜套上是否涂润滑硅油	10	
5	综合素养	1. 遵守实验室安全规范，正确处理面团废弃物	10	
		2. 数据记录完整、规范；遵守食品卫生规范；具有创新意识	10	
		总分	100	

任务十六 小麦粉面团拉伸曲线的测定

▌任务目标

1. 能熟练操作拉伸仪，能正确记录试验结果。
2. 掌握拉伸曲线参数的含义。
3. 能对照拉伸仪说出其主要结构，了解拉伸仪的保养与维护方法。

小麦粉面团拉伸曲线的测定
（微课视频）

▌任务分析

拉伸仪通过模拟烘焙中的面团拉伸过程，测量阻力、延展性和能量吸收数据，直接量化面筋强度（关系面包体积）和延展性（影响加工难度与口感），为面粉品质提供关键评估依据。

在规定条件下用粉质仪将小麦粉、水和盐制备成为面团。从该面团中分出测试面块。将测试面块用拉伸仪的揉团器揉圆，用搓条器搓条使之成为标准形状。放置一定时间后，拉伸测试面块直至断裂并记录所需的拉伸阻力。第一次拉伸完成后，立即用同一面块再成型、放置并拉伸，重复操作进行第 2 次测试。

所得曲线的形状和大小可以表征影响烘焙品质的小麦粉面团的物理特性。

▌任务准备

一、仪器

1. **拉伸仪主机**
   （1）揉圆器转速 （83±3）r/min。
   （2）成型器转速 （15±1）r/min。
   （3）拉伸钩速度 （1.45±0.05）cm/s。
2. **粉质仪主机**
   （1）搅拌叶片 慢速搅拌叶片转速（63±2）r/min，快慢速搅拌叶片转速比：（1.50±0.01）:1。
   （2）揉面钵 分两种 300g 揉面钵和 50g 揉面钵。
3. **循环水控温装置**
   控制揉面钵温度为（30±0.2）℃。
4. **滴定管**
   （1）用于 300g 揉面钵的滴定管，起止刻线为 135~225mL，排水时间不超过 20s。
   （2）用于 50g 揉面钵的滴定管，起止刻线为 22.5~37.5mL，排水时间不超过 20s。
5. **天平**
   分度值 0.1g。
6. **刮刀**
   软塑料制成。

7. 锥形瓶

容量为 250mL。

二、试剂

（1）水　三级水。
（2）氯化钠　分析纯。

任务实施

一、制备试样

1. 水分含量的测定

按 GB 5009.3—2016《食品安全国家标准　食品中水分的测定》规定的方法测定小麦粉水分含量。

2. 称量样品

（1）小麦粉的温度应在 25~30℃。
（2）程序软件计算并显示小麦粉质量相当于 300g，水分含量为 14% 的小麦粉试样样品。

为拉伸仪制备的面团应严格按粉质仪操作规程制备，同时还得注意以下几点：①拉伸仪应在温度为 20~24℃ 的实验室内运行，在寒冷和高温季节尤为重要；②用作试验的面粉应与要求的实验室室温一致，特别是在冬季；③供试验用的面粉样品应在实验室室温下敞开放置一段时间，以确保参与试验的面粉颗粒与试验室温度相同，这一点对于对照试验或比较试验非常重要；④粉质仪和拉伸仪电源应打开；⑤水浴应已启动并处于工作正常状态；⑥粉质仪的揉面钵、拉伸仪醒发室内温度应达到并稳定在（30±0.2）℃；⑦粉质仪、拉伸仪通讯口的设置应在正确位置，系统信号输出正常。

二、仪器准备

1. 接通恒温控制装置

（1）打开循环水开关，温度达（30±0.2）℃。
（2）控制揉面钵和拉伸仪醒发室的温度。

2. 准备仪器

（1）每个醒发室的醒发托盘的水槽内注入少量水，并将 2 个面团夹具放入醒发箱中。
（2）用温度为（30±0.2）℃的蒸馏水注满滴定管。

三、制备面团

1. 制备盐溶液

锥形瓶中加入（6.0±0.1）g 氯化钠，用滴定管加入相当于粉质仪测试的加水量减 2%~3% 的水将其溶解。

2. 加入盐溶液

（1）预热和搅拌小麦粉 1min。

(2) 用漏斗向揉面钵盖板中间的小孔中加入盐水。

(3) 当面团形成后，从揉面钵盖子上的小槽中伸入刮刀将黏附在揉钵四壁上的面团、面粉刮下来，用专用塑料盖盖上揉面钵。

3. 面团形成

(1) 将盐溶液在 25s 内加完。

(2) 揉混 5min 后，测定曲线中心的稠度在 480~520FU。

(3) 揉混时间为 (5±0.1)min。

(4) 停止揉混，关闭粉质仪。

4. 面团分割

(1) 从揉面钵中取出面团，用剪刀将面团分成 (150±0.5)g 的两个测试面团（注意：尽量避免面团不必要的拉拽和切割，以免破坏面团的结构）。

(2) 在揉团器中揉圆。取下揉团器的压盖，将称好质量的面团放在揉团器的方形盒中。关上揉团器的盖板，启动揉团器，转动 20 圈后，揉团器自动停止。

(3) 在成型器中搓条。掀开揉团器的盖子，并将揉团器的方形盒掀起，从揉团器的底板上小心取出面团，并关上揉团器；将面团放置到搓球辊入口中部的两个导向槽板中间，按搓条器的启动按钮，面团立即被搓条辊卷入搓条器内，搓条器滚动一周后，面球变成柱状并由搓条器前部滚出，停留在搓条器的出口。

四、拉伸测定

1. 面团醒发

(1) 搓条成型后，立即捏住面棒两端放在面团夹具中间，将面棒固定在夹具上。

(2) 打开醒发室抽屉，将面团夹具及面团样品放在醒发托盘上，关闭醒发室抽屉，定时器设定醒发时间，启动定时器。

(3) 第二个面块重复揉圆、搓条和固定，放在第一个试样的同一个醒发托盘上，醒发。

2. 第一次拉伸

(1) 恒温到 45min 时，取出最先放入的面团夹具。

(2) 放置到测力系统的托架上，点击"确定"开始进行测试。拉面钩以恒定速度向下移动，拉伸面直至面棒试样断裂；拉断面棒试样后，拉伸钩继续向下移动到底部极限位置，然后自动返回到最上面的初始位置；从面团试样托架上取下面团夹具，从面团夹具上取下夹钳，彻底清除夹具和拉面钩上的面团。

(3) 拉伸钩拉断面棒试样后，取走面团夹具，收集夹具和拉面钩上的面团。重复揉圆和搓条和固定，并放入醒发室进行醒发。

(4) 第二个面团重复以上操作，并放入醒发室醒发。定时器重新设定第二次醒发时间 45min。

3. 第二次拉伸

(1) 第二次醒发 45min 后，取出最先放入的面团夹具。

(2) 重复第一次揉圆、搓条和拉伸的操作，并放入醒发室中进行第三次醒发。

(3) 第二个面团重复揉圆、搓条和拉伸的操作，并放入醒发室醒发。定时器重新设定第三次醒发时间 45min。

4. 第三次拉伸

（1）第三次醒发 45min 后，取出最先放入的面团夹具。

（2）重复揉圆、搓条和拉伸操作。

（3）第二个面团重复揉圆、搓条和拉伸的操作。

（4）为了节省时间快速进行测定，拉伸可改为在 30，60 和 90min 进行拉伸。得到最终的拉伸曲线图。

五、数据记录与处理

醒发时间/min	拉伸特性指标					
	能量/cm²	延伸性 E/mm	恒定变形拉伸阻力 R_{50}/EU	最大拉伸阻力 R_m/EU	拉伸比例 R_{50}/E	最大拉伸比例 R_m/E
45						
90						
135						

六、注意事项

（1）醒发室用抽屉门封闭。醒发室内温度通过循环水浴保持在（30±0.2）℃。

（2）向醒发室置入面团试样之前，应先向醒发托盘的水槽中加水，其目的在于保持醒发室的湿度和防止面团表面干燥。

（3）定时器可以分别控制醒发室内各个面团试样的醒发时间。

（4）当面团形成时，在不停机的状态下，用刮刀将黏附在揉面钵内壁的所有碎面刮入面团。

（5）从揉面钵中取出面团时，尽量避免面团不必要的拉拽和切割，以免破坏面团的结构。

（6）对于特别黏的面团，在天平托盘上撒少量淀粉，可防止面团粘连。

（7）在面团有较强回弹性的情况下，需将夹钳下压数秒，以确保面块被完全固定。

（8）拉面钩以恒定速度向下移动，拉伸面棒试样，直至面棒试样断裂；拉断面棒试样后，拉伸钩继续向下移动到底部极限位置，然后自动返回到最上面的初始位置，不能用手推动。

■ 任务评价

小麦粉面团拉伸曲线的测定评价表

序号	工作任务	评价标准	分值	得分
1	仪器操作	1. 能正确操作拉伸仪，完成样品测定	10	
		2. 能根据样品特点，正确输入样品的质量、吸水量等参数	10	

续表

序号	工作任务	评价标准	分值	得分
2	样品制备	1. 会制备好盐水,控制温度,正确加入面粉中	10	
		2. 能使用粉质仪制作合适的面团	10	
3	样品分析	1. 能得到样品拉伸曲线图和拉伸曲线的各参数	10	
		2. 会判断拉伸曲线数据异常原因并调整参数	10	
4	仪器维护	1. 试验后能正确关闭仪器,清洗仪器	10	
		2. 能做好日常维护检查,醒发室、揉团器、成型器、拉面钩是否清洁	10	
5	综合素养	1. 遵守实验室安全规范,正确处理面团废弃物	10	
		2. 数据记录完整、规范;遵守食品卫生规范;具有创新意识	10	
		总分	100	

附表　本书数字资源列表

微课视频列表

序号	名称	页码	序号	名称	页码
1	电化学分析基础知识	6	27	气相色谱基本理论	122
2	电化学分析常用电极	10	28	气相色谱仪的基本结构（一）	127
3	离子选择性电极	13	29	气相色谱仪的基本结构（二）	130
4	酸度计	19	30	气相色谱定性分析	136
5	光的基本性质	30	31	气相色谱定量分析	137
6	光的吸收定律和吸收光谱	32	32	液相色谱的基本原理	150
7	紫外-可见分光光度计	38	33	液相色谱的基本结构	156
8	仪器使用及保养维护	42	34	高效液相色谱法定性案例分析	161
9	紫外-可见吸收光谱法的定性和定量分析	47	35	高效液相色谱法定量案例分析	163
10	紫外-可见吸收光谱法的纯度检查和显色反应	51	36	高效液相色谱仪的基本操作	170
11	红外分光光度分析技术的基本原理	59	37	饮料中山梨酸的测定	170
12	红外光谱的表示方法和红外光谱的特点	60	38	乳及乳制品中抗生素的测定	175
13	红外光谱产生的原因	61	39	高效液相色谱法测定赭曲霉毒素	179
14	红外吸收峰的类型	64	40	质谱分析技术	181
15	红外分光光度计的基本结构	66	41	认识质谱仪	183
16	红外分光光度计的使用及注意事项	69	42	质谱定性定量应用	191
17	红外分光光度分析技术的定性和定量分析	73	43	认识小麦粉	201
18	苯甲酸红外光谱测定及谱图解析	76	44	面团的流变体特点	201
19	原子吸收分光光度法的基本原理	83	45	粉质仪的结构和测定原理	201
20	原子吸收分光光度计的基本结构	87	46	粉质曲线的参数分析	203
21	原子吸收分析技术定量案例分析	96	47	拉伸仪的原理和结构	206
22	原子吸收分光光度计的基本操作	104	48	拉伸曲线的参数分析	207
23	葡萄酒中铜的测定	107	49	吹泡仪的原理和结构	209
24	茶叶中铅的测定	113	50	吹泡仪曲线参数的分析	209
25	乳粉中钙的测定	116	51	小麦粉面团粉质曲线的测定	211
26	气相色谱法分离原理	122	52	小麦粉面团拉伸曲线的测定	214

仿真动画列表

序号	名称	页码
1	GB/T 4928—2008《啤酒分析方法》电位滴定法测定总酸	7
2	GB/T 15038—2006《葡萄酒、果酒通用分析方法（含第1号修改单）》电位滴定法测定总酸	21
3	紫外可见吸收光谱仪的操作	46
4	紫外分光光度法测定色氨酸的含量	47
5	红外分光光度分析技术	59
6	红外分光光度计的操作	66
7	傅里叶红外光谱仪的操作	67
8	压片岗位实训	70
9	苯甲酸红外吸收光谱的测绘-KBr压片法制样	76
10	原子吸收分光光度计的操作	95
11	原子荧光分光光度计的操作	107
12	GB 5009.12—2023《食品安全国家标准　食品中铅的测定》第三法 火焰原子吸收光谱法	114
13	气相色谱分析技术	117
14	气相色谱仪的操作	134
15	气相色谱法定量校正因子的测定及归一化法芳香族混合物含量的测定	138
16	GB 5009.266—2016《食品安全国家标准　食品中甲醇的测定》	141
17	醇系物的气相色谱分析	141
18	凝胶色谱仪的操作	153
19	液相色谱仪的操作	165
20	食品中苯甲酸、山梨酸和糖精钠的测定-高效液相色谱法	170
21	高效液相色谱法检测茅台酒酱香风味物质	179
22	气相色谱质谱联用	189
23	液相色谱质谱联用	192
24	气质联用检测羊肉制品中挥发性风味物质	193

虚拟仿真列表

序号	名称	页码
1	实验室安全基本知识	22
2	化学品取用	22
3	突发及应急事件处理	28
4	危险废弃物处置	28
5	紫外分光光度法测定色氨酸的含量	47
6	苯甲酸红外吸收光谱的测绘-KBr压片法制样	76
7	气瓶的使用	127
8	食品中苯甲酸、山梨酸和糖精钠的测定-高效液相色谱法	179
9	气质联用检测羊肉制品中挥发性风味物质	193

参考文献

[1] 毛金银. 仪器分析技术 [M]. 2版. 北京：中国医药科技出版社，2021.
[2] 王淑华. 仪器分析实验 [M]. 北京：化学工业出版社，2019.
[3] 于晓萍. 仪器分析 [M]. 2版. 北京：化学工业出版社，2016.
[4] 董慧茹. 仪器分析 [M]. 北京：化学工业出版社，2016.
[5] 胡润淮. 实用仪器分析教程 [M]. 杭州：浙江大学出版社，2016.
[6] 刘宏民. 实用有机光谱解析 [M]. 郑州：郑州大学出版社，2015.
[7] 褚小立. 近红外光谱分析技术实用手册 [M]. 北京：机械工业出版社，2016.
[8] 穆华荣. 分析仪器维护 [M]. 北京：化学工业出版社，2015.
[9] 王敏，曾秀琼，郭伟强. 分析化学手册 [M]. 3版. 北京：化学工业出版社，2016.
[10] 郭明. 实用仪器分析教程习题集 [M]. 杭州：浙江大学出版社，2016.